防雷工程专业技术人员从业资格考试参考用书

雷电灾害风险评估与控制

李家启　李良福　编著

气象出版社
China Meteorological Press

内容简介

本书阐述了雷电灾害风险评估的目的与意义、地位和作用，评估的原则、依据和分类，评估的工作程序等内容；重点介绍了雷电灾害风险的识别、分析、评估和风险的预防与控制、以及应急救援等内容。本书提出了雷电灾害风险评估五大内容（雷电气候特征评估、接地环境风险评估、雷电灾害易损性和抗灾能力风险评估、雷击损坏风险评估和雷击危害影响环境风险评估）以及雷电灾害风险预防和控制四大措施（监测预警和预报措施、工程建筑措施、防雷安全管理措施和雷电防护技术措施），还提出了减轻雷电灾害风险损失的举措（构建防雷安全保障体系、建立雷电灾害保险制度和加强应急救援体系建设）。

本书可供各安监、建筑、林业、气象、消防等管理部门和有关单位的安全管理人员和雷电科学与防雷技术人员等参考。

图书在版编目(CIP)数据

雷电灾害风险评估与控制/李家启，李良福编著. —北京：气象出版社，2010.2

ISBN 978-7-5029-4938-9

Ⅰ.①雷… Ⅱ.①李…②李… Ⅲ.①雷击火-气象灾害-风险分析②雷击火-气象灾害-风险管理 Ⅳ.①P427.32

中国版本图书馆 CIP 数据核字(2010)第 028866 号

出版发行：气象出版社

地　　址：北京市海淀区中关村南大街 46 号　　**邮政编码**：100081

总 编 室：010-68407112　　**发 行 部**：010-68409198

网　　址：http://www.cmp.cma.gov.cn　　**E-mail**：qxcbs@263.net

责任编辑：吴晓鹏　刘　畅　　**终　　审**：章澄昌

封面设计：博雅思企划　　**责任技编**：吴庭芳

印　　刷：北京中新伟业印刷有限公司

开　　本：700 mm×1000 mm　1/16　　**印　　张**：19.75

字　　数：374 千字

版　　次：2010 年 3 月第 1 版　　**印　　次**：2010 年 3 月第 1 次印刷

定　　价：45.00 元

前　言

雷电是一种自然现象，而在古代人们对雷电则充满着迷信和恐惧，因为雷电往往伴随着疾风暴雨，摧毁房屋和树木，造成火灾，击毙人畜。据《史记·殷本纪》记载：商帝“武乙猎于河、渭之间，暴雷，武乙震死，子帝太丁立。”由此可见当时雷灾之危害。古人对雷击现象无法理解，于是塑造了雷神的形象。如在《山海经·海内东经》中，雷神为“龙身而人头，鼓其腹”。《山海经·大荒东经》说“状如牛，苍身而无角，一足，出入水则必风雨，其光如日月，其声如雷”。屈原《楚辞》中称雷神为雷师，名列缺，《汉书》解释为，“列缺，天闪也”。除了上述迷信说法外，也有许多自然观的解释。如《史记·天官书》曰：“天[夫]雷电、虾虹、辟历、夜明者，阳气之动者也，春夏则发，秋冬则藏，故候者无不司之。”可译其意为：“雷电、霞虹、霹雳、夜明这些现象，都是由于阳气动而产生的。春夏则出脱，秋冬则掩藏。所以古时候的人无不等待观察。”王充《论衡·雷虚篇》中认为，雷电是由“太阳之激气”同云雨一类阴气“分争激射”而引起的，这是关于雷电成因的直观、朴素的猜测。王充用自然界本身的原因说明了雷鸣电闪只是一种自然现象。

今天，人类对雷电形成和危害机理的认识还是比较肤浅，但毕竟已不再把雷电灾害视为上天或神的意志，而是能够科学地认识雷电灾害，并且能够运用所掌握的科学知识来防御它，减轻它所造成的损失。雷电灾害风险评估与控制就是减轻灾害的重要举措之一。

雷电灾害风险评估对城市规划和防灾减灾都具有举足轻重的地位和作用，而且对继承和发扬我国古代民族文化中的安全观念和方略极有价值。如：《左传·襄公十一年》：“居安思危，思则有备，有备无患”，“安不忘危，预防为主”；正如孔子所说：“凡事预则立，不预则废”。《汉书·贾谊传》：“建久安之势，成长治之业”。《元史·张桢传》：“有不尽者，亦宜防微杜渐而禁于未然”。《诗·豳风·鸱》：“天下未阴雨，彻彼桑土，绸缪牖户”。《战国策·楚策四》：“亡羊而补牢，未为晚也”。《汉书·霍洌传》：“臣闻客有过主人者，见其灶直突，傍有积薪。客谓主人，更为曲突，远徙其薪，不者且有火患，主人嘿然不应。俄而家果失火……”古语的安全方略，不失为警世良言。只有在防雷减灾工作去实践和体验，才能真正领会其精髓。

我国雷电灾害风险评估工作起步于20世纪90年代末期，较早开展此项工作的有重庆、广东、浙江、上海、四川等省(直辖市)。如重庆市人民政府防雷安全工作委员会于2000年就与重庆市气象局、重庆市规划局联合下发了《关于加强建设项目防雷安全工作的通知》(渝防雷委[2000]10号)文件，明确规定了雷电灾害风险评估的要求和范围，即"规划行政主管部门应把防雷安全作为规划方案设计条件、要求之一。根据国家有关规范，重庆地区属高雷区，因此，特级和一级民用建筑建设项目、工业第一类、第二类防雷建设项目、物资仓库、易燃易爆场所建设项目和有毒有害化工危险品场所建设项目等的建设单位，在建设工程选址和功能区布局时应向气象防雷行政主管部门征询有关建设项目所在地的大气雷电环境评估(即雷电灾害风险评估)意见"。重庆市是我国以法规形式率先明确规定开展此项工作的省(直辖市)之一，随后广东、上海、浙江、江西、青海等省(直辖市)颁布相应法规规章。2005年中国气象局颁布《防雷减灾管理办法》(中国气象局令第8号)第一次对雷电灾害调查和风险评估做出规定和要求。随后颁布的《防雷装置设计审核和竣工验收规定》(中国气象局令第11号)和《气候可行性论证管理办法》(中国气象局令第18号)等法规规章使雷电灾害风险评估工作顺利开展有了完善的法规保障。

除了法规对雷电灾害风险评估工作做了规定外，安全标准也对该项工作有了具体要求。如：重庆市质量技术监督局颁布的《建筑防雷检测技术规范》(DB 50/212—2006)从技术层面上对雷电灾害风险评估项目的范围提出了具体要求；同年颁布的《雷电灾害风险评估技术规范》(DB 50/214—2006)作为国内第一部雷电灾害风险评估技术标准，明确规定了风险评估程序、内容、指标和具体要求，该标准于2007年上升为行业标准《雷电灾害风险评估技术规范》(QX/T 85—2007)。

随着法规标准的建立和逐步完善，雷电灾害风险评估工作得到快速发展。为此，作者根据多年从事雷电灾害调查、分析鉴定和风险评估的工作经验，总结并编著了《雷电灾害风险评估与控制》一书。

在本书中，作者根据雷电灾害风险评估工作的需要，结合雷电灾害风险评估的实际情况，阐述了雷电灾害风险评估的目的与意义、地位和作用，评估的分类，评估的依据与原则，评估的工作程序等内容；重点介绍了雷电灾害风险的识别、分析、评估和风险的预防与控制以及应急救援等内容。本书提出了雷电灾害风险评估的内容包括：雷电气候特征分析、接地环境风险评估、雷电灾害易损性和抗灾能力风险评估、雷击损坏风险评估、雷电危害范围影响评估等内容；并且针对不同的场所提供风险评估的案例；特别是对长跨度线路建设、地下工程、移动通讯基站、电力设施等提供了风险评估的思路和方法。同时，本书率先提出了雷电灾害风险预防和控制四大措施：监测预警和预报措施、工程建筑措施、防雷安全管理措施和防雷技术措施，还提出了构建防雷安全保障体系、建立雷电灾害保险制度和加强应急救援体系建设，以减轻雷电灾害风险损失的举措。本书可供各安监、建筑、林业、气象、消防等管理部门和有关单位的安全管理人员和雷电科学与防雷技术人员等参考。

雷电灾害风险评估的研究，既涉及社会科学（社会学、管理学、经济学等学科），还涉及自然科学（大气科学、电力科学、建筑科学和电信科学等学科）和跨学科相关研究成果的应用，因此，此项课题研究难度很大。非常有幸在南京信息工程大学攻读应用气象学博士学位期间"大气科学研究进展"、"气象灾害专题"、"现代科技革命与马克思主义"、"气象经济学"、"气象科技英语"等课程的学习，使我对雷电灾害风险评估在经济社会发展中的地位和重要性认识得到进一步提高。尤其是中国气象科学院张义军研究员、重庆市气象局副局长李良福正研级高工和我的导师申双和教授对该书编写思路、提纲及重点内容提出的指导意见，在此一并致谢。

此外，本书在编写过程中得到了重庆市气象局、南京信息工程大学应用气象学院、西部雷电科学与防护技术研究中心等单位的大力支持，重庆市防雷中心、重庆舍特气象应用研究所、重庆科雷电子科技开发有限责任公司、重庆莱霆防雷技术有限责任公司等单位提供了大量的雷电灾害风险评估的案例及相关技术资料。李建平、任艳、何静、刘青松、李政、王乔渝等参加了本书资料收集工作，其中任艳、何静参与了本书第 5 章的编写工作。中国气象科学研究院博士生导师张义军研究员、重庆大学电气工程学院博士生导师廖瑞金教授、南京信息工程大学应用气象学院博士生导师申双和教授、重庆市气象局副局长李良福正研级高工、中国气象局政策法规司周韶雄副处长以及重庆市防雷中心覃彬全、陈宏、骆方、李黎、刘青松等审阅了本书，并提出了许多宝贵意见，在此一并致谢！此外，本书引用大量的研究成果和经验总结，除个别文献外，均列出参考文献，在此谨向文献作者致以衷心感谢。

由于作者水平有限，加之时间仓促，导致本书难免存在不足，恳请广大读者提出宝贵意见。

*

2009 年 10 月于南京

---

* 作者李家启：中国气象学会雷电防护委员会委员、重庆市防雷中心主任、南京信息工程大学博士研究生

目　录

引 言

20 世纪是人类发展史中一个灿烂辉煌的时代。人类的智慧在科学与技术上得到淋漓尽致的发挥。人们利用技术使人类的生活方式发生了根本变化。然而，技术是一把双刃剑，在给人们带来舒适、高效、快捷和财富的同时，也带来了环境污染、生态破坏、交通事故和核战争威胁等一系列负面影响。而当技术一旦发生失误时还会造成巨大灾难。下面就是 20 世纪所发生的十大技术灾难，给我们以一定的风险警示。

1. 魁北克大桥事件

1900 年，加拿大魁北克桥梁公司聘请了当时美国最负盛名的桥梁专家希杜尔·古伯设计并施工建造了一座横跨圣罗伦斯河的悬索式大桥。古伯称这座世界上的桥梁将是现代工程技术的典范，还自诩他的设计不但质量上乘，而且造价低廉。古伯设计的这座大桥的确造价低廉，桥梁的总长度在不增加任何其他费用的情况下从原来的 487.7 m 增加到 546.6 m，这无疑是“偷工减料”的结果。在大桥即将竣工的前夕——1907 年 8 月 29 日，连接桥墩与南端锚柱的钢缆突然断裂，使得大桥瞬间崩塌，造成 75 名作业人员丧生。如果在投入使用后发生事故，损失将更大。

2."泰坦尼克"号事件

1912 年 4 月 14 日夜,在北海纽芬兰大浅滩以南 150 km 处,一艘 8 层楼高的英国超级豪华邮轮"泰坦尼克"号与冰山相撞,并于 1912 年 4 月 15 日凌晨 2 时 20 分沉没。1513 人在这次事故中罹难,成为有史以来最大的一次海难(此前最大的海难发生于 1904 年 6 月 15 日,一艘叫"斯洛克姆将军"号的游轮在美国纽约州东沉没,死亡 1030 人)。这起事故成为当时的爆炸性新闻,是 20 世纪最令人震惊的灾难之一。首先这艘造价当时为 150 万英镑(折合当时中国 1000 万两白银,相当于今天的 4 亿美元)的豪华邮轮有双层底和 16 个水密舱,能防任何可能的撞击,即使有 1/4 舱室灌满水也不会危及船的浮力,在世纪之初号称史无前例和"永不沉没"的巨轮。

然而不幸的是设计者只考虑到了船体的正面冲击,忽视了冰山可能的高速侧撞,而且由于过分自信,仅配备了可搭载 1/2 乘客的救生艇。这艘排水量为 4.6 万吨的邮轮以 22 节(1 节=1 海里/小时=0.514 $m \cdot s^{-1}$)的速度鲁莽地擦过一座巨大的冰山时,冰山庞大的身躯犹如一把无比锋利的斧头,把邮轮的防水舱割破了一道数米长的大口子,数以千吨计的海水涌进舱内,几个小时后这艘邮轮就葬身海底。

3."兴登堡"号飞艇事故

1937 年 5 月 6 日,当德国制造的"空中霸王"——"兴登堡"号飞艇在美国新泽西州降落时,那壮观的情景真叫人肃然起敬。然而,仅仅过了几分钟,这只 804 英尺(1 英尺=0.3048 m)长的飞艇突然燃起大火,霎时化为灰烬。这艘编号为 LZ-129 的"兴登堡"号于 1936 年首次飞行,用四台 1100 马力(1 马力=746 W)的柴油机作为动力,最大时速达 84 英里(1 英里=1609.344 m)。1936 年它在德国和美国之间进行了 10 次定期的往返商业飞行,共载客 1002 名。1937 年 5 月 6 日,它在完成第 11 次航班,在新泽西州的莱克赫斯特着陆时焚毁。这是飞艇商业飞行史上第一次罹难的事故,同时也结束了飞艇作为交通工具的时代。

令人难以置信的是,飞艇上 97 名乘客中竟有 61 名死里逃生,只死亡 36 人。真正的悲剧是美、英、德 3 国缔结的商业定期航线毁于这场事故。关于飞艇爆炸的原因,一时猜测纷纭。大多数人认为,由于美国难以容忍德国在航空上的成就，拒绝出售给德国助艇上升的氦气，迫使“兴登堡”号飞艇不得不用极易燃烧的氢气代替。虽然采取了种种严格的措施，但它仍是个随时都可能爆炸的火药库。

4. 由“灵丹”变为“魔鬼”的 DDT

米勒是瑞士化学家，他在 1939 年 9 月成功合成了 DDT(化学名称为二氯二苯三氯乙烷)，开创了合成杀虫剂的先河，瑞士当局立即用它来对付马铃薯的害虫，取得了出人意料的效果。他因此而获 1948 年诺贝尔生理学和医学奖。这一“良好”开端引发了人工合成化学品的高潮，数量多达上万种的新杀虫剂相继问世。科学家和使用者谁都没有想到，这些人工合成品虽说杀死了众多的害虫，但不久也给人类自己带来了巨大的祸害。1942 年，美国就将其投入了商业生产。1943 年末，首次大规模地用于同人类有重大关系的目的。二战中，英美联军攻克意大利的那不勒斯不久，那里发生了斑疹伤寒流行病。这种流行传染病曾经在第一次世界大战中改变过战争的进程，它同样可能在第二次世界大战中重演过去发生过的事态，阻止英美联军在意大利的攻势，而且比纳粹的枪炮要有效得多。1944 年 1 月，联军在那不勒斯全面地喷洒了 DDT，结果一场正在流行过程中的传染病被制止了。这在人类历史上还是第一次。战后，DDT 被视为“灵丹妙药”大量地使用，昆虫侵害农作物的事情减少了。不幸的是，很快昆虫就对它产生了抵抗力，结果导致人和昆虫的“大较量”，新的杀虫剂不断地合成，而昆虫的抗药本领也愈来愈高超。由于人类在这个问题上的欠谨慎和不高明，DDT 和其他一些杀虫剂不仅杀死了害虫，也同时杀死了对人类有益的昆虫，从北极的冰块到新生儿的血液中 DDT 无所不在，污染了全世界，也伤害了人类自己。现在人们不得不承认错误，这类化学合成物对生态的影响是毁灭性的，DDT 已被许多国家明令控制或禁止使用。

5. 维爱特水库事件

1963 年 10 月 9 日夜晚，意大利贝尔鲁诺附近的维爱特水库的积水突然铺天盖地地从堤坝上溢出，吞没了下游的 5 个村庄，大约有 4000 名村民被大水淹死。使人惊异的是，水库竟看不出任何破损的痕迹。经过调查，真相才大白于天下。原来，建筑在两座山峰之间的钢筋混凝土大坝形成了一个长 6.5 km 的人工湖，连续数周的暴雨浸透了水库四周的陡峭山坡，使得 1.5 亿吨的泥土和石块突然滑入水库里，上千万立方米的水便越过大坝瀑布般冲向下游。发生这次灾难的责任，应归咎于水库设计师在修筑这座大坝时没有对水库周围进行详细而周密的地质勘查。

6. DC-10 空难

1974 年 3 月 3 日，一架载有 335 名乘客、11 名机组人的土耳其 DC-10 客机，由巴黎起飞。8 分钟后，飞抵伦敦前方 1.2 万英尺高空时，突然爆炸坠毁，机上的人员全部遇难，造成了当时最惨重的空难事件。调查结果表明，事故的原因是由于飞机下层货舱的一道舱门设计上欠妥。这道密封舱门在空中脱落，造成下层货舱内的压力剧降。而上层舱内压力仍然很高，使得地板下陷，飞机失去控制而引起了这场灾难。设计和制造该飞机的道格拉斯公司过去曾发生过类似的问题，只是侥幸没有发生坠机事故。

7. 海特饭店事件

1981年7月17日，美国堪萨斯州的海特饭店的正厅聚集着1600名参加周末舞会的宾客。在他们上层的空中过道上挤满了200多名兴高采烈地观看这场舞会的客人。一名劫后余生的目击者事后回忆说："起初只听见'啪'的一声，好像有人在放枪，接下来就是震耳欲聋的号哭声，二层与三层之间的钢筋水泥过道突然断裂，整体落在下面狂欢的人群上。"这场灾难使118名客人当场被压死，受伤的人数不下200人。调查小组发现，海特饭店走道的自重已超过钢材所能承受的负荷，即使没有人在上面也会自行崩塌。建筑工程史上把这次事故视为建筑设计中敷衍了事的典型实例。

8. 印度博帕尔事件

1980 年，印度博帕尔市联合碳化物公司开始生产化学农药，用来消灭残害农作物的昆虫，它的生产似乎将给印度农业带来无限的生机。具有讽刺意味的是，4 年后的 12 月 3 日清晨，杀虫剂的主要成分异氰酸甲酯外泄，在全市上空形成一片毒雾，数以千计的人发生了神经性中毒症状，最后死亡的人数达到 1 万余人，还有 5～10 万人受到各种程度的伤害。事故发生的主要原因至今尚未查明。据该公司称，有将近 240 加仑(1 加仑＝4.546 升)的水被混入异氰酸甲酯储槽里，引起了化学反应，槽内温度达到 200℃发生爆炸，大量毒气逸出。因这起事故引起的官司迄今尚未终了。

9.“挑战者”号事件

1986 年 1 月 28 日，美国佛罗里达州卡纳维拉尔角的肯尼迪航天中心发射台上，“挑战者”号航天飞机载着 7 名宇航员，即将腾空升起，进行它的第 11 次航天飞行。11 时 38 分，“挑战者”号点火上升，直入云霄。在发射后的 73 秒钟时，碧空突然传来一声巨响，人们从看台上的电视荧光屏上看见“挑战者”号顷刻间化作一团橘红色的火球。观礼台上直接目击了这场悲剧的观众个个惊骇不已。一旦明白过来，他们不禁失声痛哭。究竟是什么原因造成这架飞行次数最多、性能最佳、造价达 12 亿美元的“挑战者”号失事呢？总统委员会调查后承认，“挑战者”号爆炸，是由于航天飞机右侧固体火箭助推器连接处因设计上的缺陷，一只密封圈失效而引起的。

10. 切尔诺贝利核电站事件

位于乌克兰首府基辅以北 150 km 处的切尔诺贝利核电站的第四动力机组，于 1986 年 4 月 26 日凌晨发生事故，释放出铯和锶等大量放射性物质，其辐射剂量曾高达每小时 $2.58\times10^{-2}\sim3.87\times10^{-2}$ C/kg，使半径 80 km 地区受到严重放射性污染，并波及东欧邻国及西欧一些国家。给前苏联造成的经济损失，轻则要用几十亿美元清理污染，重则要付出更大的代价。

事故发生，造成 31 人死亡，203 人患放射性疾病，方圆 30 km 内的 2 万人受到放射照射危害，预计至 2006 年将由此造成死亡 75000 人，事故造成经济损失 20 亿卢布以上。这次事故还造成北欧的瑞典、芬兰、丹麦、挪威等国家空气中的放射性物质含量急剧增加，其中芬兰超过正常标准 10 倍，瑞典空气中的碘和铯含量增大 5～10 倍。导致这场悲剧的最主要原因是人为错误。这次核事故在国际上引起了一场轩然大波，给数百万人播下致命的祸根。几年后该地区出现第一批白血病患者；事故后 10 年里可能在 500 km 的范围内使 1 万人患肺癌死亡；放射性尘埃将在今后 80 年内使数 10 万人患甲状腺癌。

“绿色和平”组织近日公布的资料说，20 年前的苏联切尔诺贝利核电站事故造成致癌死亡人数约为 9.3 万人左右。20 年后，放射性仍在继续危胁着白俄罗斯、乌克兰和俄罗斯约800万人的生命和健康。专家们说，切尔诺贝利事故的后果将延续一百年。

面对意外事故如此高昂的生命、健康与财产代价，人们在思考：

——人类为了所祈求的利益和享受所承担的风险是否值得？

——与获得技术成果相适应和合理的生命、健康、经济的风险代价水平是多少？

——我们能否把风险代价再减小一些？

——当我们面对世界上惊人的“无形战争”的后果，或许会使人们更为清醒和理智地反省，从而更加“善待生命，警觉灾患”，如何有效地战胜技术风险成为现代社会所面临的重大挑战。

第1章　雷电灾害风险评估概述

中国有句古语“福无双至，祸不单行”，就是提醒人们处处提防风险。风险无处不在、无时不有。“风险”(Risk)既是一个通俗的日常用语，也是一个重要的科学术语。尽管目前国际上对“风险”一词并没有一个统一的严格定义。不过，各种定义的核心内容基本都一致。按权威的《韦伯字典》的说法，风险是“面临着伤害或损失的可能性”；Wilson 等 1978 年在影响颇大的刊物《Science》上所发表的文章，将风险的本质描述为不确定性，定义为期望值；Maskrey(1989)认为风险是某一自然灾害发生后所造成的总损失；Smith(1996)将风险定义为某一灾害发生的概率；Tobin 和 Montz(1997)则认为风险是某一灾害发生的概率和期望损失的乘积；Deyle 等(1998)认为风险是某一灾害发生的概率(或频率)与灾害发生后果的规模的结合；Hurst(1998)把对某一灾害概率与结果的描述定义为风险；联合国救灾协调组织(United Nations Disaster Relief Co-Ordinator，1991)在对自然灾害风险定义中认为风险是在一定的区域和时段内，由于某一自然灾害而引起的人们生命财产和经济活动的期望损失值。

而刘希林和莫多闻(2003)认为：Maskrey 的定义将风险等同于灾害损失，将风险评估等同于灾后的灾情，并不适当；Smith 的定义仅从灾害的发生概率来考虑，没有考虑灾害发生的后果，有偏颇之处；Tobin 和 Montz 的定义是用期望损失，基本类似于易损性；Deyle 等和 Hurst 的定义用的是灾害后果，实际上等同于灾害损失。综上所述，作者认为，对风险的核心内容定义为人们不喜欢的事发生的可能性(即期望值)更为妥当。

§1.1　雷电灾害风险评估的内涵

20 世纪 30 年代，美国的保险业在开展保险业务时，所收取的费用是根据其所承担的风险的大小而决定的，这样就出现了如何衡量风险程度的问题，这个衡量风险程度的过程就是风险评价。目前，在欧美各国被称为“风险评价”或“危险评价”；在日本，称为“安全评价”；在我国，称之“安全评价”或“风险评估”。

风险评估(Risk Assessment))是指对不良结果或不期望事件发生的几率进

行描述及定量的系统过程。或者说，风险评估是对一特定期间内生命、财产安全等受到损害的可能性及可能的程度做出评估的系统过程。风险评估可以界定风险、对风险进行排序，从而为减轻风险提供一套科学系统的方法(Covello,1993)。

风险评估是作为综合、系统地利用可获得的信息来判定某种确定事件发生的可能性及其影响大小的一种过程，比较公认的主要步骤如下(见图 1-1)：① 识别危险的性质、地点、强度及其发生的可能性；② 判定承灾体存在与否、脆弱度及其危险暴露度；③ 判断减灾能力和可利用资源；④ 判定风险的可接受水平。

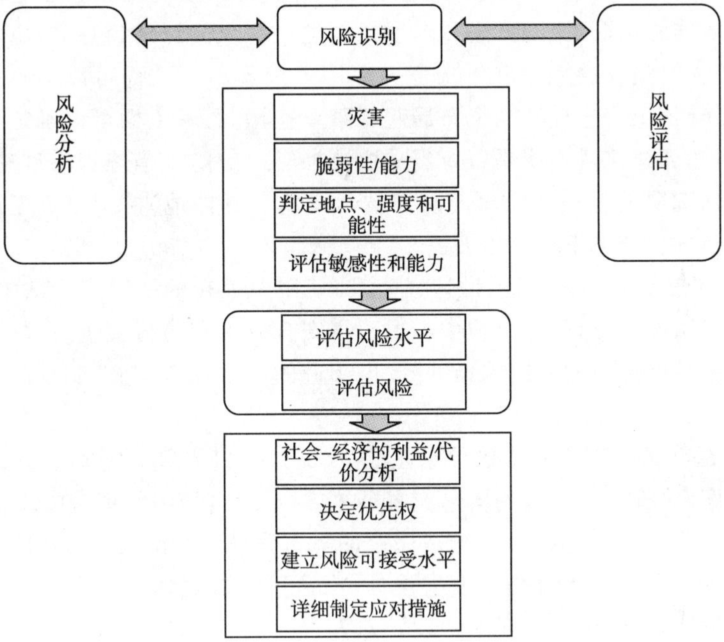

图 1-1　风险评估步骤

雷电灾害风险评估就是对生命、财产、生计和人类依赖的环境等可能带来潜在的雷电威胁或雷击伤害的致灾因子(闪电)和承灾体的脆弱性进行分析和评估，进而判定出风险的性质和范围的一种过程。雷电灾害风险评估包括雷电灾害的风险分析、风险性识别和风险程度评估三个方面。风险分析就是对评估对象就可能的雷电致灾因子(或孕灾环境)、承灾体和灾情进行分析，确定风险因素；雷电灾害风险性识别就是识别风险源，确定来自风险源的各种危险性；雷电灾害风险度评估为控制危险性，包括风险的定量，即确定这些风险发生的频率及可能造成的后果，并将这些风险与预定的风险指标相比较，判断是否可以接受，最后及时根据风险能否接受而提出的降低、消除、转移雷电风险的对策。在实际的雷电风险评估过程中，如图 1-1 所示，这几个方面是互相交叉、相互重叠于整个评估工作中。

§1.2　雷电灾害风险评估的目的和意义

1.2.1　雷电灾害风险评估的目的

雷电灾害风险评估的目的是寻求最低雷电灾害事故率、最少的雷电灾害损失和最优的防雷安全投资效益。也就是说，雷电灾害风险评估在雷电防护系统工程中起着非常重要的作用，通过对项目雷电灾害风险评估（包括雷电气候特征情况、遭受雷击损害的概率和雷击危害范围等内容），一方面可以了解项目自身风险，对指导该项目选址和功能布局起着重要作用；另一方面可以确定对周边环境影响，对相邻建筑或设施是否应当采取更加有效的防雷措施提供理论依据；最后通过评估选取最为经济合理的防雷技术措施。具体地讲，雷电灾害风险评估要达到的目的包括如下几个方面：

1. 有效揭示项目在选址、设计、施工和使用中存在的防雷安全缺陷，系统地从计划、设计、施工、运行等过程中考虑防雷安全技术和防雷安全管理问题，找出生产过程中雷电潜在的危险因素，并提出相应的防雷安全措施，实现防雷安全的目标。

2. 对潜在雷电灾害事故进行定性、定量的分析和预测，建立使防雷系统安全的最优方案，对曾经发生过的雷电灾害事故进行评估，提出纠正措施。

3. 评估防雷装置、设备、设施或系统的防雷设计是否使收益与风险达到最合理的平衡。当风险过高时必须改进设计，当达不到规定的可接受风险水平而又无法改进设计时，则只好放弃这种设计方案。

4. 在防雷装置、设备、设施系统进行试验或使用之前，对潜在的危险进行评估，以便考核已判定的风险事件是否消除或控制在规定的可接受水平，并为所提出的消除风险或将风险减少到可接受水平的防雷措施所需费用和时间提供决策支持。

5. 评估防雷装置、设备、设施或系统在生产过程中的安全是否符合有关防雷标准、规范的规定，实现防雷安全技术与防雷安全管理的标准化和科学化。

6. 雷电灾害风险评估体现了预防为主的思想，使潜在和显在的雷电灾害风险得以控制。

1.2.2　雷电灾害风险评估的意义

雷电灾害风险评估与日常防雷安全管理和防雷安全监督检查工作不同，雷电灾害风险评估从技术或管理带来的负面效应出发，对产生雷电灾害损失和伤害的可能性、影响范围、严重程度及应采取的防范对策措施等方面进行分析、论证和评估。雷电灾害风险评估的意义具体体现在以下几个方面：

1. 是防雷安全管理的重要组成部分

“安全第一、预防为主”是我国防雷安全的基本方针，作为预测、预防雷电灾害事故重要手段的雷电灾害风险评估，在贯彻防雷安全方针中有着非常重要的作用，通过雷电灾害风险评估可确认企业是否具备了防雷安全条件。

2. 有助于政府主管部门对企业的防雷安全实行宏观控制

雷电灾害风险评估工作，尤其是规划之前的雷电灾害风险评估，将有利于项目的选址和功能区布局；设计之前的方案评估，是根据国家有关防雷技术标准、规范对防雷设备、设施和系统进行符合性安全评估，提高防雷安全达标水平，将有效地提高工程防雷安全设计的质量和投产后的防雷安全可靠程度；系统运转阶段的防雷安全技术、防雷安全管理等方面的雷电灾害风险现状评估，可客观地对企业防雷安全水平做出评论，使企业不仅了解可能存在的危险性，而且明确如何改进防雷安全状况，同时也为防雷安全监督管理部门了解企业防雷安全生产现状、实施宏观控制提供基础资料。

3. 有助于防雷安全控制的合理选择

雷电灾害风险评估不仅能确认系统的雷电危险性，而且还能进一步考虑雷电危险性发展为雷电灾害事故的可能性及雷电灾害事故造成损失的严重程度，进而计算雷电灾害事故造成的损失，即风险率。以此说明系统雷电危险可能造成负效益的大小，以便合理地选择控制、消除雷电灾害事故的措施，确定防雷安全措施投资的多少，从而使防雷安全投资和可能减少的负效益达到合理的平衡。

4. 有助于提高企业的防雷安全管理水平

雷电灾害风险评估可以使企业防雷安全管理变事后处理为事先预测、预防，传统防雷安全管理方法的特点是凭经验进行管理，即雷电灾害事故发生后再处理的“事后过程”。通过雷电灾害风险评估，可以预先辨识系统的雷电风险性，分析企业的防雷安全状况，全面的评估系统几个部分的雷电危险程度和防雷安全管理状况，促使企业达到规定的防雷安全要求。

雷电灾害风险评估可以使企业防雷安全管理变纵向单一管理为全面系统管理，雷电灾害风险评估使企业所有部门都能按照要求认真评估本系统的防雷安全状况，将防雷安全管理范围扩大到企业各个部门、各个环节，使企业的防雷安全管理实现全员、全过程、全方位的系统化管理。

雷电灾害风险评估可以使企业防雷安全管理变经验管理为目标管理。以前企业仅凭经验、主观意志和思想意识进行防雷安全管理，没有统一的防雷标准、目标。雷电灾害风险评估可以使各部门、全体职工明确各自的防雷安全指标要求，在明确的目标下，统一步调，分头进行，从而使防雷安全管理工作做到科学化、统一化、标准化。

5. 有助于保险公司对企业雷电灾害实行风险管理

保险公司对企业由于雷电灾害事故引起的人身伤亡和财产损失风险承担的经济补偿义务，是保险业务的一项主要内容，保险公司对企业发生雷电灾害事故的风险管理包括保险费的合理收取和雷电灾害事故后的合理赔偿。

保险公司为企业承担雷电灾害事故保险，保险费的收取是由企业雷电灾害事故风险的大小决定的。所谓雷电灾害事故风险，是指单位时间内的事故损失。衡量风险大小的指标是风险率(R)，它等于事故发生的概率(P)和事故损失的严重度(S)之乘积，即

$$R=P\times S=\frac{\text{事故次数}}{\text{单位时间}}\times\frac{\text{事故损失}}{\text{事故次数}}=\frac{\text{事故损失}}{\text{单位时间}} \tag{1.2-1}$$

严格地讲，保险费的计算应以风险率为基准，但目前尚不具备这样的条件。因此，可以考虑采用风险评估的结果来计算费率，即综合考虑风险评估中对企业固有危险性划分的危险等级和企业防雷安全管理现状的风险评估结果，亦即考虑企业生产过程中雷电灾害危险程度的大小和企业对危险控制能力的程度。

§1.3 雷电灾害风险评估的地位和作用

雷电灾害风险评估在杜绝、减少雷电灾害事故的发生，降低雷电灾害带来的损失及雷电灾害事故原因分析诸方面均发挥了重要的作用，雷电灾害风险评估已越来越多地列入各地法规、标准以及各行业组织有关规范的条款中。

1.3.1 雷电灾害风险评估的地位

1. 是雷电防护工程建设中必须开展的一项工作

美国重要的工程项目都要进行风险评估(也称安全评价)。日本劳动省则要求新建、改建的化工厂执行《化工装置六阶段安全评价》。英国甚至规定新建企业没有进行安全评价就不得开工。我国将安全评价作为工程项目“三同时”的一项新内容，是使“三同时”工作进一步科学化和制度化的重要举措。

早在1995年，国际IEC 61662就规定了项目建设时必须开展雷击风险评估，而我国起步较晚。国家防雷主管部门中国气象局于2005年出台的《防雷减灾管理办法》(中国气象局第8号令)第二十七条规定：各级气象主管机构应当组织对本行政区域内的大型建设工程、重点工程、爆炸危险环境等建设项目进行雷击风险评估，以确保公共安全。在随后颁布的《防雷装置设计审核和验收规定》(中国气象局第11号令)第十条规定：防雷装置设计审核申请符合以下条件的，应当受理：…… (三)需要进行雷击风险评估的项目，提交了雷击风险评估报告。且国家质量技术监督局发布的《雷电灾害风险评估技术规范》(QX/T 85—2007)对雷电

灾害风险评估的具体内容作了详细规定。

2. 是防雷安全管理标准体系中的基础性内容

随着工业的发展，质量保证体系及环境保护体系得到人们的认同，ISO 9000 系列标准和 ISO 14000 系列标准在全世界范围被广泛采用。安全管理体系也越来越受到社会的关注，就世界范围看安全管理体系业已形成。危险辨识、风险评估是做好安全管理的前提，国内外有关安全管理的标准中几乎无一例外地将风险评估作为一个重要的组成部分；加拿大的《责任与关怀》将“风险评估”作为“支持实施规程应遵守的合作计划”9 项工作内容之一，美国职业安全卫生管理体系、英国标准 BS 8800、澳大利亚标准 AS 1470 也都包括了风险评估的内容；我国的《职业安全管理体系试行标准》主要由 5 个要素组成，在“计划”要素中将“危险辨识、风险评估和危险控制计划”作为一项重要内容。而防雷安全是安全管理体系中重要组成部分，其风险评估工作就是防雷安全管理标准体系中的基础性内容。

3. 成为控制防雷安全事故的重要手段

为避免重大安全事故，国际劳工组织于 1993 年通过了《预防重大工业事故公约》，其中要求雇主须提交“安全报告”，“安全报告”的第一项内容就是“危险的辨别与分析以及对事故危险的评估，包括考虑各种物质之间可能的相互作用”。国际劳工组织 1988 年出版的《重大事故控制使用手册》中将“风险评估”作为企业管理者的职责并提供了若干风险评估方法；1991 年出版的《重大工业事故的预防》中“危险分析”则作为一个独立的章节。1992 年美国职业安全卫生管理局发布的联邦法规《高度危害化学品处理过程的安全管理》中规定应在 5 年之内完成“危险评估”，并且在以后要对业已完成的“危险评估”重新确认。美国环保局发布的《化学事故预防规定》也有进行危险分析和评估的条款。欧洲共同体于 1996 年对《塞维索指令》(1982)进行了修改，修改后的指令(《96/82/EC 对危险物质重大事故灾害的控制》)要求，成员国企业的安全管理体系中应涉及“鉴别、评估重大危险——修订、实施由正常操作或不正常操作引起的重大危险的系统鉴别方法，评估重大危险的可能性和严重程度”。因此，雷电灾害风险评估成为控制防雷安全事故的重要手段。

1.3.2　雷电灾害风险评估的作用

1. 可以使系统有效地减少雷电灾害事故和雷电危害

预测、预防雷击事故及灾害的发生，是现代防雷安全管理的中心任务。对系统进行雷电灾害风险评估，可以识别系统中存在的薄弱环节和可能导致雷击事故和灾害发生的条件，通过系统分析还能够找到发生雷击事故和灾害的真正原因，并且通过定量分析，预测雷电灾害事故发生的可能性及后果的严重性，从而采取相应的对策措施，预防、控制雷击事故和灾害的发生。

2. 可以系统地进行防雷安全管理

现代工业的特点是规模大、连续化和自动化,其生产过程日趋复杂,各个环节和工序之间相互联系、相互作用、相互制约。系统风险评估则是通过系统分析、评估,全面地、系统地、有机地、预防性地处理生产系统中的防雷安全问题,而不是独立地、就是论事地去解决生产系统中防雷安全问题,实现系统防雷安全管理。系统防雷安全管理包括:① 发现防雷安全隐患,② 预测由此引起的雷电危险,③ 设计和调整防雷安全措施方案,④ 实现最优化的防雷安全措施,⑤ 持续采取改进防雷措施。

3. 可以用最少投资达到最佳防雷安全效果

对系统的防雷安全性进行定量分析、评估和优化防雷安全技术,为防雷安全管理和雷击事故预测、预防提供了科学依据。根据分析可以选择出最佳方案,使各个子系统之间达到最佳配合,用最少投资得到最佳的防雷安全效果,从而可以大幅度减少人员伤亡和设备损坏事故。

4. 可以促进各项防雷安全标准制定和可靠性数据积累

系统风险评估的核心是要对系统作出定性和定量评估,这就需要各项防雷安全标准和数据,如许可防雷安全值和防雷安全设计标准等。因此,雷电灾害风险评估可以促进各项防雷安全标准的制定和有关可靠性数据的收集、积累,为建立可靠性数据库打下基础。

5. 可以迅速提高防雷安全技术人员的业务水平

通过系统风险评估的开发和应用,使防雷安全技术人员学会各种系统分析和评估方法,可以迅速提高防雷安全技术人员、操作人员和管理人员的业务水平和系统分析能力,提高防雷安全技术人员和防雷安全管理人员的素质,以便能够很好地开展防雷安全生产。

§1.4 雷电灾害风险评估的起步与发展

1995 年,国际电工委员会 IEC61662 标准的颁布与实施标志着雷电灾害风险评估工作的起步,该标准经历了十五年左右的时间于 2008 年重新修订颁布,更名为 IEC 62305—2,其适用范围是地闪对建筑物(包括其服务设施)造成的风险的评估,其内容主要包括建筑物与服务设施的分类、雷灾损害与雷灾损失、雷灾风险、防护措施的选择过程以及建筑物与服务设施防护的基本标准等。国际电信联盟 ITU-T K. 39 标准于 1996 年颁布,其名称为《通信局站雷电损坏危险的评估》,其适用范围是通信局站雷电过电压(过电流)造成的设备危害和人员安全危害的风险的评估,其主要内容包括标准适用范围、危险程度的决定因素、损失、评估原则、有效面积的计算、概率因子、损失因子和可承受风险(允许风险)等。

我国雷电灾害风险评估工作起步于20世纪90年代末期，如在2000年11月6日，重庆市防雷安全工作委员会、重庆市规划局和重庆市气象局联合签发渝防雷委[2000]10号文件《关于加强建设项目防雷安全工作的通知》中规定："规划行政主管部门应把防雷安全作为规划方案设计条件、要求之一。根据国家有关规范，重庆地区属高雷区，因此，特级和一级民用建筑建设项目、工业第一类、第二类防雷建设项目、物资仓库、易燃易爆场所建设项目和有毒有害化工危险品场所建设项目等的建设单位，在建设工程选址和功能区布局时，应向气象防雷行政主管部门征询有关建设项目所在地的大气雷电环境评估意见。"由此，重庆市率先开展雷电灾害风险评估工作(大气雷电环境评估)。2004年5月1日，《西宁市防御雷电灾害条例》设定了防雷减灾安全评价制度；2004年11月26日，《吉林省气象条例》要求县级以上气象主管机构组织当地雷电灾害的监测调查、统计、鉴定及重点项目雷电防护的评估、论证工作；2005年中国气象局颁布的《防雷减灾管理办法》对雷电灾害风险评估工作作出法律规定；随后各地陆续出台相关政策。如2005年9月8日，《南昌市防雷减灾条例》提出了雷击风险评估制度；2007年1月1日，浙江省嘉兴市人民政府常务会议审议通过了《嘉兴市雷击风险评估管理办法》。

各地在加强法规建设的同时，也注重雷电灾害风险评估技术标准建设。2000年，中国气象局组织编制的《气象信息系统雷击电磁脉冲防护规范》(QX 3—2000)规定了雷击电磁脉冲(LEMP)对气象信息系统造成损失的风险的评估方法；2004年，《建筑物电子信息系统防雷技术规范》(GB 50343—2004)也规定了对雷电防护分级的风险评估方法；2006年，重庆市质量技术监督局颁布实施了由重庆市防雷中心主编的全国第一部雷电灾害风险评估技术标准《雷电灾害风险评估技术规范》(DB 50/217—2006)；2007年，该标准上升为气象行业标准《雷电灾害风险评估技术规范》(QX/T 85—2007)；2008年，全国雷电防护标准委员会将国际IEC62305内容译成中文并已通过审查，批准公布成新的国家标准。

目前，重庆、广东、浙江、上海等大部分省市已经广泛开展雷电灾害风险评估工作，并且已经取得显著社会效益。

第2章　雷电灾害风险评估原则、依据、分类和程序

雷电灾害风险评估是落实“安全第一、预防为主”方针的重要技术保障，是防雷安全监督管理的重要手段。雷电灾害风险评估工作以国家有关防雷安全管理的方针、政策和法律、法规、标准为依据，运用定量和定性的方法对建设项目和生产经营单位存在的雷电危险性、危害因素进行分析和评估，提出预防、控制对策措施，为建设单位和生产经营单位减少雷电灾害发生的风险，为政府主管部门进行安全监督管理提供科学依据。

§2.1　雷电灾害风险评估原则

雷电灾害风险评估是关系到被评估项目能否符合国家规定的防雷安全标准，能否保障劳动者防雷安全的关键性工作。由于这项工作不但具有较复杂的技术性，而且还有很强的政策性，因此，要做好这项工作，必须以被评估项目的具体情况为基础，以国家防雷安全法规和有关技术标准为依据，用严肃的科学态度，认真负责的精神，强烈的责任感和事业心，全面、仔细、深入地开展和完成雷电灾害风险评估任务。雷电灾害风险评估应遵循权威性、科学性、公正性、严肃性、针对性、综合性和适用性的原则。

1. 权威性

雷电灾害风险评估是国家以法规形式确定下来的，雷电灾害风险评估是一项国家正在建立并逐步完善，旨在从根本上控制、消除雷电灾害隐患，促使防雷安全的有效制度。政策、法规、标准是雷电灾害风险评估的依据，政策性是雷电灾害风险评估工作的灵魂。所以，承担雷电灾害风险评估工作的单位必须在气象防雷主管部门的指导、监督下，执行国家、行业及地方颁布的有关防雷安全的方针、政策、法规和标准等；在具体评估过程中，全面、仔细、深入地剖析评估项目或单位在执行防雷安全生产和劳动者保护政策等方面存在的问题，并且在评估过程中主动接受当地气象主管部门的指导、监督和检查，力争为防雷工程项目决策、设计和防雷安全管理单位提出符合政策、法规、标准要求的评估结论和建议，为

防雷安全监督管理提供科学依据。这些都体现了雷电灾害风险评估的权威性。

2. 科学性

雷电灾害风险评估涉及学科范围广，影响因素复杂多变。雷电灾害风险预评估从时间上讲有预测、预防性；雷电灾害风险方案评估在技术上具有较高的针对性，在整个项目的可行性上具有全面的现实性；雷电灾害风险现状评估在项目的防雷可靠性上具有较强的客观性。为保证雷电灾害风险评估能准确地反映被评估项目的客观实际和结论的正确性，在开展雷电灾害风险评估的全过程中，必须依据科学的方法、程序，以严谨的科学态度全面、准确、客观地进行工作，提出科学的对策措施，做出科学的结论。

雷电产生危险、危害后果是有一定条件和触发因素的，要根据内在的客观规律分析雷电危险因素的种类、程度，产生的原因及发展到出现危险、危害的条件及其后果，才能为雷电灾害风险评估提供可靠的依据。

从收集资料、调查分析、筛选评价因子、测试取样、数据处理、模式计算和权重值的给定，直至提出对策措施、做出评估和结论与建议等每个环节，都必须严守科学态度，用科学的方法和可靠的数据，按科学的工作程序一丝不苟地完成各项工作，努力在最大程度上保证评估结论的正确性和对策措施的合理性、可行性和可靠性。

受一系列不确定因素的影响，雷电灾害风险评估误差在一定程度上是存在的，评估结果的准确性直接影响到决策的正确，防雷安全设计的完善，防雷装置运行是否安全、可靠。因此，对评估结果进行验证十分重要。为不断提高雷电灾害风险评估的准确性，评估单位应有计划、有步骤地对同类场所、相关雷电灾害案例和预防措施以及评估后的实际运行情况进行考察、分析、验证，利用建设项目建成后的现状评估进行验证，并运用统计方法对评估误差进行统计和分析，以便改进原有的评估方法和修正评估的参数，不断提高评估的准确性、科学性。

3. 公正性

评估结果是被评估项目的决策依据、设计依据、能否安全运行的依据，也是气象主管部门进行防雷安全监督管理的执行依据。因此，对于雷电灾害风险评估的每一项工作都要做到客观和公正。既要防止受评估人员的主观因素的影响，又要排除外界因素的干扰，避免出现不合理、不公正。

评估的正确与否直接涉及被评估项目防雷装置能否安全运行；涉及国家财产和声誉会不会受到破坏和影响；涉及被评估单位的财产会否受到损失，生产能否正常进行；涉及附近居民会否受到影响；涉及被评估单位职工乃至周围居民的生命安全。因此，评估单位和评估人员必须严肃、认真、实事求是地进行公正的评价。

4. 严肃性

雷电灾害风险评估必须以国家和地方有关防雷安全的方针政策、法规、标准、规定等为依据；雷电灾害风险评估的效果涉及国家的利益和声誉，涉及建设单位和生产单位防雷装置、设备设施能否安全、正常地运行，涉及职工的生命安全，也涉及其他设施和人员的安全；风险评估机构和评估人员应由中国气象局予以资质核准和资格注册。因此，风险评估是一项十分严肃的工作，风险评估单位和评估人员必须以强烈的责任心和事业心来进行雷电灾害风险评估工作。

5. 针对性

进行雷电灾害风险评估时，首先是针对被评估项目的实际情况和特征，收集有关资料对系统进行全面的分析；其次是对众多的雷电危险因素及单元进行筛选，针对主要的危险因素及重要单元进行重点评估；并辅以重大雷电灾害事故后果和典型案例的分析、评估。各类风险评估方法都有特定使用范围和使用条件，因此要有针对性的选用风险评估方法。最后要提出有针对性的、操作性强的对策措施，对被评估项目做出客观、公正的评估结论。

6. 综合性

雷电灾害风险评估的对象千差万别，涉及企业的人员、设备、法规、环境的各个方面，不可能用单一的方法就能完成任务。例如对新设计的项目和现有的项目就应有区别，前者多半属于静态的分析评估，后者则应考虑动态的情况。所以，在风险评估时要综合考虑各种因素与影响。一般需要采用多种评估方法，取长补短。

7. 适用性

雷电灾害风险评估方法要适合企业的具体情况，即具有可操作性。方法要简单，结论要明确，效果要显著，这样才能为人们所接受。

§2.2 雷电灾害风险评估依据

雷电灾害风险评估是政策性很强的一项工作，必须依据我国现有的法律、法规和技术标准，以保证被评估项目的防雷安全，保护国家和人民的生命和财产安全。

1. 防雷安全法规与规定

(1) 防雷安全法规的形式

防雷安全法规是国家为了保障国家和人民生命和财产的防雷安全而制定并以国家强制措施保证其实施的行为规范。它主要有以下几种形式：

——由国家立法机构以法律形式颁布实施的。例如《中华人民共和国气象法》、《中华人民共和国安全生产法》等。

——由国家、省(区、市)政府和国务院、行业、地方政府有关部门以行政法规形式实施的。例如国务院颁发的《气象灾害防御条例》(国务院令第 570 号)及其主管机构气象部门发布的《防雷减灾管理办法》(中国气象局令第 8 号)、《防雷装置设计审核和竣工验收规定》(中国气象局令第 11 号)等。

——由政府主管标准化工作的部门批准并以安全标准形式发布的。例如

《雷电灾害风险评估技术规范》(DB 50/217—2006)、《建筑防雷检测技术规范》(DB 50/212—2006)等。

(2) 防雷安全法规的分类

防雷安全法规根据其来源分为以下几类：

a. 由全国人民代表大会或全国人大常委会通过的法律，具有最高法律效力，如《中华人民共和国气象法》、《中华人民共和国安全生产法》、《中华人民共和国矿山安全法》等。

b. 由国务院及其所属部、委依据宪法和法律制定的规范性文件，其表现形式主要有各项命令、条例、规定、管理办法、实施细则、标准，如《防雷减灾管理办法》(中国气象局令第 8 号)、《气候可行性论证管理办法》(中国气象局令第 18 号)、《重庆市气象条例》、《重庆市气象灾害防御条例》等。这些法规、规章是宪法和各项法律的具体体现，同样具有法律效力。

c. 由地方各级人民代表大会或人大常委会、地方各级政府为执行宪法、法律和各项行政法规制定的补充性的规范文件，其表现形式多为决议、决定、办法、标准，如《重庆市雷电防御管理办法》等，只在本辖区内具有法律效力。

(3) 法规对雷电灾害风险评估工作具体规定

《中华人民共和国气象法》规定了雷电灾害风险评估属于气候可行性论证的重要内容，同时规定了应由气象主管部门来组织和实施。《雷电灾害风险评估技术规范》(QX/T 85—2007)，正式提出开展“雷电灾害风险评估”工作，并规定了评估的目的、作用、要求和评估单位的资质管理，从政策上为“评估”工作奠定了基础。如重庆市人民政府防雷安全工作委员会办公室渝防雷委[2005]15 号文《关于开展雷电灾害风险评估工作的通知》就对雷电灾害风险评估工作提出了明确要求。

①《中华人民共和国气象法》(中华人民共和国主席令第 23 号)

自 2000 年 1 月 1 日起施行《中华人民共和国气象法》第 34 条规定：“各级气象主管机构应当组织对城市规划、国家重点建设工程、重大区域性经济开发项目和大型太阳能、风能等气候资源开发利用项目进行气候可行性论证。具有大气环境影响评价资格的单位进行工程建设项目大气环境影响评价时，应当使用气象主管机构提供或者经其审查的气象资料。”该条款从法律层面上宏观上规定了雷电灾害风险评估是大气环境影响评价的重要组成部分，对雷电灾害风险评估单位的资质给予了明确，还从雷电灾害风险评估的资料来源给予了规定，即必须是气象主管机构或通过其审查的气象资料。

②《气象灾害防御条例》(中华人民共和国国务院令第 570 号)

《气象灾害防御条例》已经于 2010 年 1 月 20 日国务院第 98 次常务会议通过，自 2010 年 4 月 1 日起施行。该条例第 10 条规定：“县级以上地方人民政府应当组织气象等有关部门对本行政区域内发生的气象灾害的种类、次数、强度和造成的损失等情况开展气象灾害普查，建立气象灾害数据库，按照气象灾害的种类进行气象灾害风险评估，并根据气象灾害分布情况和气象灾害风险评估结果，划定气象灾害风险区域”。该条款要求县级以上地方人民政府应当组织气象等有关部门，按照气象灾害种类进行气象灾害风险评估。雷电灾害是气象灾害之一，因此该条例从法规层面对雷电灾害风险评估做了具体规定。

③《防雷减灾管理办法》(中国气象局令第 8 号)

《防雷减灾管理办法》(中国气象局令第 8 号)第 27 条规定:“地方各级气象主管机构应当组织对本行政区域内的大型建设工程、重点工程、爆炸危险环境等建设项目进行雷击风险评估，以确保公共安全。”该款从雷电灾害风险评估的项目范围和组织实施机构给予进一步明确。

④《防雷工程专业资质管理办法》(中国气象局令第 10 号)和《防雷装置设计审核和竣工验收规定》(中国气象局令第 11 号)

《防雷工程专业资质管理办法》(中国气象局令第 10 号)和《防雷装置设计审核和竣工验收规定》(中国气象局令第 11 号)不仅为从事雷电灾害风险评估技术人员资格管理上给予了明确规定，同时对雷电灾害风险评估结论的实用范围给予了规定。

⑤ 其他有关规定

雷电灾害风险评估在各省(自治区、直辖市)都有相关规定，就重庆市而言，早在 2000 年 11 月 6 日，重庆市防雷安全工作委员会、重庆市规划局和重庆市气象局联合签发渝防雷委[2000]10 号文件《关于加强建设项目防雷安全工作的通知》中规定:“规划行政主管部门应把防雷安全作为规划方案设计条件、要求之一。根据国家有关规范，重庆地区属高雷区，因此特级和一级民用建筑建设项目、工业第一类、第二类防雷建设项目、物资仓库、易燃易爆场所建设项目和有毒有害化工危险品场所建设项目等的建设单位，在建设工程选址和功能区布局时，应向气象防雷行政主管部门征询有关建设项目所在地的大气雷电环境评估(即:雷电灾害风险评估)意见。”

2. 防雷技术标准与规定

标准是为人们提供判别的准则、检测的依据、技术的支持和提高生活质量的手段。防雷安全工作离不开标准，防雷技术标准的出现，使防雷安全管理工作逐渐从定性走向定量，逐渐建立了防雷安全标准体系。防雷安全技术标准是由政府主管标准化工作的部门批准并以特定形式发布的。例如《雷电灾害风险评估技术规范》(DB 50/217—2006)、《建筑防雷检测技术规范》(DB 50/212—2006)等。

(1) 标准分类

① 按照适用范围分类

防雷标准根据适用范围不同，分为国家标准、行业标准、地方标准和企业标准等。国家标准如《建筑物防雷设计规范》(GB 50057—94)、《建筑物电子信息系统防雷技术规范》(GB 50343—2004)、《智能建筑设计标准》(GB/T 50314—2000)等。行业标准如《自动气象站防雷技术规范》(QX 30—2004)、《新一代天气雷达站防雷技术规范》(QX 2—2000)、《气象台(站)防雷技术规范》(QX/T 4—2000)和《气象信息系统雷击电磁脉冲防护规范》(QX 3—2000)等。地方标准如《建筑防雷检测技术规范》(DB 50/212—2006)、《电子信息系统防雷检测技术规范》(DB 50/213—2006)、《雷电灾害调查与鉴定技术规范》(DB 50/T211—2006)和《雷电灾害风险评估技术规范》(DB 50/214—2006)等。

② 按照法律效力分类

按照标准的法律效力可以分为强制性标准和推荐性标准。强制性标准是指保障人体健康和人身、财产安全的标准、法律和行政法规等规定强制执行的标准,如《建筑物防雷设计规范》(GB 50057—94,2000 修订版)、《建筑物电子信息系统防雷技术规范》(GB 50343—2004)等。推荐性标准是指受生产水平、经济条件、技术能力和人员素质等方面限制,强制性统一执行有困难时,国家鼓励有关单位、人员自愿采用的标准,如《桥梁工程防雷技术规范》(DB 50/T279—2006)等。我国的国家和行业防雷安全标准基本都属于强制性标准。目的是为了建立统一协调、功能齐全、衔接配套的法律和标准体系,强化防雷安全工作,防止雷击事故的发生。如《爆破安全规程》(GB 6722—2003)第 4.7.3 条规定:"露天、水下爆破装药前,应与当地气象、水文部门联系,及时掌握气象、水文资料,遇到雷电、暴雨雪等特殊恶劣气候、水文情况时,应停止爆破作业,所有人员应立即撤到安全地点",明确规定雷雨来临时的相关规定。

《煤矿安全规程》(国家安全生产监督管理局 国家煤矿安全监察局第 17 号令)自 2005 年 1 月 1 日起实施。其中第二百九十七条第七款规定:"爆炸材料库上面覆盖层厚度小于 10 m 时,必须装设防雷电设备。"第三百条规定:"地面临时性爆炸材料库的内外部安全距离、照明、防火和防雷电措施、管理制度与永久性地面爆炸材料库相同。"第四百五十九条规定:"井上、下必须装设防雷电装置,并遵守以下规定……"等等。它们对煤矿的防雷技术措施和雷电时作业环境的安全要求作了明确规定。还有包括地方标准《重庆市烟花爆竹企业安全规程》等也对防雷安全作了明确规定。

③ 按照标准对象特性分类

按标准对象特性分类可以划分为管理标准和技术标准。管理标准如《爆破安全规程》(GB 6722—2003)、《建筑防雷施工质量控制与验收规程》(DBJ 50—060—2006)等,技术标准如《建筑物防雷设计规范》(GB 50057—94)、《煤矿防雷技术规范》(DB 50/279—2008)等。

技术标准又可分为:a. 基础标准。在一定范围内作为其他标准的基础,被普遍使用、具有广泛指导意义的标准。例如《建筑物防雷设计规范》(GB 50057—

94)、《煤矿防雷技术规范》(DB 50/T281—2008)、《雷电灾害风险评估技术规范》(DB 50/214—2006)、《雷电灾害调查与鉴定技术规范》(DB 50/T211—2006)等。b. 产品标准。是指为保证产品的适用性,对产品必须达到的主要性能参数、质量指标、使用维护要求等制定的标准。例如《运行中电涌保护器检测技术规范》(QX/T 86—2007)等。c. 方法标准。是指以设计、试验、统计、计算、操作等各种方法为对象的标准。内容是对设计、制造、施工、检验等技术事项做出一系列统一规定的标准,一般称作"规范",如《建筑防雷检测技术规范》(DB 50/212—2006);内容是对工艺、操作、安装、检定等具体技术要求和实施程序做出统一规定的标准,一般称作"规程"。例如《建筑防雷施工质量控制与验收规程》(DBJ 50—060—2006)等。

(2) 标准对雷电灾害风险评估的规定

例如:《建筑防雷设计评价技术规范》(DB 50/217—2006)中第 5.3 条规定,建设单位应根据建设项目设计评价的不同阶段提供以下资料:g) 雷电灾害风险评估报告及相关资料。第 8.3.8.2 条规定:城市桥梁、轨道交通、隧道等建设工程防雷设计应根据雷电灾害风险评估报告作相应的专业防雷工程设计,应采取直(侧)击雷防护、雷电感应防护、等电位连接和共用接地等技术措施。《建筑防雷施工质量控制与验收规程》(DBJ 50—060—2006)第 12.3.1 条规定,工程竣工后,建设单位应向防雷行政主管部门提出防雷工程验收申请,并提供以下材料:7) 雷电灾害风险评估报告(限需要进行雷电风险评估的项目)。第 12.3.4 条规定,建设单位在防雷工程验收后,应将如下资料移交城建档案管理部门归档:6) 雷电灾害风险评估报告(限需要进行雷电风险评估的项目)。《建筑防雷检测技术规范》(DB 50/212—2006)第 4.3 条规定:检测单位应审查建筑物的雷电灾害风险评估报告、防雷装置设计图纸和施工隐蔽资料,根据防雷装置的布局、材料、构造、系统布线、安装工艺等情况,结合气象卫星云图、雷达回波、闪电定位等资料,制定防雷检测方案。《跨座式单轨交通防雷技术规范》(DBJ/T 50—092—2009)中第 3.0.3 条规定:跨座式单轨交通防雷工程建设应严格执行雷电灾害风险评估、设计审核、施工监审和定期防雷安全检测制度。第 3.0.4 条规定:根据被保护物的重要性、使用性质及发生雷电事故的可能性和后果及雷电灾害风险评估报告,按照《建筑物防雷设计规范》(GB 50057)及相关规范进行防雷类别划分。第 3.0.5 条规定,跨座式单轨交通防雷设计应依据以下内容:3) 雷电灾害风险评估报告及相关资料。第 3.0.10 条规定,跨座式单轨交通防雷工程完工后,建设单位应向防雷行政主管部门提出防雷工程验收申请,并提供以下材料:7) 雷电灾害风险评估报告。第 3.0.11 条规定,建设单位在防雷工程验收后,应将如下资料移交城建档案管理部门归档:6) 雷电灾害风险评估报告。第 4.0.1 条规定:跨座式单轨交通车(站)场的防雷保护应根据其雷电灾害风险评估报告确定其防雷类别,跨座式单轨交通地面站场应采取特殊防雷措施。《城镇燃气防雷技术规范》(DB 50/T280—2008)第4.1条规定,城镇燃气系统建设单位应根据《雷电灾害风险评估技术规范》(DB 50/214—2006)的要求,在组织开展雷电灾害风险评估的基础上,结合城镇燃气特点,做出合理的选址、功能分区布局以及管网的布设规划。第4.3条规定,城镇燃气系统防雷设计应依据以下内容:c) 雷电灾害风险评估报告及相关资料。第4.6条规定,城镇燃气防雷工程竣工后,应将雷电灾害风险评估报告、设计及技术评价意见、安装、隐蔽工程图纸、检测测试记录等资料及时归档并移交城建档案馆。第4.7条规定,城镇燃气系统的管理单位应按照《建筑防雷检测技术规范》(DB 50/212—2006)、《电子信息系统防雷检测技术规范》(DB 50/213—2006)、《雷电灾害风险评估技术规范》(DB 50/214—2006)的要求定期组织防雷安全检测和评估,并建立雷电灾害应急处置预案。《煤矿防雷技术规范》(DB 50/T281—2008)第4.3条规定,煤矿防雷设计应根据被保护物的重要性、使用性质及发生雷电事故的可能性和后果及雷电灾害风险评估情况,按照《建筑物防雷设计规范》(GB 50057)和《建筑物电子信息系统防雷技术规范》(GB 50343)划分建筑物及其设施的防雷类别。第4.5条规定,防雷装置投入使用后,应将以下资料纳入防雷工程档案管理:b) 雷电灾害风险评估报告。第4.6.2条规定,煤矿企业应根据《雷电灾害风险评估技术规范》(DB 50/214)定期开展雷电灾害风险评估,并建立应急预案,及时采取措施,确保防雷安全。《桥梁工程防雷技术规范》(DB 50/T279—2008)第4.1.2条规定,桥梁防雷设计应依据以下内容:c)雷电灾害风险评估报告及相关资料。第6.2.1条规定,工程完工后,建设单位应向防雷行政主管部门提出防雷工程验收申请,并提供以下材料:g) 雷电灾害风险评估报告。第6.2.2条规定,建设单位在防雷工程验收后,应将如下资料移交城建档案管理部门归档:f) 雷电灾害风险评估报告。第7.2.3条规定,建立雷电灾害定期风险评估和安全检测制度。根据雷电灾害风险评估报告建立雷电灾害应急预案。

我国《气象信息系统雷击电磁脉冲防护规范》(QX 3—2000)中率先对雷击电磁脉冲对气象信息系统造成损失的风险规定了评估方法,《建筑物电子信息系统防雷技术规范》(GB 50343—2004)也对信息系统的分级提供评估方法,但是都不系统。系统规定雷电灾害风险评估的第一部技术标准是重庆市质量技术监督局于2006年颁布实施的《雷电灾害风险评估技术规范》(DB 50/214—2006),该标准于2007年上升为气象行业标准。该标准对雷电灾害风险评估机构、评估依据、周期、目的、步骤等都做了详细规定。而在重庆市质量技术监督局颁布的《建筑防雷检测技术规范》(DB 50/212—2006)中对雷电灾害风险评估的项目范围也做了具体规定和要求,即全国第一个以标准方式规定了下列场所及设施应进行雷电灾害风险评估:(一) 石油、化工、易燃易爆物资的生产或者贮存场所;(二)

输电线路、变电站、发电厂等电力设施和电气装置；（三）城市桥梁、轨道、燃气等公用设施；（四）通信设施、广播电视系统、计算机网络系统；（五）国家级的重要建筑物，大、中型企业，省、部级办公建筑及其他重要或人员密集的公共建筑物；（六）重点建设项目或高度超过 50 m 或建筑面积达到 5×10^4 m^2 的建筑。目前等同采用 IEC 62305 标准的《雷电防护第 2 部分：风险管理》（GB/T 21714.2—2008）也对雷电灾害风险评估做了规定。

3. 防雷安全指标

防雷安全指标（以下简称“指标”）是防雷安全法规的重要组成部分，防雷安全指标的目标值是衡量系统危险性、危害性，进行定性、定量评估的标准。若没有指标（标准），评估者将无法判定系统的危险和危害性是否符合要求，以及改善到什么程度才算系统的防雷安全水平是可以接受的，定性、定量评价也就失去了意义。

世界上没有绝对的防雷安全，所谓防雷安全就是达到了可以容许的限度。当危险性、危害性降低到一定程度就可以认为是安全了，而指标就是这种限度的目标值。因此，不是以危险性、危害性为零作为衡量值，而是根据国家的政治、经济、技术情况和对危险、危害后果、危险、危害发生的可能性（概率、频率）和防雷安全投资水平进行综合分析、归纳和优化，从而制定一系列有针对性的危险危害等级、指数等作为要实现的目标值。如：人员伤亡指标、财产损失指标。

随着与国际接轨的需要，在雷电灾害风险评估中经常采用一些国外的定量评价方法，其依据的指标反映了评估方法制定国（或公司）的经济、技术和安全水平，一般是比较先进的，若其指标低于我国的可比指标，采用时须作必要的修正。

§2.3 雷电灾害风险评估分类

雷电灾害风险评估从工程项目立项到投入使用乃至停止使用，其中的任何一个阶段都有不同的风险评估分类方法，其中常用的有以下几种：

2.3.1 根据评估对象的不同阶段分类

1. 预评估

预评估是根据建设项目的使用性质和所在地雷电活动时空分布特征及雷电流散流情况等，分析建设项目的雷电灾害易损性，从雷电防护的角度为项目的选址及功能分区布局提出建设性意见，有利于城市总体规划。

2. 方案评估

方案评估是针对建设项目的方案设计或初步设计，对该项目可能存在的雷电危险（有害）因素的种类、雷电危险性和危险度进行分析，提出合理科学的安全对策措施及建议，为施工图防雷设计提供依据。

3. 现状评估

现状评估通过对既有建设项目的防雷安全现状进行安全评估，查找其存在的雷电危险、有害因素并确定其危害程度，提出合理可行的建议及安全对策措施，为防雷安全监督管理提供技术依据。

2.3.2 根据评估量化程度分类

1. 定性评估

定性评估主要是根据经验对项目防雷系统或生产系统的工艺、设备、环境、人员、管理等方面的防雷安全状况进行定性的判断。定性评估时不对危险性进行定量化处理，只作定性比较。定性评估使用系统工程方法将系统进行分解，依靠评估人员的观察分析能力，借助于有关防雷安全法规、标准、规范和经验进行评估。属于这类评估方法的有防雷安全检查表(Safety Check List，英文缩写 SCL)、预先危险性分析(Preliminary Hazard Analysis，英文缩写 PHA)、故障类型和影响分析(Failure Mode Effects Analysis，英文缩写 FMEA)、危险和可操作性研究(Hazard and Operability Study，英文缩写 HAZOP)等方法。这类方法的特点是简单、容易掌握、便于操作、评估过程及结果直观，可以清楚地表达出防雷设备、设施或系统的当前状况，目前在国内外企业防雷安全管理工作中被广泛使用。其缺点是：评估结果不能量化；评估结果取决于预评估人员的经验，含有相当高的经验成分；对于同一评估对象，不同评估人员可能得出不同的评估结果；对系统雷电危险性的描述缺乏深度，不同类型评估对象的评估结果没有可比性；评估人员需要确定大量的评估依据，根据已经设定的评估依据，才能对防雷设备、设施或系统的当前状态给出定性的评估结果。

2. 定量评估

定量评估是用防雷设备、设施或系统的雷击事故发生概率和雷电灾害事故严重度进行评估的方法。定量评估是在雷电危险性量化基础上进行的一种评估，主要依靠历史统计数据，运用数学方法构造数学模型进行评估。按对危险性量化方式的不同，定量评估方法又分为概率风险评估方法和指数评估方法。

(1) 概率风险评估方法

它是根据各系统的雷电灾害事故发生概率，求取整个系统的雷电灾害事故发生概率(如案例：某生产企业雷电防护设计方案的风险评估分析报告)。从 1975 年拉斯姆逊教授评估核电站的安全性开始，继而有 1977 年的英国坎威岛石油化工联合企业的风险评估，1979 年德国对 19 座大型核电站的风险评估，1979 年荷兰雷杰蒙德 6 项大型石油化工装置的风险评估等，都是使用概率评估方法。这些评估项目都耗费了大量的人力、物力，在方法的讨论、数据的取舍、不确定性的研究及灾害模型的研究方面均有所创建，对大型企业的风险评估影响较大。

这种方法结构简单、清晰，对相同元件的基础数据相互借鉴性强，如在航空、航天、核能等领域，这种方法得到了广泛应用。但是，这种方法要求数据准确、充分，要求分析过程完整，判断和假设合理，对于化工、石油化工等行业，由于系统复杂、不确定性因素多、人员失误概率的估计十分困难，因此，至今未能取得很大进展。随着该风险评估方法需要取得组成系统各零部件和子系统发生故障的概率数据，目前在民用工业系统中，这类数据的积累还很不充分，是使用这一方法的根本性障碍。

案例：

某生产企业雷电防护设计方案的风险评估分析报告(结论部分)

建筑物	分区	现实风险值		未来风险值	
		R_1(人员伤亡损失风险)	R_4(经济价值损失风险)	R_1(人员伤亡损失风险)	R_4(经济价值损失风险)
1＃楼	Z_1 区(建筑物内)	5.67×10^{-7}	2.34×10^{-4}	2.37×10^{-7}	5.45×10^{-6}
	Z_2 区(建筑物外 3 m 范围以内)	4.86×10^{-6}	—	4.86×10^{-11}	—
	Z_3 区(1＃楼正大门前树林)	1.15×10^{-4}	—	2.29×10^{-6}	—
	Z_4 区(1＃楼前面花园)	1.63×10^{-4}	—	3.15×10^{-6}	—
2＃楼	Z_1 区(建筑物内)	1.25×10^{-7}	2.18×10^{-4}	5.92×10^{-8}	2.15×10^{-6}
	Z_2 区(建筑物外 3 m 范围以内)	6.77×10^{-7}	—	6.77×10^{-12}	—
3＃楼	Z_1 区(建筑物内)	1.01×10^{-7}	2.54×10^{-4}	7.67×10^{-8}	2.33×10^{-6}
	Z_2 区(建筑物外 3 m 范围以内)	1.03×10^{-6}	—	1.03×10^{-11}	—
	Z_3 区(3＃楼后花园)	1.63×10^{-4}	—	3.15×10^{-6}	—
3＃楼前休息厅	Z_1 区(建筑物内)	3.83×10^{-4}	1.08×10^{-2}	3.83×10^{-6}	5.2×10^{-6}
	Z_2 区(建筑物外 3 m 范围以内)	1.08×10^{-6}	—	1.08×10^{-10}	—
4＃楼	Z_1 区(建筑物内)	3.28×10^{-7}	2.12×10^{-4}	2.04×10^{-7}	5.3×10^{-5}
	Z_2 区(建筑物外 3 m 范围以内)	5.54×10^{-7}	—	5.54×10^{-11}	—
5＃楼	Z_1 区(建筑物内)	3.28×10^{-7}	2.12×10^{-4}	2.04×10^{-7}	5.3×10^{-5}
	Z_2 区(建筑物外 3 m 范围以内)	5.54×10^{-7}	—	5.54×10^{-11}	—
6＃、7＃、9＃楼	Z_1 区(建筑物内)	1.6×10^{-7}	2.8×10^{-4}	1.34×10^{-7}	7×10^{-5}
通信楼	Z_1 区(建筑物内)	6.82×10^{-7}	2.36×10^{-4}	6.72×10^{-7}	5.9×10^{-5}
8＃楼	Z_1 区(建筑物内)	2.35×10^{-7}	2.78×10^{-4}	2.17×10^{-7}	7×10^{-5}
会议中心	Z_1 区(建筑物内)	7.17×10^{-7}	2.48×10^{-4}	5.51×10^{-7}	6.2×10^{-5}

注：现实风险值是指根据该企业防雷安全的现状进行评估后的风险；未来风险值指根据该企业防雷设计方案改造后可能存在的风险。

由表可知，目前该生产企业建筑物的外部防雷措施满足国家现行规范 GB 50057 要求，而内部防雷措施和区域性雷电防护尚存在欠缺。按照设计技术方案改造，能极大地提高该生产企业的雷电防护能力，尤其是在减少人员伤亡风险方面：

1＃、2＃楼 Z_2 区人员伤亡风险减少了 5 个量级，Z_3、Z_4 减少了 2 个量级。

3＃楼 Z_2 区人员伤亡风险减少了 4 个量级，Z_3 减少了 2 个量级。

(2) 指数评估方法

指数评估方法有美国道(DOW)化学公司的火灾、爆炸危险指数(F&E1)评估法、英国帝国化学公司(ICI)蒙德(MOND)分部火灾、爆炸、毒性指标评估法、日本劳动省化工厂风险评估六阶段法、我国的化工厂危险程度分级方法等风险评估方法。指数法的采用使结构复杂的系统和用概率难以表达其危险性的单元进行评估时有了一个可行的方法,这类方法操作简单,是目前应用较多的评估方法之一,在石油、化工等领域应用较多。指数的采用避免了事故概率及其后果难以确定的困难,评估指数值同时含有事故频率和事故后果两个方面的因素。这类评估方法的缺点是评估模型对系统安全保障体系的功能重视不够,特别是危险物质和安全保障体系间的相互作用关系未予考虑,尽管在蒙德法和我国化工厂危险程度分级方法中有一定的考虑,但这种缺陷仍很明显,各因素之间以乘积或相加的方式处理,忽视了各因素之间重要性的差别。评估自开始起就用指标值给出,使得评估后期对系统的安全改进工作较困难。在目前的各类指数评估模型中,指标值的确定只与指标的设置与否有关,而与指标因素的客观状态无关,致使对危险物质种类、含量、空间布置相似,而实际安全水平相差较远的系统,其评估结果相近,导致这类方法的灵活性和敏感性较差。

案例:　**某加油站雷击火灾、爆炸影响范围评估**

某加油站占地面积987 m^2,设计储油量:90#汽油15 m^3,93#汽油15 m^3,柴油30 m^3;加油机三台,共三支加油枪;加油棚为单层,辅助用房为2层。这里采用道化学公司(DOW)火灾、爆炸危险指数评价法,确定该加油站火灾、爆炸的影响范围。

1. 危险系数估算

根据现场的勘察确定该加油站的物质系数MF=16。因此,一般工艺危险系数(F_1)按照表2-1选取,得到F_1=2.55;特殊工艺危险系数(F_2)按照表2-2选取,得到F_2=4.0。而工艺单元危险系数(F_3)包括一般工艺危险系数(F_1)和特殊工艺危险系数(F_2):

工艺单元危险系数(F_3)=一般工艺危险系数(F_1)×特殊工艺危险系数(F_2)=2.55×4.0=10.2。

表2-1　该加油站一般工艺危险系数基本系数的取值

放热化学反应	吸热反应	物料处理与运输	封闭单元或室内单元	通道	排放和泄漏控制	一般工艺危险系数 F_1
1.00	0.40	0.50	0.45	0.20	0	2.55

表 2-2　该加油站特殊工艺危险系数基本系数的取值

毒性物质	0.2
负压操作	0.5
燃烧范围或其附近的操作	0.5
粉尘爆炸	0
释放压力	1.1
低温	0.3
易燃和不稳定物质的数量	1.2
腐蚀	0.1
泄漏	0.1
明火设备的使用	0
热油交换系统	0
转动设备	0
特殊工艺危险系数 F2	4.0

2. 雷击火灾、爆炸危险指数(F&EI)估算

雷击火灾、爆炸危险指数(F&EI)是工艺单元危险系数(F_3)和物质系数(MF)的乘积。因此,火灾、爆炸危险指数(F&EI)＝工艺单元危险系数(F_3)×物质系数(MF)＝10.2×16＝163.2。表 2-3 给出了火灾、爆炸危险指数与危险等级的对应关系。

表 2-3　火灾、爆炸指数对应的危险等级

F&EI 值	危险等级
1～60	最轻
61～96	较轻
97～127	中等
128～158	很大
＞159	非常大

因此,该加油站一旦发生火灾爆炸事故,其危险等级属于非常大。

3. 暴露区域的计算

雷击火灾、爆炸危险暴露半径 $R=0.256\times(F\&EI)=0.256\times163.2=41.78$ m;暴露区域危险面积＝$\pi R^2=5483.86\ m^2$。

2.3.3　根据评估内容分类

1. 雷电气候特征评估

雷电气候特征评估,就是针对雷电灾害致灾因子或孕灾环境的评估。主要是根据项目所在地雷暴和闪电的历史资料,分析和评估其项目所在地的雷电活动状况。

2. 雷电灾害易损性和抗灾能力风险评估

通过雷电灾害易损性和抗灾能力风险评估，进一步明确该项目所在风险区域状况，以便采取加强或减弱相应的预防和控制措施。

3. 接地环境评估

接地环境评估主要是评估单位要根据项目性质和防雷基本要求，对项目所在地土壤状况进行勘测、分析和评估。包括土壤不同深度的电阻率分布，以及同一深度平面的电阻率分布分析评估，为防雷接地设计和施工提供理论依据。

4. 雷击损坏风险评估

雷击损坏风险评估是指在对灾情分析基础上，对雷电可能造成的损失进行预测评估。

IEC 62305—2是国际电工委员会关于雷击损坏风险评估的标准，其适用范围是地闪对建筑物(包括其服务设施)造成的风险的评估，其内容主要包括建筑物与服务设施的分类、雷灾损害与雷灾损失、雷灾风险、防护措施的选择过程以及建筑物与服务设施防护的基本标准等。

5. 雷击危害范围影响评估

雷击危害范围影响评估是指爆炸危险场所遭受雷击对其周边危害范围影响评估和重点工程项目建设后对其周边范围影响进行评估。

2.3.4　根据风险性质进行分类

1. 雷电灾害真实风险评估

这类风险完全由雷电气候环境变化所决定。雷电灾害的真实风险也就是雷电灾害发生后的不利后果事件。雷电灾害造成的灾害损失问题主要与真实风险相联系。雷电灾害，对人类来讲，是一种不利后果事件。雷电灾害研究，大部分工作是对雷电事故的调查、分析、评估和防治。

因此，雷电灾情评估也属于真实风险评估的范畴。此时，主要的工作不是推测今后灾情的发展，而是了解当时的灾情状况，对已经出现的不利后果事件进行调查、归类、统计，给出评估结果。因此，对雷电灾害而言，灾情的调查评估就是真实风险的调查。

2. 雷电灾害统计风险评估

这类风险是由现有可以利用的雷电灾害事件数据来加以认识的。统计风险事实上是历史不利后果事件的回归。

目前，所开展的雷电灾害风险区划本质上就是一种统计风险区划。我们说某地的雷电灾害人员伤亡密度或经济损失模数，就是典型的统计风险评估。

3. 雷电灾害预测风险评估

雷击损坏风险评估就是根据已经建立的系统模型，进行雷电灾害概率的计算,从而进行对未来不利后果事件的预测,因此,可以归为预测风险评估。

因此,雷电灾害风险,既有统计风险的成分,又有预测风险的成分。

4. 雷电灾害察觉风险评估

雷电灾害察觉风险是由人们通过经验、观察、比较等来察觉到的。察觉风险是一种人类直觉的判断。在日常生活中,我们常常凭直觉来处理风险问题。

比如说,雷暴天气来临,加油站还在加油或者化工企业还在生产,作为经验丰富的技术或管理人员应该及时停止加油或生产,因为他们已经察觉到了雷电灾害风险。

雷电灾害风险问题,可能涉及两类以上的风险。例如民航雷击事故风险问题,最少涉及统计风险和察觉风险。对于一个从事航空人身保险业务的公司而言,由于拥有大量飞行雷击事故数据资料,并有充分的时间进行统计分析,民航雷击事故风险是统计风险。但是,对一个在飞机场办理登机手续前考虑是否购买航空人身意外保险单的乘客而言,不可能在短暂时间内去收集、整理和分析任何数据,民航雷击事故风险是察觉风险。

§2.4　雷电灾害风险评估内容与程序

2.4.1　雷电灾害风险评估的基本内容

根据评估类型不同,雷电灾害风险评估的基本内容也不相同。如雷电灾害风险预评估主要包括雷电气候特征评估和易损性风险评估;而方案评估主要包括雷击损坏风险和雷击危害范围影响评估;现状评估还包括抗灾性能评估等。

2.4.2　雷电灾害风险评估的工作程序

1. 雷电灾害风险评估的基本程序

雷电灾害风险评估基本程序如图 2-1 所示,评估工作包括如下几个核心步骤:

(1) 资料收集

明确风险评估对象和范围,收集国内外相关法规和标准,了解同类场所、设备、设施及生产工艺和事故情况,了解风险评估对象的地理、气候条件及社会环境状况等。

(2) 风险识别与分析

根据所评估的防雷设备、设施或场所的地理、气候条件、工程建设方案、工艺流程、装置布设、主要设备和仪表、原材料、中间体、产品的理化性质等,辨识和分析可能发生的雷电灾害事故类型、事故发生的原因和机制。

(3) 评估过程

在上述危险分析的基础上，划分评估单元，根据评估目的和评估对象的复杂程度选择具体的一种或多种评估方法，对事故发生的可能性和严重程度进行定性或定量评估，在此基础上进行危险性分级，以确定防雷安全管理的重点。

(4) 提出降低或控制雷电风险的防雷安全对策措施

根据评估和分析结果，高于标准值的风险必须采取工程技术或组织管理措施，降低或控制风险。低于标准的风险属于可接受或允许的风险，应建立监测措施，防止生产条件变更导致风险值增加；对不可排除的风险要采取防范措施。

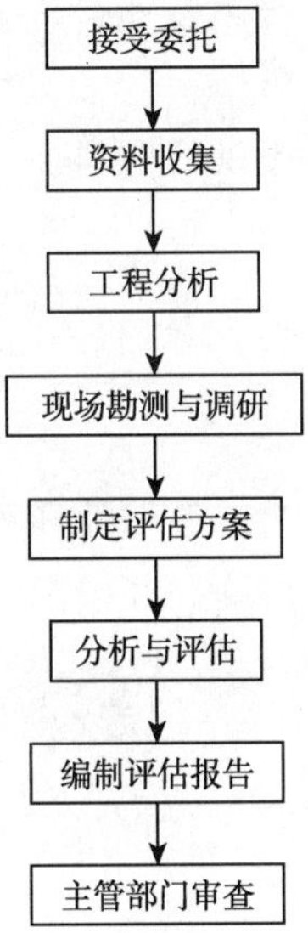

图 2-1　雷电灾害风险评估基本程序

2. 雷电灾害风险预评估的工作程序

(1) 风险预评估的程序

风险预评估工作程序包括前期准备工作、编制风险预评估大纲、评审风险预评估大纲、编制风险预评估报告、审定风险预评估报告、修改和完善风险预评估报告 6 个步骤。

(2) 风险预评估程序的说明

① 前期准备工作

包括初步了解建设项目概况，收集有关资料，组建项目评估组，签订预评估合同。

a. 初次洽谈

委托方介绍单位概况、建设内容和地点、工艺流程、总投资、预评估进度要求、工程进展情况等；受托方介绍评估单位和评估人员资质，预评估工作需要时间，要求提供的资料等。

b. 签订保密协议

双方有了初步意向后，根据委托方要求签订保密协议，受托方承担技术和资料保密义务，委托方提供可行性研究报告等基础资料。

c. 投标

受托方编写标书参加投标，标书除委托方规定的要求外，一般包括预评估单位资质情况、项目评估组人员、计划工作进度、报价等内容。

d. 签订合同

预评估合同主要包括服务内容和要求、履行期限和方式、委托方提供资料和工作条件、验收和评估方法、服务费用及支付方式等。

e. 获取相关资料

受托方获取所有应由委托方提供的资料。

f. 项目评估组人员分工

评估项目组人员分工决定的关键是项目组长和主要评估人员的工作能力和工作经验。

② 编制风险预评估大纲

包括风险识别、分析，按照科学性、针对性和可操作性原则选择评估方法，确定评估单位，提出防雷安全对策主要思路。并按规定由建设单位送主管部门审查。

a. 预评估大纲重点编写内容

(a) 工作概况

(b) 主要雷电危险有害因素分析

(c) 划分评估单位

(d) 选择评估方法

(e) 除详细编写以上重点内容外，预评估大纲还可以编写提出防雷安全对策措施的主要思路和预评估工作的计划进度。

b. 预评估大纲的作用

(a) 确保计划进度

大纲是预评估工作过程的总体设计方案，有了方案，计划进度就有了保证。

(b) 明确工作范围

大纲在进行风险识别、分析基础上划分风险区域、选择评估方法，明确评估工作范围。

(c) 避免返工

大纲经过专家评审，得到权威确认，可以避免返工和影响计划进度。

设计单位在进行初步设计过程中，对于批准的可行性研究报告内容有重大变动时，建设单位应及时通知评估单位，对评估大纲作必要的调整（由于时间关系，也可根据建设单位意见，直接编制预评估报告）。

③ 评审风险预评估大纲

应组织有关专家、建设单位、设计单位，采取会审的方式对预评估大纲进行评审，由专家组提出书面评审意见。

a. 对专家组的要求

(a) 权威性

由本地区或本行业具有一定权威的防雷专家组成专家组。

(b) 合理性

专家要有合理的知识结构，一般由防雷安全管理、工程技术、学术科研 3 类专家组成。

(c) 适合性

对应预评估要素聘请相应专家，例如主要的要素为防火防爆的，则必须聘请防火防爆专家。

b. 大纲评审报告

评估目的性是否明确，主要风险识别、分析是否确切、符合客观实际；风险值的划分和评估方法的选择是否科学、合理、适用；评估深度是否能满足评估要求。

④ 编制风险预评估报告

根据评审通过的预评估大纲，进行现场调研、勘查，资料整理，数据处理，结果分析比较，编写预评估报告。

预评估报告除对于评估大纲编写的危险有害因素分析、划分评估单位和选择评估方法进行补充和完善外，应重点编写：(a) 危险、有害因素的定性、定量评估；(b) 针对工程规划选址的防雷安全对策措施及建议；(c) 预评估结论。

⑤ 审定风险预评估报告

项目组完成风险预评估报告后交由建设单位报送气象主管机构，由主管机构组织专家组对预评估报告进行技术审查，审查通过后的报告再报主管机构审定。

⑥ 修改和完善风险预评估报告

评估单位根据主管机构组织专家组时风险预评估报告的技术审查意见，逐条修改和完善风险预评估报告，移交建设单位。

3. 方案评估的工作程序与内容

(1) 方案评估的目的

方案评估目的是贯彻"安全第一，预防为主"的方针，为建设项目防雷安全施工图设计提供科学依据，对未达到防雷安全目标的设计要求提出防雷安全补偿及补救措施，以利于提高建设项目防雷要求，达到防雷安全标准。

(2) 方案评估的内容

根据项目防雷方案设计要求，评估是否需要采取相应的雷电防护措施，检查建设项目中防雷安全设施设计是否符合国家有关防雷安全法律法规和技术标准，同时判定其采取措施是否满足经济合理性要求。

(3) 方案评估的程序

方案评估程序一般包括：前期准备；编制方案评估计划；编制方案评估报告；方案评估报告评审。

前期准备：明确被评估对象和范围；进行现场调查，收集国内外相关法律法规、技术标准及建设项目的资料（包括初步设计、变更设计、预评估报告、批复文件）等。

编制方案评估计划：在前期准备工作基础上分析项目建成后主要风险分布与控制情况，依据有关防雷安全的法律法规和技术标准确定方案评估的重点和要求；依据项目实际情况选择方案评估方法；测算方案评估进度。

编制方案评估报告：根据方案评估计划和建设单位提供的资料和数据，对照相关法律法规、技术标准编制方案评估报告。

方案评估报告评审：建设单位按规定将方案评估报告送专家评审组进行技术评审，并由专家评审组提出书面评审意见。评估机构根据专家评审组的评审意见修改、完善方案评估报告。

4. 方案评估报告的内容和要求

方案评估报告主要内容包括如下部分：

(1) 方案评估依据；(2) 建设单位简介；(3) 建设项目概况；(4) 防雷安全设施和技术措施；(5) 指出建设项目所涉及的雷电风险；(6) 是否采取防雷措施以及采取何种类别的防雷措施。

5. 现状评估的工作程序与内容

(1) 现状评估的目的

——企业通过评估确认在用的防雷装置、设备或设施的安全状态，确认该状态是否可以接受；

——针对评估出的防雷安全隐患，给出实施的紧迫程度，并提出对应的建议措施；

——通过评估为企业事故隐患治理提供依据，为企业的防雷安全投入与资金使用提供参考。

(2) 现状评估的内容

——全面收集评估所需的信息资料，运用防雷安全检查表等手段给出量化的防雷安全状态参数值；

——对于可能造成重大后果的防雷安全隐患，采用相应的数学模型，进行事故模拟，预测极端情况下的影响范围；

——对发现的隐患，根据量化的防雷安全状态参数值，进行整改的紧迫程度排序；

——提出防雷整改措施及建议。

(3) 现状评估的程序

现状评估程序一般包括：前期准备；编制现状评估计划；现状评估现场检查；编制现状评估报告；现状评估报告评审。

前期准备：明确被评估对象和范围；进行现场调查，收集国内外相关防雷法律法规、技术标准及建设项目的资料（包括初步设计、变更设计、预评估和方案评估报告、各种批复文件）等。

编制现状评估计划：在前期准备工作基础上分析项目建成后主要雷电风险分布与控制情况，依据有关防雷安全的法律法规和技术标准确定现状评估的重点和要求；依据项目实际情况选择现状评估方法；测算现状评估进度。现状评估计划书主要内容包括：① 现状评估主要依据：适用于雷电灾害风险评估的法律法规；相关防雷安全标准规范；建设项目初步设计和变更设计；预评估和方案评估报告及批复文件等。② 建设项目概况：建设项目地址、总图及平面布置、生产规模、主要工艺流程、主要设备、主要原材料及其消耗量、经济技术指标、公用工程及辅助设施等。建设项目开工日期、竣工日期、试运行情况等。③ 主要雷电风险场所分析：参考预评估和方案评估报告，根据项目建成后周边环境、生产工艺流程或场所特点指出雷电风险存在的部位，并分别列出危害因素。④ 现状评估重点的确定：围绕建设项目雷电风险，按科学性、针对性和可操作性的原则确定现状评估重点。⑤ 现状评估方法的选择：依据建设项目实际情况选择现状评估方法，通常选择“安全检查表”方法。有重大设计变更、前期未进行预评估的建设项目或评估机构认为有必要的情况下，可选择其他评估方法，或选择多种评估方法。⑥ 现状评估检查表：编制现状评估需要编制的防雷安全检查表（定性型、定量型、否决型、权值评分型等），一般包括：(a) 建设项目周边环境安全检查表；(b) 建(构)筑物及场地布置检查表；(c) 工艺及设备安全检查表；(d) 防雷安全工程设计检查表；(e) 防雷安全管理检查表；(f) 其他综合性防雷措施检查表。⑦ 现状评估工作安排：现状评估计划应对现状评估工作做出初步安排，包括现状评估工作进度、现场检查抽查比例、进入现场防雷安全防护措施等。

现状评估现场检查：按照现状评估计划对防雷安全条件与状况独立进行现状评估的现场检查。

编制现状评估报告：根据现状评估计划和现状评估的现场检查所获得的数据，对照相关法律法规、防雷技术标准编制现状评估报告。

现状评估报告评审：建设单位按规定将现状评估报告送专家评审组进行技术评审，并由专家评审组提出书面评审意见。评估机构根据专家评审组的评估意见修改、完善现状评估报告。

(4) 现状评估报告的内容

现状评估报告主要内容包括如下部分：

概述：① 现状评估依据；② 建设单位简介；③ 建设项目概况；④ 生产工艺；⑤ 主要安全设施和技术措施；⑥ 建设单位防雷安全管理机构及管理制度。

主要雷电风险识别：① 雷电风险场所分析；② 雷电风险部位的确定。

总体布局及常规防护设施措施评估：① 总平面布局；② 厂区道路安全；③ 雷电防护设施和措施；④ 评估结果。

易燃易爆场所评估：① 爆炸危险区域划分符合性检查；② 可燃气体泄漏检测仪的布防安装检查；③ 防爆电气设备安装认可；④ 防雷安全检查(主要检查是否符合气象主管部门认可)；⑤ 评估结果。

电气安全评估：① 变电所；② 配电室；③ 防雷、防静电系统；④ 其他电气安全检查；⑤ 评估结果。

工艺设施防雷安全有效性评估：① 工艺设施防雷安全；② 评估结果。

防雷安全管理评估：① 防雷安全管理组织机构；② 防雷安全管理制度；③ 雷电灾害应急救援预案；④ 防雷技术人员培训；⑤ 日常防雷安全管理；⑥ 评估结果。

现状评估结论：在对现场评估结果分析归纳和整合的基础上做出评估结论。内容包括：① 建设项目防雷安全状况综合评述；② 归纳、整合各部分评估结果，提出存在的问题及改进建议；③ 建设项目现状评估总体评估结论。

现状评估报告附件：① 数据表格、平面图、流程图、控制图等风险评估；评估过程中制作的图表文件；② 建设项目存在的问题与改进建议汇总表及反馈结果；③ 评估过程中专家意见及建设单位证明材料。

现状评估报告附录：① 与建设项目有关的批复文件(影印件)；② 建设单位提供的原始资料目录；③ 与建设项目相关的数据资料目录。

(5) 现状评估报告的格式

现状评估报告格式一般包括：① 封面；② 评估机构资格证书影印件；③ 著录项；④ 目录；⑤ 编制说明；⑥ 前言；⑦ 正文；⑧ 附件；⑨ 附录；⑩ 现状评估报告载体。

现状评估报告封面应包括如下内容：

a. 单位名称；

b. 项目名称；

c. 报告名称，为“现状评估报告”；

d. 评估机构名称和评估资质证书编号。

现状评估的一般要求：

——资料准备应全面、真实、具体。在资料准备工作中应取得企业的理解与积极配合，所获得资料的全面性、真实性与深入程度，对评估结果的全面性、真实性与可靠性会产生重要影响。

——评估人员除熟练掌握雷电灾害风险评估知识技能外，还应了解相应的工艺技术水平生产运行、操作和管理。

2.4.3　雷电灾害风险评估的限制因素

根据经验或预测方法进行的雷电灾害风险评估在理论和实际上都还存在很多限制，即使是有效、高质量的雷电灾害风险评估也有其局限性。应该认识到雷电灾害风险评估结果的基础上作出的风险管理决策的质量，与对被评估对象的了解程度、对雷电风险可能导致事故的认识程度和采用的雷电灾害风险评估方法本身的准确性等有关。

1. 不完整性

雷电灾害风险评估的不完整性主要有两个方面：首先是风险识别阶段，雷电灾害风险评估人员不可能保证找出所有的风险和潜在防患状况；其次是对已识别的风险不能保证考虑到所有引发事故的原因和事故的后果。但有经验的专家使用系统的雷电灾害风险评估方法及相关的经验，可识别出最严重的风险及其事故的原因和后果。

2. 主观性

由于雷电灾害风险评估具有高度主观的性质，雷电灾害风险评估结果与假设条件密切相关，不同的雷电灾害风险评估人员使用相同的资料评估同一个项目，可能会得出不同的结果。尽管有很多经验性的预测方法，雷电灾害风险评估的质量在很大程度上还取决于判断的正确与否，尤其是假设条件。

3. 难于理解

有些雷电灾害风险评估报告可能是长达几百页的表格，专家会议讨论结果，故障树、事件树模型以及其他资料，冗长复杂的评价报告难于让人理解和应用。

4. 与雷电灾害风险评估人员的经验相关

雷电灾害风险评估在很大程度上取决于雷电灾害风险评估人员的主观判断力、假设及经验，有些雷电灾害风险评估方法需要评估人员凭经验和判断来预测事故原因和结果。对于相同的工艺，但由不同的雷电灾害风险评估人员来完成，其风险评估结果可能千差万别。在某种程度上雷电灾害风险评估人员的经验比风险评估方法更重要。

在很多情况下，雷电灾害风险评估是依靠评估专家的集体智慧，使用定性方法确定潜在雷电灾害事故的危险性，由于许多事件在雷电灾害风险评估前没有发生过，专家们必须凭主观判断确定可能导致事故的原因及其产生的后果，这种主观性会影响雷电灾害风险评估结果的可靠性。

5. 雷电灾害风险评估所带来的效益并不能直接得到验证

预防雷电灾害事故所能产生的效益也不能确切估算出。但雷电灾害风险评估的效益会随着时间的推移而逐步显现出来。它主要包括:在项目的寿命全过程中很少发生雷电灾害事故;降低了雷电灾害事故的严重程度;改善了雷电灾害应急救援体系;提高了防雷技术培训水平;修订规章制度并改善了社会关系。

6. 雷电灾害风险评估后项目不能保证绝对安全,即使对项目进行高质量雷电灾害风险评估后,也并不能绝对保证防雷安全,杜绝雷击事故的发生。

7. 属新兴科学范畴,雷电灾害风险评估有待更深入研究

雷电灾害风险评估工作是一门新兴边缘科学,所涉及的学科包括建筑学、气象学、管理学等,我国开展雷电灾害风险评估工作起始于2000年左右,2005年《防雷减灾管理办法》(中国气象局令第8号)对雷电灾害风险评估工作做出法规规定。2006年重庆市质量技术监督局颁布实施了第一部雷电灾害风险评估标准《雷电灾害风险评估技术规范》(DB 50/214—2006),并于2007年上升为行业标准《雷电灾害风险评估技术规范》(QX/T 85—2008)。

迄今为止,对雷电灾害风险评估研究还比较滞后。

第3章　雷电灾害风险分析

雷电在造福人类(产生臭氧、增加氮肥、清新空气)的同时,也带来了雷电灾害。雷电灾害总是损害人类的利益,威胁人类的生存,无情地毁坏人类的生存环境,贪婪地吞噬着人们的生命财产,是人类生存和社会发展的大敌。

雷电灾害是指自然界中由于闪电造成人员生命伤亡和人类社会财产损失的事件,换句话说就是闪电给人类带来的灾难。

众所周知,对于雷电灾害而言,它的成灾是三方面基本因子相互作用而成的。一是致灾因子——雷电(闪电),包括雷电的强度、陡度和极性;二是雷电承灾体(人或物),包括其所处的时空条件和承灾力;三是雷电灾情,包括灾情和灾度。这三种因子的互动过程,可以用图加以说明(图 3-1)。

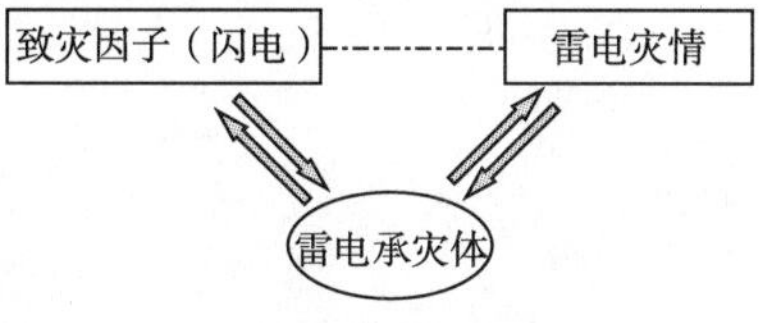

图 3-1　雷电灾害的构成

不难看出,雷电灾害成灾的过程就是闪电通过承灾体(人或物)的中介而产生雷电灾情的过程。雷电灾情的大小既取决于闪电极性、闪电强度的大小,又取决于承灾体(人或物)的社会时空分布及其承灾力的大小。而雷电灾情的大小又反过来影响承灾体即人类社会的生存和发展。作为承灾体,人类社会既受到雷电的影响,同时影响着雷电的生成和发展,有时雷电灾害往往是人为原因造成,同时还可以通过承灾体的中介作用产生其他新的灾情。这是一种互馈式互动模式或过程。

§3.1　雷电灾害风险分析基本内容

雷电灾害风险分析是对雷电风险区遭受不同强度雷电的可能性及其可能造成的后果进行定性或定量的分析与评估。因此,不仅要分析其发生的可能性,即不同雷电强度发生的概率，而且要评估由此引起的可能后果。

雷电灾害风险分析的主要内容包括以下四个方面：致灾因子风险分析、承灾体易损性评估、雷电灾情损失评估和防雷减灾对策风险分析。

3.1.1 雷电致灾因子风险分析

1. 雷电致灾因子风险分析的概念

致灾因子(Hazard Factor)也称为灾象或灾源，是指自然界物质运动过程中一种或数种有破坏力的自然或自然现象，它往往是造成自然灾害的直接原因。

在充满图腾和禁忌的蒙昧时代，先人们对自然、社会和人类自身缺乏了解，往往把雷电灾害根源归结为超自然的"上帝"、"神"或"魔"的力量。因此，有雷公、电母之称。随着社会生产力的发展和科学技术的进步，人们逐渐对雷电灾害成因有了比较正确的认识，开始重视对致灾因子闪电的研究。

但是不可否认，人类活动是全球气候变暖的重要原因，随之而来的极端气候事件增加，强对流性天气引发闪电增加。雷电灾害发生的整个过程跟其他致灾因子一样，自身有一个发展过程，这个过程可分为孕育期、潜伏期、预兆期、爆发期、持续期、衰减期、平息期。雷电灾害的致灾因子可以用三个参数来表示，即时、空、强。

时：雷电出现或发生作用的时间。

空：雷电所在地理位置。

强：雷电强度。

研究给定地理区域内一定时段内各种强度的致灾因子发生的可能性称为致灾因子风险分析(Petakand Atkisson，1982)。

2. 雷电致灾因子风险分析的基本任务

众所周知，闪电的出现为随机事件发生，那么我们对闪电这个致灾因子风险分析的任务就是估计各种强度或者密度的闪电发生的概率或重现期；如果可以准确预报某一强度或者密度闪电将在何时、何地发生，则雷电这个致灾因子风险分析的任务就是找出概率为 1 的事件。换言之，确定性预报是概率风险分析的一种特例。

为了从量化的层次上进行雷电致灾因子风险分析，首先必须确定雷电致灾因子的测度空间。从数学的角度讲，在其定义上有某种关系或运算的集合称为空间。例如，由全体实数和大小比较关系可构成实数空间。空间中满足一定条件的子集之大小可以被度量的空间称可测空间，用来度量子集之大小的集函数称为测度，具有测度的空间称为测度空间(Measure Space)。例如，概率空间是一个测度空间。事件构成空间，对事件构成之子集的度量就是概率测度。

度量雷电致灾因子大小的测度空间称为雷电致灾因子测度空间。例如，闪电强度等级的定义域是一次闪电致灾因子测度空间；闪电强度集合{Ⅰ,Ⅱ,Ⅲ}有时也可当作一次闪电致灾因子测度空间使用。

雷电致灾因子测度空间也称雷电致灾因子定义域或雷电致灾因子论域。雷电致灾因子论域中的元素记为 σ，称其为雷电致灾因子变量。通常，用 H 表示雷电致灾因子随机事件变量。随机事件变量 H 取某一个数值 h。

设 t,s 分别是时间和地点变量，则用概率统计方法进行雷电致灾因子风险分析的任务就是求 h 发生的条件概率 $p(h \mid t,s)$。通常，人们只对给定时段 T_0 和地域 S_0 进行雷电致灾因子风险分析，其任务是求 $P_{H \mid T_0,S_0}(h)$。

3. 雷电致灾因子分析的核心

雷电致灾因子风险分析的核心是估计一定时段 t 内，给定区域 s 内，雷电致灾因子以 h 强度发生的条件可能性 $p(h|t,s)$。概率是一种常用的可能性量度，用于测量随机可能性。

雷电灾害系统中的不确定性，从属性上来分，有随机不确定性和模糊不确定性两种。因此，雷电致灾因子风险分析的主要任务之一是掌握闪电发生的统计规律。随着科学技术水平的提高，雷电将逐步可以进行预测。对于闪电，除了研究它们的重现期外，风险结果分析的主要工作是对未来趋势进行更仔细的判断，随机不确定性因素仍然存在，预测结果仍然是可能性的。这时，雷电致灾因子的风险分析就从概率统计阶段进入了预测风险阶段。

3.1.2　雷电承灾体易损性评估

承受雷电灾害的对象称为雷电承灾体。研究目标不同，雷电承灾体的层次也不同，主要有宏观雷电承灾体和微观雷电承灾体之分。在雷电灾害风险评估中，将一个居民区或一座城市甚至于一个区域作为一个雷电承灾体看待，这个承灾体是一个宏观雷电承灾体，只能用来进行较粗糙的风险分析。将一座建筑物或一座危险物存储库作为一个承灾体看待，这个承灾体是一个微观雷电承灾体，可用于较精细的风险分析。

相同强度雷电作用于承灾体，由于时空条件不同，雷电灾情条件不同，雷电灾情也有很大的不同。不同的社会条件即使同样的雷电强度，其雷电灾情也不同。在沙漠和人烟稀少地区，和在繁华的人口密集区发生同样等级的雷电灾害，灾情就大大不一样。可见，某一灾种作用于承灾体，具有区域性的冲击力和破坏力分布差异。在不同的时间，如在烟花爆竹生产的不同季节，致灾因子所造成的损失也不同。

雷电承灾体的破坏现象是雷电灾害的主要表现形式之一。广义来讲，任何一个承灾体都是一个复杂的能量转化系统，它们担当着将雷电灾害的破坏性能量转化为破坏现象的角色。能量转化的复杂性质是承灾体的主要性质。

1. 雷电承灾体易损性风险区确定

研究一定强度雷电灾害发生时的受灾范围。

在防雷工程中，依据雷电等级的预报来判断雷电强度分布，就属于承灾体分析中风险区确定的问题。因此，影响范围也是一个风险问题。

2. 雷电承灾体易损性风险区特性评估

对雷电灾害风险区内主要建筑物，种植业和养殖业，其他固定设备和建筑物内部财产，雷电灾害风险区的人口数分布、经济发展水平等进行分析和评估。

风险区人类社会特性对雷灾程度有较大影响。一次大的雷电灾害对人烟稀少的地区不会造成大的灾难。一次中等强度雷电发生在大都市可能就意味着灭顶之灾。雷电灾害风险区人类社会的结构异常复杂，要进行确切的数学化表达几乎不可能。对有关属性进行多种判断，有利于较全面地了解雷电风险区特性。

3. 抗灾性能分析

对雷电灾害风险区内的财产进行抗灾性能分析，承灾体的抗灾性能分析也称脆弱性分析。防雷工程中所说的“雷害预测”，实际上就是依据雷电的强弱和构筑物防雷装置的安全性能，对可能的毁坏程度进行预测，属于脆弱性分析的范畴。在防雷设施完善的雷电风险区内的建筑，可能遭受雷击而无忧；毫无防雷设施的雷电风险区内的村庄，遇雷电则显得十分脆弱。

由于许多承灾体的破坏机理还没有完全掌握，加之承灾体的关键数据不易得到或不准确、不全面，人们不能对其进行确定性的脆弱性分析，而只能进行不确定的脆弱性分析，不能给出一对一的输入—输出关系，只能给出多值对应的输入—输出关系。这种不确定的输入—输出关系，可以用模糊关系来表达。雷电灾害风险分析涉及的模糊不确定性，主要是指这种输入—输出间的模糊联系。

承灾体易损性评估的核心根据雷电（致灾因子）强度 h 计算破坏程度 D 的破坏模型 $D=f(h)$，其中 f 完全由风险区建筑物防雷设施（承灾体）的安全性能决定。现实中的函数关系 f 通常十分复杂，不一定是解析式子，甚至不是一对一的数学映射。

雷电灾害承灾体的承灾能力，是影响着雷电灾情大小的重要因素。有致灾因子存在总会造成灾情。人类社会至今还无能力来消灭致灾因子。但是雷电灾害承灾体对灾情起到制约作用，即具有减轻雷电灾害的能力。

从历史上来看，影响承灾体抵御能力的社会因素有三个方面：① 缺乏减灾意识、忧患意识，对致灾因子形成、发展不能及时认识和适应；② 虽然对致灾因子所造成灾害的危害性有所认识，但由于缺乏科学技术知识和经济实力，没有完善的对策，或虽有对策也无法实现；③ 由于政府的腐败和群众的不响应。

3.1.3　雷电灾情损失评估

1. 雷电灾情损失评估的概念

雷电灾情损失是雷电作用于承灾体所造成的人员伤亡、社会财产损失、灾害救助损失以及恢复雷灾区正常社会秩序的投入的总和。

雷电灾情用雷电灾害事件和雷电灾害损失来表示。雷电灾害损失由三方面要素构成，一是雷电灾害对人的影响，包括受灾人数、成灾人数和伤亡人数；二是雷电灾害受灾范围，包括受灾面积和成灾面积；三是雷电灾害直接经济损失。

雷电灾情可以用“灾度”来表示。灾度是雷电灾害损失绝对量度和相对量度的分级标准，以人员伤亡和直接经济损失两个指标把雷电灾情分为巨灾(A级)，大灾(B级)，中灾(C级)，小灾(D级)，微灾(E级)。

《雷电灾害调查与鉴定技术规范》(DB 50/T 211—2006)根据灾害损失程度和后果分为特别严重灾害、严重灾害、较重灾害和一般灾害。

2. 雷电灾情损失评估的内容

严格来讲，没有损失，就无所谓风险。雷电灾情损失评估是指评估雷电风险区内一定时段可能发生的一系列不同强度雷电灾害给风险区造成的可能后果。损失包括：① 直接经济损失；② 人员伤亡损失；③ 间接经济损失。为了分析简便起见，又可把直接经济损失与间接经济损失合二为一。因为它们都源于雷电灾害。只有在需要进行较精细的分析时，才把它们分开。

3. 雷电灾情损失评估的方法

(1) 绝对量化法

通过调查而统计雷电灾区人员伤亡数，计算财产损失金额的损失量化法。绝对量化法的作用是提供受灾区域内灾情的基本数据。但由于此方法通常不考虑统计区的基数(总人口、总财产)，故绝对量化法不能表现受灾情的强弱，有很大的局限性。

(2) 相对量化法(雷电灾害指数法)

统计雷电受灾区域的人员总数和财产总数，并将人员伤亡数除以总人数，财产损失除以总财产作为雷电受灾区的灾情指标。由相对量化法得到的灾情指标称灾害指数，这种强弱指标能较好地体现灾情的自然属性，便于对不同区域的风险高低进行比较。从理论上讲，相对量化法是一种较好的方法。

(3) 专家评估法

由专家在雷电受灾现场直接评估并给出雷电灾害强弱的语言描述的方法。专家评估法可以提供雷电受灾区灾情的综合评判结果。但这种结果较粗糙，不易进行量化分析。

4. 雷电灾情损失评估的核心

通常说的雷电灾害风险，主要是指致灾因子雷电的风险，侧重于自然系统。事实上，致灾因子雷电是导致雷电灾害风险的要素之一，易损性和社会经济决定了是否成灾。因此，雷电灾害风险分析应归结计算出雷电灾害风险(Risk of Lightning Disaster)，而不是雷电危害的风险(Risk of Lightning Hazard)。这就决定了雷电灾害风险分析的基本原则是：由雷电专家提供研究区域雷电致灾因子发生时、空、强的可能性数值，由防雷减灾工程师依据闪电强度，提供人类社会系统各种破坏的可能性数值，由经济学家和社会学家们依据破坏程度，推测各种损失的可能性数值，最后，由雷电灾害风险分析人员将 3 个环节的可能性数值组合起来，给出风险损失。

雷电灾情损失评估的核心是，找出根据破坏程度 D 计算损失程度 L 的损失模型 $L=g(D)$。其中，g 既与承灾体的特性有关，还与选定的损失测度空间密切相关。现实中的函数关系 g 非常复杂，一般要进行大幅度的简化才能实际操作。

雷电灾害风险分析的基本任务是总结雷电灾害多发地区历史上不同风险水平发生的频率，绘制回归风险图；针对系统可能出现的变化，研究未来的风险，绘制未来风险图。

3.1.4　防雷减灾对策风险分析

防雷减灾对策为减轻雷电灾害的损失或影响程度而采取的对策。例如，发布雷电预报、安装防雷装置、对建筑物进行防雷设计、制定雷电灾害应急预案、购买财产保险等，都属于防雷减灾对策的范畴。

合理的防雷减灾对策，往往具有投入少收益大的好处。按照减负等于加正的说法，相当于提高了经济效益。不过，决策失误所导致的损失常常也是巨大的。因此，需要进行防雷减灾决策的风险分析。

防雷减灾决策风险分析所要回答的问题是：如果采取了某种防雷减灾对策 f，一旦出现预期以外的雷电灾害打击力 h，出现额外损失 l 的可能性如何的问题，在概率风险意义上来讲就是求 $p(l \mid f,h)$，也可简写为 $p(l)$。

§3.2　雷电灾害风险分析基本原理

人类在同雷电灾害的斗争中，通过实践，奠定了开展雷电灾害风险分析工作的基础。首先是认识到了开展此项工作的必要性，其次是找到了可操作的工作程序，最后是发现了分析时必须遵循的基本原理。

3.2.1　雷电灾害风险分析的必要性

雷电灾害系统的主要特点是系统的不确定性和复杂性，因此，要把握住该系统，只能进行风险分析。

雷电灾害系统中的一个子系统是人类社会系统。离开人类社会，只有自然现象，就没有灾害现象。破坏、损失等不利事件的发生、发展，均与人类社会的结构密切相关，要对未来雷电灾害后果作出判断，必须对有关的人类社会结构（人员财产分布、构筑物特性等）进行分析。人类社会结构十分复杂，具有许多不确定因素。雷电灾害系统的研究，必须充分考虑到这一点。事实上，仅就雷电灾害纯自然现象的部分而言，不确定性和复杂性仍不能忽略。这表明只有雷电灾害风险分析的理论和方法得到大力发展，雷电灾害这一门学科才能趋于成熟。

有一种观点认为，雷电灾害其实也应是确定性的，其发生有一定的因果关系，只是我们现在还不能确切知其规律而已。用不确定性方法去判定确定性事件是牵强的。因为它预测的结果与实际发生的完全不同。这种观点认为，不确定性方法只能作为对事前没有其他方法可以预测的情形不得已而采用的一种估计方法而已，只能作为政府防雷减灾计划和规划部门等做预案的参考。不能过分地相信它，它经不起事实的考验。这种观点其实是用雷电灾害系统客观存在的因果关系来否定系统的不确定性，并间接说明不必要进行雷电灾害风险分析。因为风险大的也不一定比风险小的真能发生。这种观点本质上认为，没有必要进行雷电灾害风险分析。事实上，仅就雷电灾害系统中的致灾因子闪电来说，永远也不可能彻底消除不确定性，更不用说消除人类社会子系统中的不确定性了。经不起事实考验的风险分析结果，是由于有关方法的不成熟或分析时所用的数据、知识等不可靠，并不是因为用了不确定性方法去判定确定性事件，实际是在认识论上出了问题。仅仅通过考查某些事件发生与否，并不能检验风险分析结果的可靠性。正如我们不能根据今天是否已确实降水来检验天气预报对雷电概率的判断是否正确。预测雷电概率大的那一天不一定就发生闪电，预测雷电概率小的那一天也不一定不发生闪电。但如果方法和有关数据、知识正确的话，多次观察会发现，在雷电日数中，预测雷电概率大的天数占的比例一定比预测雷电概率小的天数占的比例大。

综上分析可知，进行雷电灾害风险分析是非常必要的。

3.2.2　雷电灾害风险分析的可操作性

雷电灾害系统不是完全紊乱的系统，人们对雷电灾害系统中诸元素的特征、相互之间联系已有了相当的认识，已经可以进行一定的量化分析。强度小的闪电可使建筑物产生局部的破坏，强度大的闪电可产生严重破坏。这些经验对于雷电灾害风险分析都能提供帮助。

1. 雷电灾害的特征

雷电灾害是一种过程，也是一种现象，具有其自己的特性。

(1) 普遍性和恒久性

全球每年约有12亿个闪电，即每秒平均37个。因此，就某一时间段而言，雷电灾害时时、处处无所不在。

(2) 多样性和差异性

由于雷电在时间和空间分布差异，以及强度的不同，这就导致雷电灾害的多样性。由于雷电危害方式不同，也就具有差异性。

(3) 全球性和区域性

一方面，雷电灾害在全球每一角落都有可能发生；另一方面，雷电灾害的发生和影响范围都是有限的。因此具有全球性和区域性。

(4) 随机性和可预测性

雷电灾害的发生及其要素（发生的时间、地点、强度等因子）似乎是不能确定的，这就是雷电灾害的随机性。不过，雷电灾害本身的发生、发展过程是具有规律性的，是可以预测的。只是由于人类目前对雷电还不完全了解，不能准确预测一切时刻、一切地区雷电灾害的形成与发生过程，雷电灾害发生对人类而言具有随机性。因此，雷电灾害的随机性和可预测性是相对于人类的认识水平而言的。

(5) 突发性和伴生性

雷电灾害的发生通常在人们尚未意识到的时候突然降临，使人们猝不及防，往往带来惨重的后果；同时诱发次生灾害发生，如雷击引发森林大火等灾害。

2. 雷电灾害分析的可操作性

由于人们已有了描述不确定性和复杂性的许多手段，概率论、模糊集理论、软计算等的日趋成熟，使雷电灾害风险分析成为可能。

一是概率统计方法的应用。统计学家认为，任何自然行为的原因并不是总能被知道的，人们对自然现象的观测也仅仅是近似正确，概率被认为是不确定性的测度。在概率公理体系中，不确定现象被抽象为随机事件（粗略地说，在一定条件下，可能发生也可能不发生的事件，称为随机事件），概率被定义为随机事件频率的极限（或稳定值）。通常，人们认为随机性有两种来源：一种是由于观察现象中固有的不规律性，人们对某些现象不可能完全进行确定性的描述而产生；另一种是因为缺乏过程涉及的知识而产生。后者的不确定性程度会随着人们知识的增加而减少。不确定性可分为系统的和统计的两种。系统的不确定性产生于实验或实验所依据的理论的某种疏忽大意，统计不确定性则被认为产生于输入数据总体的有限性。概率论的建立为人们从理论上研究随机不确定性现象提供了重要的工具；一系列统计理论和方法的提出，使人们有可能通过对观测样本的研究,估计出现实系统的有关统计规律。雷电具有随机不确定性,因此,概率统计理论和方法的建立,使得人们对统计型的雷电灾害风险进行分析成为可能。

二是模糊集理论的建立和信息扩散原理的提出。在概率公理系统中,有关命题仍然遵守排中律。排中律是公理系统一致性和完备性基础的一部分。排中律是说,一个事件要么有某个性质,要么就没有,非此即彼,两者必居其一,没有中间状态。然而,人脑很早就能用日常语言来处理不确定性,而日常语言具有不分明、不肯定的成分。因而,用传统随机观点来处理不确定性现象,不得不做许多假设,有时就会因此而远离实际。由于度量尺度的模糊性或人们掌握的信息不完备,许多自然界的现象映射到人脑中就只能用日常语言来表述,相应的现象就称为模糊现象。自然界中的事物本身并无所谓模糊还是清晰,并不是什么模糊事物。例如,某农户称自己家的一头牛为"一头老牛",牛本身并无所谓模糊还是清晰,但由于度量年龄的尺度"老"的模糊性,并且该农户没有必要掌握牛的年龄的完备信息,所以这头牛映射到该农户脑中的是"一头老牛"。理性上的模糊性能使人们快速作出反应,是对人类的拯救,它是一条保护人类免得淹没在信息的潮汛之中,而只让信息流中的所需部分进入思维轮机的堤坝。人类自然语言的强烈模糊性充分体现了这一点。

扎德(Zadeh)建立的模糊集理论,提供了一个量化自然语言的数学方法,成为计算机模拟人脑进行思维的重要工具之一。信息扩散原理(HuangandShi,2002)的提出,为优化处理不完备信息,提高系统识别精度找到了一条新的出路。模糊集理论的基本思想是把经典集合中的绝对隶属关系灵活化,从而使得论域中的一个元素是否属于一个模糊集合具有亦此亦彼的不确定性。某事件在归属某概念或某个类上的不确定性称为模糊不确定性。模糊集理论的建立和信息扩散原理的提出为人们研究模糊不确定性现象提供了重要的工具。一系列的模型和方法使人们有可能广泛使用模糊信息,对察觉型和信息不完备型雷电灾害风险进行分析。

三是软计算理论和方法的发展。致灾因子(闪电)、承灾体(人或物)、社会经济体系三者组成的系统称为雷电灾害系统。闪电的强度由地形、地貌、气候等决定。这其中的任何一部分都非常复杂。从一个居民区或一座城市甚至于一个区域的宏观雷电承灾体,到一座建筑物或一台设备的微观承灾体,其脆弱性都与许多因素有关,宏观和微观的承灾体都是十分复杂的系统。社会经济体系涉及财产分布、经济状态、人类活动和心理因素等方面,更为复杂。从理论上讲,或许存在描述雷电灾害系统的状态方程,但存在和能够找到并不是一回事,因为雷电灾害系统实在太复杂。即使我们高度简化、高度抽象地获得了状态方程,要确定合适的边界条件并求解也并非易事。一种称之为软计算的理论和技术(Zadeh,1994b)正在迅速发展。软计算方法是一些智能计算方法的有机结合(Zadeh,

1994a),其核心包括模糊逻辑、神经网络、粗集理论、遗传算法等计算智能方法(Bezdek,1992)。国内外已有部分学者将软计算的理论与方法引入到各个领域。软计算方法的发展为人们研究复杂的雷电灾害系统提供了有力的分析工具。

四是反精确原理的使用。20 世纪 60 年代,由于计算机硬件技术的迅速发展,许多科技人员乐观地认为,可以编制出复杂的程序对任何复杂的系统进行任何精度的识别和控制,问题只在于程序开发的成本和计算时间的耗费。70 年代末 80 年代初,人们认识到一个重要的事实:一个程序解决问题的能力极大地依赖于它所拥有的基本数据,而不仅仅是它所采用的数学模型和编程技巧。90 年代后期,人们清楚地认识到,用于解决实际问题的计算机程序,应该允许不精确的计算。以往人们对"不精确"大都处于被动应付的状态。软计算改变了这一局面。许多成功的应用实例说明,人们可以主动地将看似精确的基本数据进行模糊化,以弥补信息不足对系统识别和控制的不良影响。最新的研究发现,处理不完备信息,必须遵循某种模型粗糙度与信息不完备度相匹配的原理,才能推断出比较可靠的结论。这种原理,称为反精确原理(Huang,2002):不完备信息和精确模型是冲突的。

人们依据不完备信息对有关系统进行识别和控制时,常常不采用理论上较为精确的方法,而是采用某种较粗糙的方法。例如:大量计算时人们惯常采用有限元法而非微分方程;多元回归从理论上来说比一元回归精确,但在统计识别应用中,一元回归的使用率更高;用模糊规则比较容易实现对复杂系统的控制。因此,在雷电灾害风险分析时,反精确规则的合理使用,不仅能帮助我们低成本而快速的分析雷电灾害这个复杂系统,而且有利于避免一味追求精确可能导致的错误。

3.2.3 雷电灾害风险分析的基本原则

雷电灾害风险分析的基本原则是:由各灾种的专家提供该区域内雷电致灾因子发生时、空、强的可能性数值,由防雷减灾工程师依据致灾因子强度,提供人类社会系统各种破坏的可能性数值,由经济学家和社会学家们依据破坏程度,推测各种损失的可能性数值,最后,由雷电灾害风险分析人员将 3 个环节的可能性数值组合起来,给出损失风险。

3.2.4 雷电灾害风险分析的基本原理

研究表明,雷电灾害风险实际是一个与非利性、不确定性、复杂性有关的三维概念。雷电灾害风险分析的任务的完成是建立在将雷电灾害的致灾因子可能性数值、各种破坏的可能性数值、各种损失的可能性数值有机组合起来的基础之上,这个基本原则(技术层面)上升到理论层次,就形成了雷电灾害风险分析的基本原理。而一个雷电灾害系统，从状态方程的角度来看，可能存在一种必然的系统规律，但是，存在的规律并不一定能找到，要精确地表达就更为困难。在实际的风险分析中要“宁粗勿细”，不要把我们明明远不能确定的一些关系，人为地简化成精确的确定性关系。进行雷电灾害风险分析的数学原理是用分析不确定性现象的数学方法，描述雷电灾害的孕育、发生、发展、影响等过程，推算雷电灾害发生及相关事件出现的可能性。概率测度是可能性测度之一；模糊集理论中的可能性测度，是一种不再遵循排中律的可能性测度。

因此，雷电灾害风险分析的基本原理是：正视雷电灾害系统本身所固有的复杂性和不确定性，从最基本的元素着手分析，对其进行组合，进行不确定性意义下的量化分析。

3.2.5　雷电灾害风险分析存在问题

20世纪80年代中期，发达国家才开始注重不确定条件下进行合理决策的问题，风险分析才真正被系统研究。而雷电灾害风险分析起步更晚，存在以下三个方面的问题应引起高度重视。

1. 资料的分析手段与方法

雷电分析结果不易被检验，有时还与常识相悖，使人们对雷电风险分析技术缺乏信任感。出现这种现象，除了有些技术确实不成熟，不能给出可靠的结果外，雷电灾害风险分析被滥用也是最主要的原因。常见的现象是：假设一个概率分布，收集几个数据资料就进行风险分析，而对假设有多大的合理性，数据资料是否可靠而充足，这些实质性的东西倒是没有多少人关心。不排除有些人在内心里将雷电灾害风险分析想象为是画鬼。反正没有人见过鬼，只要能自圆其说，怎么画都可以。相比之下，大家都见过人，画人反比画鬼难了。雷电灾害风险分析要摆脱此处境，需要做许多艰苦的工作。其中，大力发展计算机仿真技术检验雷电灾害风险分析结果就是重中之重。

2. 技术人员

作为一名合格的雷电灾害风险分析人员，必然是复合型人才，他们既要深知雷电灾害风险分析理论和方法的真谛，又要有实际系统涉及该领域的专门知识。很难想象一个没有专门学过雷电科学的概率统计学家其进行的雷电灾害风险研究能被认可，也很难想象一个没有专门学过概率统计的雷电学家其进行的雷电灾害风险研究有多大可靠度。雷电灾害风险分析人员必须理解有关雷电专家、防雷减灾工程师、气象经济学家和社会学家们所提供数值的相关物理意义。否则，无法将三个环节的可能性数值进行有意义的组合，所能进行的可能仅仅是某种数学游戏。雷电灾害风险分析人员必须掌握分析复杂性和不确定性的基本数学理论和方法。否则，无从谈起进行不确定性意义下的量化分析，所能进行的可能根本不是什么风险分析，而仅仅是某种传统分析贴上了风险分析的标签。由于种种原因，国内外都十分缺乏能进行雷电灾害风险分析的通才。目前，由于缺乏既懂雷电科学，又懂不确定性量化分析的风险分析专家，所以雷电灾害风险分析方面偏重政策和管理方面。出现这种现象，除了复合型人才成长的成本太高之外，交叉学科在一些部门仍然没有地位是最主要的原因。学科管理太专，极大地制约了雷电灾害风险科学的发展。

3. 市场需求

雷电灾害风险分析产生的产品，几乎没有真正意义上的市场需求，更不要说市场需求旺盛。由于雷电灾害系统十分复杂，以目前的科技水平和人们已掌握的数据信息，人们根本无法在可控的误差范围内准确估计出雷电灾害风险。根据估不准的雷电灾害风险值用传统方法绘制出的风险区划图，既不能提供可靠的风险信息，又不能提供风险值可信度的信息，质量当然不高。

目前，提高雷电灾害风险区划质量的途径有两条：一是不断提高风险值的估计精度；二是接受风险值永远不可能精确估计的现实，用适当的方式体现风险值的模糊不精确性，并寻找合适的图形方式用模糊风险值绘制风险区划图，为用户提供尽可能多的风险信息，便于决策时有调整余地。雷电灾害模糊风险的图形化表达，是一种用软（不精确）计算方法得出的区划图，所以称之为软风险区划图。科学而实用的雷电灾害软风险区划必将有力地推动灾害学量化分析工作的发展，具有重大的理论意义和实用价值。

第4章　雷电灾害风险识别

§4.1　雷电灾害风险识别的意义

4.1.1　风险源定义

风险源(也称危险源或危害源)是指可能导致伤害或疾病、财产损失、工作环境破坏或这些情况组合的根源或状态。实际生活和工作中风险很多,存在的形式也较复杂,这在识别上给我们增加了难度。如果把各种构成风险的因素,按照其在事故发生、发展过程中所起的作用划分成类别,无疑会给我们的风险识别工作带来方便。依据我国防雷安全工作领域的相关规定和雷电灾害特点,雷电灾害的风险源可划分为人为风险源和自然风险源。

4.1.2　雷电风险源分类

根据雷电科学理论,雷电灾害风险源在雷击事故发生、发展过程中的作用,可从宏观上和微观上进行如下分类。

1. 宏观

(1) 物的故障

物的故障是指机械设备、防雷装置、防雷设备等由于性能低下而不能实现预定的雷电防御功能的现象。从安全功能的角度,物的不安全状态也是物的故障。物的故障可能是固有的,由于设计、制造缺陷造成的;也可能是由于维修、使用不当,或磨损、腐蚀、老化等原因造成的。

(2) 人的失误

人的失误是指人的行为结果偏离了被要求的标准,即没有完成规定功能的现象。人的不安全行为也属于人的失误。人的失误会导致设备设施在雷雨天气条件下静电积聚或火花放电造成事故发生。

(3) 环境因素

人和物存在的环境，即由于项目选址于雷电高发区或易遭受雷击地区、高温干燥环境等方面的问题，引起雷击事故的发生。

(4) 技术因素

虽然国家具有防雷方面的技术规定，但是由于技术受科学发展水平限制，总存在一定的局限性。因此，在闪电发生时，其极强的雷电流仍然可能致使安装防雷装置的建筑或设备设施受到损坏，这就是由于技术缺陷造成的。

2. 微观

从微观上讲，雷电灾害风险的来源(IEC 62305)可分为 S1、S2、S3、S4 四类。

S1：是雷电直接击中建筑物，这会造成由雷电流产生直接机械损害、火灾或爆炸，由电阻耦合和感应耦合的过电压产生的火花而引起的火灾或爆炸，由电阻耦合和感应耦合的跨步电压和接触电压导致的人身伤亡，以及由电阻耦合和感应耦合过电压或部分雷电流通道产生的电力或电子系统的失灵与故障等 4 种损害产生的风险。

S2：是雷电击中建筑物附近的地面，这会造成由感应耦合过电压产生的电力或电子系统的失灵与故障等损害产生的风险。

S3：是雷电直接击中引入设施，前者会造成由进入建筑物的外部电源线、信号线上过电压引起的火花诱发的火灾或爆炸，由进入建筑物的外部线缆过电压和过电流导致的人身伤亡，以及由进入建筑物的外部线缆过电压产生的电力或电子系统的失灵与故障等多种损害产生的风险。

S4：是雷电击中引入设施附近的地面，会造成进入建筑物的外部线路感应过电压产生的电力或电子系统的失灵与故障等损害产生的风险。

4.1.3　风险识别

1. 风险识别的概念

雷电灾害风险识别是发现、识别系统中雷电风险的工作。这是一件非常重要的工作，它是雷电灾害风险控制的基础，只有识别了风险之后才能有的放矢地考虑如何采取措施控制风险。

人们过去主要根据以往的事故经验进行风险识别工作。例如，美国的海因里希建议通过与操作者交谈或到现场检查，查阅以往的事故记录等方式发现风险。由于风险是“潜在的”不安全因素，比较隐蔽，所以风险识别是件非常困难的工作。在系统比较复杂的场合，风险识别工作更加困难，需要利用专门的方法，还需要许多知识和经验。进行风险识别所必需的知识和经验主要有：

(1) 关于对象系统的详细知识，诸如系统的构造，系统的性能，系统的运行条件，系统中能量、物质和信息的流动情况等；

(2) 与系统防雷安全设计、运行、维护等有关的知识、经验和各种防雷标准、规范、规程等；

(3) 关于对象系统中的雷电风险及其危害方面的知识。

2. 风险识别的核心

风险识别是进行风险评估和制定风险控制计划的前提和基础，必须把握其含义。

首先，应明了什么是风险。规范定义为：可能造成人员伤亡、疾病、伤害、财产损失、作业环境破坏的根源或状态。简言之，风险即事故发生的根源或状态，包括物的不安全状态、人的不安全行动、有害环境因素及安全管理的缺陷。

其次，要明了什么是风险识别。其定义为：认知风险的存在并确定其特性的过程。

三要明了风险的特性是什么。风险的特性就是指风险的类别及其造成的事故类型。

四要明了风险源的类别。雷电风险源通常分四大类：(1) 是物的不安全状态；(2) 是人的不安全行动；(3) 是作业环境的缺陷；(4) 是安全管理的缺陷。只要按如下思路进行思考：存在什么风险源？风险怎样发生？谁将受到伤害？就会对现实中错综复杂的风险进行清晰的类别辨识。

五要明了什么是雷电灾害事故。其规范定义为：造成死亡、疾病、伤害、财产损失或其他损失的意外事件，包括灾害发生的时间、地点、受伤害者、相关因素。

六要明了事故类型。事故类型就是物与人接触(直接的或间接的)使人受到伤害的方式。事故类型的确定是以风险识别为基础，风险识别愈明确，事故的类型就愈确切。

§4.2　雷电灾害风险识别的条件和依据

4.2.1　风险识别的条件

1. 什么情况不需要进行风险识别

一般说来，有下列情况可不进行风险识别：① 明显的轻微风险，不致造成伤害；② 控制措施不影响作业活动的正常进行；③ 控制措施完全符合有关法律、法规或标准的要求；④ 风险程度与其相应的控制措施完全能被职工所理解和接受；⑤ 综合素质较高的员工进行普通而又有规律的作业。

2. 什么情况需要进行风险识别

一般说来，当出现下列情况之一时，应进行风险识别：① 雷电风险已构成重大威胁，而人们不能确认存在的控制措施是否充分；② 雷电风险已构成重大威胁，而人们还不能肯定雷电防护计划措施是否可操作；③ 虽然体系已满足防雷法律、法规的要求,但体系又要实施持续改进和技术改造时;④ 生产或工艺流程发生重大改变时;⑤ 增加新的作业场所时;⑥ 体系文件进行换版时。

4.2.2 风险识别的依据与步骤

1. 雷电风险识别的工作依据

进行雷电风险识别的工作依据的主要信息有:OSH,法律、法规等要求、防雷安全工作方针、雷电灾害事故记录、不符合项发现、内部审核结果、先进范例、同类企业雷电灾害事故信息、来自职工中的信息、来自相关方的信息、用人单位的防雷设施状况、工艺过程信息、现场考察、生产运行监测数据、作业环境数据等。

2. 风险识别的步骤

做好风险识别需进行下列工作:① 合理划分风险区域;② 充分、合情、合理地识别风险部位。

(1) 划分风险区域

划分风险区域时应符合职工作业习惯和客观现实,将其看作一个有始有终的独立小系统。划分的方法一般有:① 按生产流程阶段名称划分;② 按工艺装置控制名称划分;③ 按作业区域名称划分等。

(2) 识别风险部位

常规和非常规的工作步骤都存在风险。识别风险的前提应首先收集工作信息:① 工作任务的期限、人数、频次等;② 工作所涉及的机械、设备、电器与工具等;③ 工作所接触到的物料形态、性质与作用;④ 工作人员的素质水平;⑤ 体系控制的工作文件;⑥ 工作活动有关数据的监测;⑦ 同类工作发生过的事故记录等。然后,依据收集的工作信息,再按照雷电风险的四大类别(a 是物的不安全状态,b 是人的不安全行动,c 是雷电环境的缺陷,d 是防雷安全管理的缺陷)分别进行风险部位划分。

§4.3 雷电灾害风险识别的技术和方法

4.3.1 风险识别技术

雷电风险在没有触发之前是潜在的,常不被人们所认识和重视,因此,需要通过一定的方法进行识别(分析界定)。

风险识别的目的就是通过对系统的分析,界定出系统中的哪些部分、区域是风险源,其风险的性质、危害程度、存在状况、转化为事故的转化过程规律、转化的条件、触发因素等,以便有效地控制,使风险不至于转化为事故。风险识别的理论方法主要有系统风险分析、风险评估等方法与技术。

1. 风险区域调查

风险通常是潜在的、隐含的。在某个企业内部是否存在风险，需要通过一定的方法找到并确定下来。常用的方法有：根据国家、行业的有关防雷规程和标准进行大检查；根据以往雷击事故案例寻找线索；根据风险工艺、设备普查表确定。

雷电灾害风险识别过程中，应对以下方面存在的风险因素与危害因素进行识别与分析。

(1) 环境条件：功能分区合理性，易燃、易爆、风险品设施布置，设施间的安全距离，工艺流程布置，发生雷击事故时可用的抢救条件。

(2) 生产工艺过程：物料（毒性、腐蚀性、燃爆性）温度、湿度、速度及控制条件。

(3) 生产设备、装置，包括：

① 化工设备、装置：高温、低温、腐蚀、高压、振动、关键部位的备用设备、控制、操作、检修和故障、失误时的紧急异常情况；

② 机械设备：操作条件、检修作业、误运转和误操作；

③ 电气设备：静电、雷电；

④ 特殊单体设备、装置：锅炉房、乙炔站、氧气站、石油库、风险品库等。

(4) 有害作业部位：粉尘、振动、高温、低温、瓦斯等。

(5) 管理设施、雷击事故应急抢救设施。

2. 风险区域的划分原则

在雷电风险识别中，首先应了解风险所在系统，即风险所在的区域和场所。在实际工作中，我们往往把产生能量或具有能量的物质、操作人员作业区域、产生聚集风险物质的设备、容器作为风险区域。

(1) 风险区域的划分原则

① 按设备、生产装置及设施划分。设备和装置是生产过程中的主体，也包括在功能上相互联系的机械、建筑物和构筑物等。

② 按独立作业的单体设备划分。

③ 按风险作业区域划分。风险作业区域是指完成一定作业过程的作业场所。

(2) 风险所在作业区域的划分

① 有发生爆炸、火灾风险的场所。

② 有触电风险的场所。

③ 有腐蚀、放射、辐射、中毒或窒息风险的场所。

3. 风险调查内容

当确定风险所在系统后，应调查以下内容：(1) 设备名称、性能；(2) 岗位日常维护范围；(3) 雷电灾害事故及防护措施；(4) 雷电天气下操作规定；(5) 设备本质防雷安全水平；(6) 建筑有无防雷安全措施及是否符合标准；(7) 安全作业规程对防雷防静电有何缺陷；(8) 风险场所有无防雷安全标志；(9) 雷击事故处理应急预案。

4.3.2 风险识别方法

在本书中将风险识别方法粗略地分为对照法和系统安全分析法两大类。

1. 对照法

与有关的防雷标准、规范、规程或经验相对照来识别雷电灾害风险。有关的防雷标准、规范、规程，以及常用的防雷安全检查表，都是在大量实践经验的基础上编制而成的。因此，对照法是一种基于经验的方法，适用于有以往经验可供借鉴的情况。

20 世纪 60 年代以后，国外开始根据标准、规范、规程和安全检查表识别风险。例如，美国职业安全卫生局(OSHA)等安全机构制定、发布了各种安全检查表，用于风险识别。安全检查表是集合以往事故经验形成的，其优点是简单易行，缺点是重点不突出，难免挂一漏万。对照法的最大缺点是，在没有可供参考先例的新开发系统的场合没法应用，所以，它很少被单独使用。对照法还可分为专家分析法、现场调查法、资料收集法、幕景分析法等，一般采用现场调查法。如对新建建筑物防雷装置的安全性能评估可参照以下表格内容：

表 4-1 新建建筑物防雷装置安全性能质量评定标准

1. 桩

项目	内容	立项依据	评定标准	备注
01	利用系数	根据 GB 50057—94 第 3.3.5 条、第 3.3.6 条和第 3.4.3 条规定	一等：利用系数为 $0.75<a\leqslant1$； 二等：利用系数为 $0.5<a\leqslant0.75$； 三等：利用系数为 $0.25<a\leqslant0.50$。	新建建筑物桩数利用系数 a=用作接地体的桩数/建筑物总桩数 例如：新建建筑物总桩数共 120 条，若全部用作接地体，则利用系数为 120/120＝1；而只用 90 条桩作接地体，则利用系数为 90/120＝0.75；以此类推。对多桩承台，以承台为计量单位。
02	桩深	根据 GB 50057—94 第 3.3.5 条、第 3.3.6 条和第 3.4.3 条规定	参考项目，用于对建筑物基础接地体的质量评价。	最深的桩和最浅的桩的深度，单位为 m，取小数点后一位。
03	桩直径	根据 GB 50057—94 第 3.3.5 条、第 3.3.6 条和第 3.4.3 条规定	参考项目，用于对建筑物基础接地体的质量评价。	桩直径，单位：m，取小数点后两位。

（续表）

项目	内容	立项依据	评定标准	备注
04	桩主筋直径	根据 GB 50057—94 第 3.3.5 条、第 3.3.6 条和第 3.4.3 条规定	参考项目，用于对建筑物基础接地体的质量评价。	桩主筋的直径，单位：mm。例：螺纹钢 Φ20，圆钢 Φ18。
05	利用主筋数	根据 GB 50057—94 第 3.3.5 条第四款及第 3.3.6 条第三款 3.4.3 条第一款	参考项目，用于对建筑物基础接地体的质量评价。	单桩实际被用作基础接地体的主筋数量。 一般为 4 条，最少不少于 2 条。
06	单桩接地电阻平衡度	根据 GB 50057—94 第 3.3.5 条第四款及第 3.3.6 条第三款 3.4.3 条第一款	一等：与引下线相接桩的单桩平衡度均为 1； 二等：平衡度为 1 的桩的数量不少于与引下线相接桩总量的 70%； 三等：平衡度为 1 的桩的数量不少于与引下线相接桩总量的 50%。	检测与引下线相接各单桩的主钢筋接地电阻值，并计算其平衡度：接地电阻平衡度＝单桩内各主钢筋中其一接地电阻最大值/另一接地电阻最小值，同时应符合规范要求。 要求平衡度为 1，大于 1 时应加短路环。
07	土壤电阻率	根据 GB 50057—94 第 3.3.6 条第 3.4.4 条规定及附录三的要求。	参考项目，用于分析该接地体对雷电流的泄流能力，是设计接地体的基本参数。	现场实测土壤电阻率，单位 Ω·m。 检测方法可用接地电阻仪四极法检测；四支接地极棒沿直线等距铺设，1、4 为电流极，2、3 为电压极。如各电极棒间距为 a(m)，棒入地深度为 a/20(m)，则 $\rho=2\pi aR$。
08	地下水位	根据 GB 50057—94 第 3.3.5 条二款要求。	参考项目，用于确定该建筑物内安装设备时，是否具备设立独立接地体的条件。 地下水位离地面的深度，取小数点后 1 位，单位 m。可参考地质勘察报告中的静止水位。	

（续表）

项目	内容	立项依据	评定标准	备注
09	四置距离	根据 JGJ/T 16—92 第 14.7.4.3 条、第 14.7.4.5 条及 GB 50057—94 第 3.3.4 条。	参考项目，用于确定建筑物内设备接地与建筑物防雷装置之间的相互关系。	按建筑物地面所处 E、S、W、N 四个方位与相邻建（构）筑物的水平距离填写，取整数位，单位 m。

2. 其他接地体

项目	内容	立项依据	评定标准	备注
10	材型规格	根据 GB 50057—94 第 4.3.1 条规定	一等：材料规格达到技术标准要求的 120%；二等：材料规格达到技术标准要求的 100%且小于 120%。	圆钢直径不应＜10 mm，扁钢截面不应＜100 mm^2，厚度不应＜4 mm；角钢厚度不应＜4 mm；钢管壁厚不应＜3.5 mm。
11	埋设深度	根据 GB 50057—94 第 4.3.3 条规定	一等：材料规格达到技术标准要求的 120%；二等：材料规格达到技术标准要求的 100%且小于 120%。	埋设深度不应小于 0.5 m
12	接地体与桩主筋连接	根据 GB 50057—94 第 3.3.6 条、第 3.4.4 条规定	一等：连接正确，全部焊接长度、质量符合要求。二等：连接正确，焊接长度、质量基本良好。三等：连接正确，焊接长度、质量一般。	检查接地体与桩内主筋的焊接质量。圆钢之间或圆钢与扁钢之间：双面焊接长度应≥$6d$*，单面焊接长度应≥$12d$；扁钢之间：三面焊≥$2b$（扁钢宽度）；扁钢与角钢之间：紧贴角钢外侧两面上下施焊；扁钢与钢管之间：应紧贴 3/4 钢管表面上下施焊。
13	接地体与引下线主筋连接	根据 GB 50057—94 第 3.3.6 条、第 3.4.4 条规定	一等：连接正确，全部焊接长度、质量符合要求。二等：连接正确，焊接长度、质量基本良好。三等：连接正确，焊接长度、质量一般。	检查接地体与柱内引下线主筋的焊接质量。双面焊接长度应≥$6d$，单面焊接长度应≥$12d$

* 注：* d 为钢筋直径

（续表）

项目	内容	立项依据	评定标准	备注
14	接地体埋设方式	根据 GB 50057—94 第 3.2.4 条、第 3.3.6 条、第 3.4.4 条及第 4.3.2 条规定	一等：已形成环形	防直击雷的接地装置应敷设成环形接地体

3. 承台

项目	内容	立项依据	评定标准	备注
15	承台与桩主筋连接	根据 GB 50057—94 第 3.3.5 条及第 3.4.3 条规定	一等：连接正确，全部焊接长度、质量符合要求。 二等：连接正确，焊接长度、质量基本良好。 三等：连接正确，焊接长度、质量一般。	检查承台与桩焊接质量。桩应有四条主筋，分别有两条与承台配筋上层和下层搭接焊。单面焊接长度应≥$12d$，双面焊接长度应≥$6d$；将检查结果填入本栏。
16	承台与引下线柱主筋连接	根据 GB 50057—94 第 3.3.5 条及第 3.4.3 条规定	一等：连接正确，全部焊接长度、质量符合要求。 二等：连接正确，焊接长度、质量基本良好。 三等：连接正确，焊接长度、质量一般。	检查承台与引下线柱主筋焊接质量。柱内两主筋分别有一条与承台上层相焊接，另一条与承台下层相焊接。单面焊接长度应≥$12d$，双面焊接长度应≥$6d$。
17	每条引下线在 −50 cm 处的钢筋总面积 S	根据 GB 50057—94 附录五	一等：$S \geqslant 4.24\ kc^2$（$1.89\ kc^2$），焊接正确，全部质量好。 二等：$S \geqslant 4.24\ kc^2$（$1.89\ kc^2$），焊接正确，质量基本良好。 三等：$S \geqslant 4.24\ kc^2$（$1.89\ kc^2$），焊接一般。	按照防雷类别计算每条引下线在 −50 cm 处的钢筋表面积。 二类按 $S \geqslant 4.24\ kc^2$ 公式计算；三类按 $S \geqslant 1.89\ kc^2$ 公式计算。

* 注：kc 为单位千周

4. 地梁

项目	内容	立项依据	评定标准	备注
18	地梁主筋与引下线柱主筋连接	根据 GB 50057—94 第 3.3.5 条及第 3.4.3 条规定，GB 50169—92 第 2.4.2 条	一等：连接正确，全部焊接长度、质量符合要求。 二等：连接正确，焊接长度、质量基本良好。 三等：连接正确，焊接长度、质量一般。	检查地梁主筋与引下线柱主筋焊接质量。两条引下线主筋要与地梁主筋焊接。单面焊接长度≥12d；双面焊接长度≥6d；保证焊接质量，无交叉。
19	地梁之间主筋连接	根据 GB 50057—94 第 3.3.5 条及第 3.4.3 条规定，GB 50169—92 第 2.4.2 条	一等：连接正确，全部焊接长度、质量符合要求。 二等：连接正确，焊接长度、质量基本良好。 三等：连接正确，焊接长度、质量一般。	检查地梁与地梁之间主筋焊接质量，地梁间主筋焊接无交叉。单面焊搭接长度≥12d；双面焊≥6d。 连接不少于 2 根。
20	短路环	根据 GB 50057—94 第 3.3.5 条第 6 点规定，GB 50169—92 第 2.4.2 条	一等：间隔不大于6 m，焊接质量好。 二等：间隔不大于6 m，焊接质量基本良好。 三等：间隔不大于6 m，焊接质量一般。	检查地梁主筋与箍筋焊接情况，要求箍筋每隔 6 m 应与地梁主筋相焊接。
21	预留电气接地	根据 GB 50057—94 第 3.3.7 条及第 4.2.4 条规定 JGJ/16—92 第 14.7.4.3 条	按设计要求测量电阻值，应符合要求。	检查首层基础是否按设计要求预留电气接地。要求在离地面约 0.3 m 处用≥Φ12 镀锌圆钢或－4×40 镀锌扁钢从用作防雷接地的柱主筋焊接引出，引出长度＞0.20 m。
22	接地体电阻值	根据 GB 50057—94 第 3.3.1 条、第 3.3.4 条及第 3.4.2 条规定，JGJ/16—92 第 14.7.4.3 条	一等：符合设计要求。	实测避雷针、带的接地电阻值。自然接地体的一般要求≤1 Ω 或≤4 Ω；人工接地体的第一、二类防雷≤10 Ω，第三类防雷≤30 Ω。

5. 柱筋引下线

项目	内容	立项依据	评定标准	备注
23	引下线间距	根据 GB 50057—94 第 3.3.3 条和第 3.4.7 条规定	一等：间距达到要求，边角拐弯处设有引下线。 二等：间距达到要求，四角有引下线。 三等：间距达到要求，四角中个别地方少引下线。	防雷类别：一类不大于12 m，二类不大于 18 m，三类不大于 25 m，且在边角、拐弯处均应设置引下线。
24	引下线利用柱主筋数	根据 GB 50057—94 第 3.3.5 条三款和第 4.2.1 条，JGJ/T 16—92 第 12.8.6	一等：大于 Φ16，4 根。 二等：Φ16，2 根；小于 Φ16，4 根。 三等：大于 Φ10，4 根。	利用≥Φ10 柱主筋作为防雷引下线，并标出其直径大小。≥Φ16 的，应不少于 2 根；<Φ16 的，应不少于 4 根。
25	引下线连接	根据 GB 50057—94 第 3.3.5 条及第 3.4.3 条规定	一等：连接正确，全部焊接长度、质量符合要求。 二等：连接正确，焊接长度、质量基本良好。 三等：连接正确，焊接长度、质量一般。	检查引下线连接质量：柱筋引下线选定对角的两条主筋，由承台、地梁至天面与避雷带连接，中间搭接符合要求，搭接处一定要焊接平滑。
26	短路环	根据 GB 50057—94 第 3.3.5 条规定	一等：各层均焊短路环≥1 个。 二等：大多数每层焊，个别漏焊。 三等：每隔一层焊	要求用作防雷引下线的柱筋每层至少有一个箍筋与柱主筋相焊接。
27	电气预留接地	根据 GB 50057—94 第 3.3.7 条及第 4.2.4 条规定，JGJ/16—92 第 14.7.4.3 条	按设计要求测量电阻值，应符合要求。	检查首层及各层是否按设计要求预留电气接地。要求在离地面约 0.3 m 处用≥Φ12 镀锌圆钢或 －4×40 镀锌扁钢与用作电气接地的柱主筋焊接引出，引出长度>0.2 m。

6. 均压环

项目	内容	立项依据	评定标准	备注
28	均压环与柱主筋连接	根据 GB 50057—94 第 3.2.4 条、第 3.3.10 条和第 3.4.10 条规定	一等：连接正确，全部焊接长度、质量符合要求。 二等：连接正确，焊接长度、质量基本良好。 三等：连接正确，焊接长度、质量一般。	检查均压环是否闭合？均压环有没有与用作引下线的柱主筋连接？其连接正确否？（一类 30 m，二类 45 m，三类 60 m 高度以上的建筑物，必须设计均压环，并使该高度以上的外墙金属门窗等大型金属构件与防雷装置相连。）
29	预留钢筋焊接	根据 GB 50057—94 第 3.2.4 条、第 3.3.10 条和第 3.4.10 条规定	一等：连接正确，全部焊接长度、质量符合要求。 二等：连接正确，焊接长度、质量基本良好。 三等：连接正确，焊接长度、质量一般。	应从均压环预留不少于一条≥Φ8 的钢筋用于与门窗框的连接。在预留钢筋处的搭接效果良好。填写预留钢筋数量及焊接质量。
30	门、窗—环过渡电阻	根据 GB 50057—94 第 3.2.4 条、第 3.3.10 条和第 3.4.10 条规定	一等：窗—环全部连接点各个过渡电阻≤0.03 Ω； 二等：窗—环连接过渡电阻≥0.03 Ω，且≤0.05 Ω 的数量不超过 3 个； 三等：窗—环连接过渡电阻≥0.03 Ω，且≤0.05 Ω 的数量超过 3 个；	检测门、窗—环的电气通路情况，将测得的过渡电阻值填入本栏。如测得均压环 1.0 Ω，金属窗 1.03 Ω，则填：过渡电阻＝0.03 Ω。（要求门、窗—环≤0.03 Ω。）

7. 避雷网格

项目	内容	立项依据	评定标准	备注
31	材料、规格	根据 GB 50057—94 第 3.2.4 条、第 3.3.1 条及第 3.4.1 条规定	一等：网格尺寸、材料、规格符合要求，连接正确。 二等：网格尺寸、材料、规格符合要求，连接正确，个别地方稍差。 三等：网格尺寸、材料、规格基本符合要求，连接正确。	防雷类别： 一类：不大于 5 m×5 m 或 4 m×6 m； 二类：不大于 10 m×10 m 或 8 m×12 m； 三类：不大于 20 m×20 m 或 16 m×24 m； 明敷≥Φ8，暗敷≥Φ10。

（续表）

项目	内容	立项依据	评定标准	备注
32	敷设方式	根据 GB 50057—94 第 3.2.4 条、第 3.3.1 条及第 3.4.1 条规定	一等：明敷平直，无起伏和弯曲，拐弯处大于 90°，焊接良好，支持卡搭接焊，焊接处防锈处理良好。 二等：明敷平直，无起伏和弯曲，拐弯处大于 90°，焊接良好，支持卡搭接焊，个别焊接防锈处理一般。 三等：明敷平直，无起伏和弯曲，拐弯处大于 90°，焊接防锈处理较差。	分明敷和暗敷。明敷与暗敷均要检查网格尺寸。
33	网格焊接	根据 JGJ/T 16—92 第 14.6.3.5 条规定	一等：焊接质量好。 二等：焊接质量基本良好。 三等：焊接质量一般。	避雷网格一般利用天面板筋焊接而成，因此，要求用不小于 Φ8 的钢筋，按规定网格大小敷设，并让两端与柱的主筋引下线相焊接。检查焊接长度：单面焊 $\geqslant 12d$，双面焊 $\geqslant 6d$。
34	与引下线连接	根据 JGJ/T 16—92 第 14.6.3.5 条规定	一等：连接正确，全部焊接长度、质量符合要求。 二等：连接正确，焊接长度、质量基本良好。 三等：连接正确，焊接长度、质量一般。	检查网格与柱主筋引下线连接的质量；网格纵横向钢筋的两端必须与各柱主筋焊接连通；检查内容同 28 项。
35	预留接地	按设计要求。JGJ/T 16—92 第 14.7.4.3 条	按设计要求测量电阻值，应符合要求。	检查是否按设计要求预留电气接地。要求用 ≥Φ12 镀锌圆钢或 −4×40 镀锌扁钢从防雷接地引下线焊接引出，引出长度 >0.20 m。

8. 避雷带

项目	内容	立项依据	评定标准	备注
36	避雷带与柱主筋引下线相连接	根据 GB 50057—94 第 3.2.4 条、第 3.3.1 条及第 3.4.1 条规定	一等：连接正确，全部焊接长度、质量符合要求。 二等：连接正确，焊接长度、质量基本良好。 三等：连接正确，焊接长度、质量一般。	主要检查用作引下线柱的主筋预留端有否作为支持卡与避雷带焊接，并检查其搭接长度是否符合要求。

（续表）

项目	内容	立项依据	评定标准	备注
37	敷设方式及敷设厚度	根据 GB 50057—94 第 3.2.4 条、第 3.3.1 条及第 3.4.1 条规定	一等：明敷平直，无起伏和弯曲，拐弯处大于90°，焊接良好，支持卡搭接焊，焊接处防锈处理良好。 二等：明敷平直，无起伏和弯曲，拐弯处大于90°，焊接良好，支持卡搭接焊，个别焊接防锈处理一般。暗敷<2 cm。 三等：明敷平直，无起伏和弯曲，拐弯处大于90°，焊接防锈处理较差。	暗敷时应用 2 根≥Φ8 镀锌圆钢并排敷设，或用－4×40 镀锌扁钢敷设，表面水泥厚度不大于 2 cm； 明敷：带体用≥Φ8 镀锌圆钢。
38	支持卡间距、高度	根据 GB 50057—94 第 3.2.4 条、第 3.3.1 条及第 3.4.1 条规定	一等：间距符合要求，支持卡垂直并焊接质量好。 二等：间距符合要求，支持卡垂直并焊接质量基本良好。 三等：间距符合要求，支持卡垂直面焊接质量一般。	检查支持卡固定方式，间距一般为 1 m，转弯处为 0.5 m，高度不低于 10 cm。支持卡应以“『”形式与避雷带牢固焊接或卡接。
39	材料、规格	根据 GB 50057—94 第 3.2.4 条、第 3.3.1 条、第 3.4.1 条及第 4.1.2 条规定	一等：符合要求。	应优先采用镀锌圆钢，规格不小于 Φ8，其次可采用镀锌扁钢，截面积不小于 48 mm^2，厚度不小于 4 mm。
40	闭合环测试	根据 GB 50057—94 第 3.2.4 条、第 3.3.1 条及第 3.4.1 条规定	一等：环路测试任意两点间均正常。	闭合环是指一个完整的闭合避雷带。任何两点之间都必须连通。可用钳表选不同点测量，对地电阻是否相同并符合设计要求。
41	接地电阻	根据 GB 50057—94 第 3.2.1 条、第 3.3.4 条及第 3.4.2 条规定，及 JGJ/T 16—92 第 14.7.4.3 条规定	一等：符合设计要求。	实测避雷针、带的接地电阻值。自然接地体接地电阻值一般要求≤1 Ω 或≤4 Ω；人工接地体的第一、二类防雷≤10 Ω，第三类防雷≤30 Ω。

9. 避雷针

项目	内容	立项依据	评定标准	备注
42	材料、规格	根据 GB 50057—94 第 4.1.1 条规定	一等：＞Φ12（Φ20），＞Φ16（Φ25），＞Φ20（Φ40）。 二等：Φ12（Φ20），Φ16（Φ25），Φ20（Φ40）。 （注：括号内为钢管）	镀锌针长 1 m 以下：圆钢≥Φ12 mm，钢管≥Φ20 mm； 镀锌针长 1～2 m：圆钢≥Φ16 mm，钢管≥Φ25 mm； 烟囱顶上针：圆钢≥Φ20 mm，钢管≥Φ40 mm。
43	安装高度	根据 GB 50057—94 第 4.1.1 条规定	一等：单针保护在有效保护高度范围内用滚球法校验，符合要求。	避雷针的露空实际长度，应按滚球法校验其有效保护范围。
44	安装位置	根据 GB 50057—94 附录二规定	一等：间隔距离、安装是否牢固、安装位置（四周、屋面），符合规范要求。	安装在建筑物易受雷击的部位。 如：女儿墙、屋角、水塔、楼梯屋顶、人字屋面的脊的两端等。
45	连接形式	根据 GB 50057—94 第 3.3.1 条和第 3.4.1 条规定	一等：针、带、引下线之间连接正确，焊接良好，机械连接每处过渡电阻≤0.03 Ω。	建筑物天面避雷针应与避雷带相互连接，构成良好电气通路。 连接形式为：针与带间成弧形搭接，不能成直角。
46	接地电阻	根据 GB 50057—94 第 3.2.1 条、第 3.3.4 条及第 3.4.2 条规定	一等：符合设计要求。	实测避雷针、带的接地电阻值。自然接地体的一般要求＜1 Ω 或＜4 Ω；人工接地体的第一、二类防雷≤10 Ω，第三类防雷≤30 Ω。

10. 等电位

项目	内容	立项依据	评定标准	备注
47	天面冷却塔、广告牌与避雷装置连接	GB 50057—94 第 3.3.2 条第二款的 1、2； GBJ 303—88 第 5.0.2 条	一等：连接正确，全部焊接长度、质量符合要求。 二等：连接正确，焊接长度、质量基本良好。 三等：连接正确，焊接长度、质量一般。	各种设备应就近与避雷装置连接，连接点应不少于两处（对角），材料、规格符合要求。

（续表）

项目	内容	立项依据	评定标准	备注
48	天面其他金属物体与避雷装置连接	GB 50057—94 第 3.3.2 条第二款的 1、2	一等：连接正确，全部焊接长度、质量符合要求。 二等：连接正确，焊接长度、质量基本良好。 三等：连接正确，焊接长度、质量一般。	各种设备应就近与避雷装置连接，连接点应不少于两处（对角），材料、规格符合要求。
49	竖直金属管道接地	GB 50057—94 第 3.3.2 条第二款的 1、2，第 3.3.7 条及第 3.3.10 条的第四款，JGJ/T 16—92 第 12.3.7	一等：连接不少于两处，测量电阻符合要求。	金属管道的顶端和底端应与防雷装置连接，每隔 3 层应重复接地，设计时应预留接地端子，并测量接地电阻值。
50	电梯接地	JGJ/T 16—92 第 12.3.7 条	一等：连接不少于两处，测量电阻符合要求。	电梯导轨顶端和底端应与防雷装置连接，每隔 3 层应重复接地，设计时应预留接地端子，并测量接地电阻值。
51	高低压联合变压器接地	JGJ/T 16—92 第 14.5.2 条	一等：符合规定，测量电阻、材料、规格均符合要求。	应就近与防雷地相接（可从最近处柱筋预留），测量接地电阻值，应≤4 Ω。
52	低压配电线路重复接地	JGJ/T 16—92，14.2.2.1 条 14.5.3.1 条及 46 项的 4 条	一等：连接不少于两处，测量电阻符合要求。	检查有否重复接地和接地的方法。测量接地电阻值，应≤10 Ω。
53	低压配电设备保护接地	JGJ/T 16—92，14.6.2.5，14.6.3.1，14.6.3.2，14.6.3.3，14.6.3.5 条及 46 项的 4 条	一等：连接不少于两处，测量电阻符合要求。	检查有否重复接地和接地的方法。测量接地电阻值，应与建筑物的接地电阻值相等。
54	地下供水管道接地	GB 50057—94 第 3.2.2 条、3.2.3 条、3.3.4 条及第 3.4.2 条	一等：连接不少于两处，测量电阻符合要求。	应与大楼防雷地相连，并测量其接地电阻值。

（续表）

项目	内容	立项依据	评定标准	备注
55	地下燃气管道与其它金属管道的距离	GB 50057—94 第 3.2.2 条、3.2.3 条、3.3.4 条及第 3.4.2 条	一等：符合规定。	地下燃气管道离建筑物基础≥0.7 m，离供水管≥0.5 m，离排水管≥1.0 m，离电缆≥0.5 m（以上均指水平距离）。地下燃气管道离其他管道或电缆（套管）的垂直距离≥0.15 m。强调燃气管道进出建筑物处加绝缘段，户内作总等电位连接户外应作接地处理。（应符合 GB 50028—93 表 5.3.2－1，2 的要求。）

11. SPD 及其它

项目	内容	立项依据	评定标准	备注
56	高压电缆敷设方式及电压值	根据 GB 50168—90 第 5.4.3 条规定	参考项目。	应符合 GB 50168—90 第 5.4.3 条要求。
57	高压避雷器型号	根据 JGJ/T 16—92 第 12.6 条及 GB 50057—94 第 3.3.8 条规定	参考项目，用于产品质量跟踪。	填写产品型号
58	低压线路敷设方式	根据 JGJ/T 16—92 第 12.6 条及 GB 50057—94 第 3.3.8 条规定	参考项目。	
59	SPD 型号、通流量、是否防爆	根据 JGJ/T 16—92 第 12.6 条及 GB 50057—94 第 3.3.8 条规定	参考项目，用于对不同条件下 SPD 配置通流量的分析。	产品符合 IEC 相关标准。
60	低压线路保护级数	GB 50057—94 第 3.2.3 条、第 3.3.8 条、第 3.3.9 条、第 3.5.2 条、第 3.5.4 条	一等：三级及其以上； 二等：二级； 三等：一级；	一般分为一、二、三级保护。

（续表）

项目	内容	立项依据	评定标准	备注
61	SPD	IEC 61643—1《接至低压配电系统的浪涌保护器》。	一等：符合设计要求。	应检测 SPD 安装位置、等电位连接线截面积及长度、接地电阻、漏电流。

表 4-2 新建建筑物防雷装置安全性能检查表

分项工程	1～4	5	7	8	9	6	10	11	
	接地体	引下线	避雷网格	避雷带	避雷针	均压环	等电位	SPD	高低压线路
各子项目质量等级	(01)_ (05)_ (06)_ (15)_ (16)_ (18)_ (19)_ (21)_ (22)_ (25)_	(23)_ (24)_ (17)_ (20)_ (25)_ (26)_ (27)_	(31)_ (32)_ (33)_ (34)_ (35)_	(36)_ (37)_ (38)_ (39)_ (40)_ (41)_	(42)_ (43)_ (44)_ (45)_ (46)_	(28)_ (29)_ (30)_	(47)_ (48)_ (49)_ (50)_ (51)_ (52)_ (53)_ (54)_ (55)_	(57)_ (59)_ (61)_	(56)_ (58)_ (60)_
各子项目质量等级									
分项工程质量等级									

综合质量评定						
	子项目	优良： 项	良： 项	合格： 项	不合格： 项	优良率： %
	分项工程	优良： 项	良： 项	合格： 项	不合格： 项	优良率： %

2. 系统分析法

系统分析是从防雷安全角度进行的系统分析，通过揭示系统中可能导致系统雷击故障或事故的各种因素及其相互关联来识别系统中的风险。系统分析方法经常被用来识别可能带来严重雷击事故后果的风险，也可用于识别没有事故经验的系统的风险。

系统分析法又可分为：

(1) 基本分析法：依据作业活动信息，对照危害分类和事故类型，确定该项作业活动中的具体危害及其造成的风险。

(2) 工作安全分析法(JSA)：将作业活动分解为若干个相连的工作步骤，先对每个工作步骤进行危害辨识，再将危害进行汇总，以便定期检查和对照。

(3) 安全检查表法(SCL)：根据有关法律、法规、标准及与该作业相关事故案例，将所有的危害、不符合进行归纳、总结，从而确定检查项目并按一定顺序编制成表，以便进行体系审核检查。如新建建筑物防雷装置安全性能检查表可参照表 4-2。

(4) 事故树分析法：如对加油(气)站雷电灾害风险进行分析和识别时，可根据图 4-1 进行风险源的查找。

(5) 故障类型和影响分析法(FMEA)：其特点是用于设计阶段。

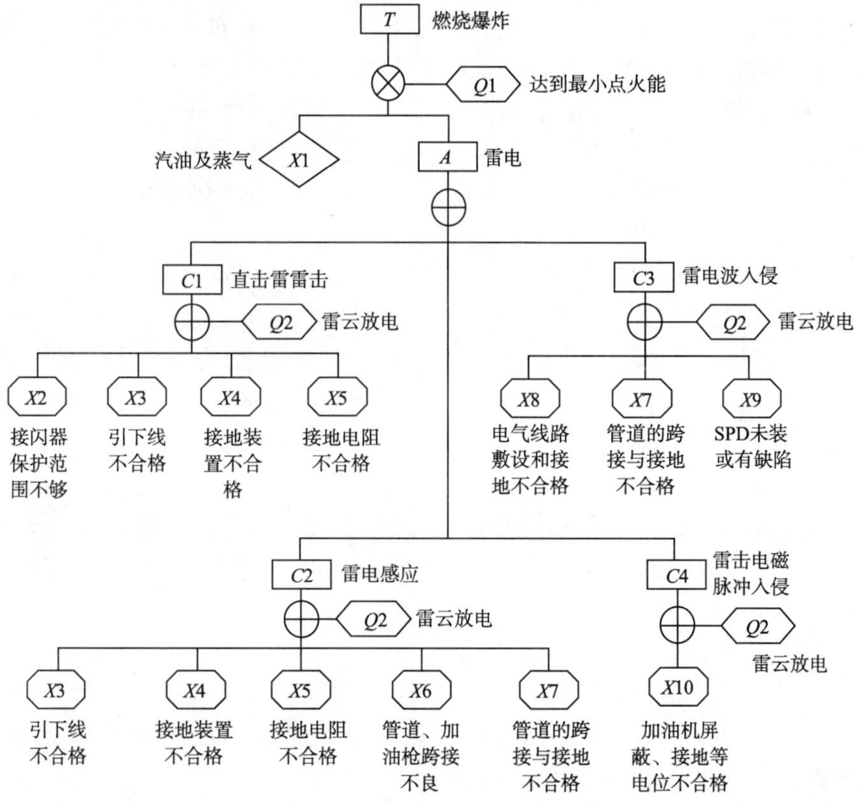

图 4-1　事故树分析模型

§4.4 雷电灾害风险识别的程序与途径

4.4.1 雷电灾害风险识别的程序

1. 风险的调查

在进行风险调查之前首先确定所要分析的系统，例如是对整个企业还是某个车间或某个生产工艺过程。然后对所分析系统进行调查，调查的主要内容如下：

(1) 生产工艺设备及材料情况：工艺布置，设备名称、容积、温度、压力，设备性能，设备本质防雷安全化水平，工艺设备的固有缺陷，所使用的材料种类、性质、危害，使用的能量类型及强度等。

(2) 作业环境情况：安全通道情况，生产系统的结构、布局，作业空间布置等。

(3) 操作情况：操作过程中的风险，工人接触风险的频度等。

(4)事故情况：过去雷击事故及危害状况，事故应急处置办法，故障处理措施。

(5) 防雷安全防护：风险场所有无防雷安全防护措施，有无防雷安全标志，燃气、物料使用有无防雷安全措施等。

2. 风险区域的界定

风险区域的界定即划定风险点的范围。首先应对系统进行划分，可按设备、生产装置及设施划分系统，也可按作业单元划分子系统。然后分析每个子系统中所存在的危险源点，一般将产生能量或具有能量、物质、操作人员作业空间、产生聚集风险物质的设备、容器作为风险点。再以源点为核心加上防护范围即为风险区域。在确定风险区域时，可按以下方法界定。

(1) 按风险是固定还是移动界定。如运输车辆、车间内的搬运设备为移动源，其风险区域应随设备的移动空间而定。而锅炉、压力容器、储油罐等则是固定源，其区域范围也固定。

(2) 按风险是点源还是线源界定。一般线源引起的危害范围较点源大。

(3) 按风险作业场所来划定风险的区域。如有发生爆炸、火灾风险的场所，有被车辆伤害的场所，有触电风险的场所，有高处坠落风险的场所，有腐蚀、放射、辐射、中毒或窒息风险的场所等。

(4) 按风险设备所处位置作为风险的区域。如锅炉房、油库、氧气站、变配电站等。

(5) 按能量形式界定风险。如化学风险、电气风险、机械风险、辐射风险和其他风险等。

3. 存在条件及触发因素的分析

一定数量的风险物质或一定强度的能量，由于存在条件不同，所显现的风险性也不同，被触发转换为事故的可能性大小也不同。因此存在条件及触发因素的分析是风险识别的重要环节。存在条件分析包括：储存条件（如堆放方式、其他物品情况、通风等），物理状态参数（如温度、压力等），设备状况（如设备完好程度、设备缺陷、维修保养情况等），防护条件（如防护措施、故障处理措施、安全标志等），操作条件（如操作技术水平、操作失误率等），管理条件等。

触发因素可分为人为因素和自然因素。人为因素包括个人因素（如操作失误、不正确操作、粗心大意、漫不经心、心理因素等）和管理因素（如不正确的管理、不正确的训练、指挥失误、判断决策失误、设计差错、错误安排等）。自然因素是指引起风险转化的各种自然条件及其变化，如气候条件参数（气温、气压、湿度、大气风速）变化、雷电、雨雪、振动、地震等。

4. 潜在风险性分析

风险转化为事故，其表现是能量和风险物质的释放，因此风险的潜在风险性可用能量的强度和风险物质的量来衡量。能量包括电能、机械能、化学能、核能等，风险的能量强度越大，表明其潜在风险性越大。风险物质主要包括燃烧爆炸风险物质和有毒有害风险物质两大类。前者泛指能够引起火灾或爆炸的物质，如可燃气体、可燃液体、易燃固体、可燃粉尘、易爆化合物、自燃性物质、混合风险性物质等。后者指直接加害于人体，造成人员中毒、致病、致畸、致癌等的化学物质。可根据使用的风险物质量来描述潜在风险性。

5. 风险等级划分

风险分级一般按风险在触发因素作用下转化为事故的可能性大小与发生事故的后果的严重程度划分。风险分级实质上是对风险的评价。按事故出现可能性大小可分为非常容易发生、容易发生、较容易发生、不容易发生、难以发生、极难发生。根据危害程度可分为可忽略、临界的、风险的、破坏性的等级别。

从控制管理角度，通常根据风险的潜在风险性大小、控制难易程度、事故可能造成损失情况进行综合分级。如Ⅰ级风险是指可能造成多人死亡，设备系统造成重大损失的生产场所；Ⅱ级风险是指可能造成人员死亡或多人重伤，导致设备造成较大损失的生产场所；Ⅲ级风险是指可能造成重伤，导致设备造成损失的生产场所。不同行业与不同企业采取的划分方法也各异，企业内部也可根据本企业的实际情况进行划分。划分的原则是突出重点，便于控制管理。

6. 风险源的等级划分标准

风险源等级划分标准，按照风险可能出现的概率、对工程增加的困难程度、人员财产损失及社会影响大小、对工期的影响程度。

4.4.2 雷电灾害风险识别的途径

1. 风险识别的主要环节

雷电灾害风险往往需要通过一定的方法进行分析和判断。判断雷电灾害风险有很多方法,但任何一种方法都必须掌握以下几个环节。

(1) 雷电风险类型:即雷电风险所在的系统与类别;

(2) 可能发生的雷击事故及后果:即由雷电风险引起的雷击事故发生的机理与事故发生后的影响;

(3) 雷击事故发生的原因及条件分析:即寻求由雷电风险因素转化为雷电灾害风险状态,由雷电风险状态转化为事故的转化条件;

(4) 设备的可靠性:即设备的防雷安全状况;

(5) 防雷安全措施:即控制风险的手段与方法;

(6) 应急措施:即雷击事故或风险发生后减少损失或伤害程度的措施。

在风险识别中,这 6 个环节必须予以充分考虑,才能挖掘出潜在的雷电灾害风险。

2. 风险识别的途径

(1) 确定风险区域

根据评估标准和委托单位要求,首先确定要评估的风险区域,并合理划分不同评估区域。

(2) 识别风险区域内具体风险

在所确定的风险区域内识别具体的风险,可以从两个方面入手:

一是根据系统内已发生过的某些防雷安全事故,通过查找其触发因素(事故隐患),然后通过触发因素找出其现实的风险;

二是模拟或预测系统内尚未发生的防雷安全事故,分析可能引起其发生的原因,通过这些原因找出触发因素,再通过触发因素识别出潜在的风险。

(3) 汇总风险区域内各种风险

把通过各类事故查出的现实风险与识别出的潜在风险综合汇总后,得出风险区域内的全部风险。

(4) 系统综合风险

将各风险区域内的所有风险归纳综合得到所研究系统内的所有风险。

§4.5 雷电灾害风险与事故

根据上述的风险定义,我们知道,风险是指一个系统中具有潜在能量和物质释放风险的、在一定的触发因素作用下可转化为事故的部位、区域、场所、空间、岗位、设备及其位置。风险应由三个要素构成:潜在风险性、存在条件和触发因素。风险的潜在风险性是指一旦触发事故可能带来的危害程度或损失大小,或者风险可能释放的能量强度或风险物质量的大小。风险的存在条件是指风险所处的物理、化学状态和约束条件状态;触发因素虽然不属于风险的固有属性,但它是风险转化为事故的外因,而且每一类型的风险都有相应的敏感触发因素。因此,一定的风险总是与相应的触发因素相关联。在触发因素的作用下,风险转化为风险状态,继而转化为事故。风险是可能导致事故发生的潜在的不安全因素。实际上,生产过程中的风险即不安全因素种类繁多、非常复杂,它们在导致事故发生、造成人员伤害和财产损失方面所起的作用很不相同。

4.5.1　人的不安全行为和动作风险

据统计,我国每年因雷击造成人员伤亡中的90%以上都发生在农村。一方面由于农村地势开阔,还有不少的山地、高坡和水面,很少有高大的建筑物,人员在开阔的地面或山坡上劳动、行走或奔跑时,往往成为相对高点,如果再扛上锄头等金属工具,更容易遭到直击雷的侵袭,造成人员伤害。另一方面的主要原因是农民在雷雨天气还在户外劳作或休息,正是由于这种不安全行为和动作造成农村人员伤亡比例高。

案例:

雨天在树下聚赌 浙江临海 15 人被雷劈死 15 人受伤

昨天下午 2 点多钟,浙江省临海市杜桥镇发生特大雷击事故,造成 15 人死亡,另外 15 人受伤,其中两名伤者生命垂危。事故发生地在临海杜桥镇杜前村,现场附近有 4 棵水杉,树下有许多烟头。

据当地一位徐姓村民介绍:"雷击大概发生在下午 2 点左右,树下有许多人在聚赌,下大雨后,他们继续在帐篷里鏖战。但后来突然一阵雷电,帐篷里逃出了几个人,但大批人倒在帐篷里,几乎成了死人堆。"

一位轻伤者金某说:"当时,我们正在赌博,玩得起劲时,突然听到一声巨响,然后旁边冒出了烟,突然发现自己的脖子不能动了,许多一起玩的朋友都死了!"参与调查的气象专家介绍:"当地地形比较空旷,下雨之后,杉树成了导体,雷电可能是从杉树上下来的。"

据当地村民介绍:"在杉树下聚赌至少已有一个多月了,赌金比较大,多的时候上万元,这已是一个公开的秘密了。"

一位死者的家属说:"老头子对我说,下午又有人在玩了,我不赌钱,就去看看。没想到被雷打死了。"

记者向当地镇政府官员询问时,有人说,具体干什么我们也不清楚。但当地政府对媒体的统一口径是，事发时 30 多名村民在几棵杉树下躲雨。

许多村民对躲雨的说法不以为然，他们说，事发现场不到百米外就有许多房子，30 多个人，待在几棵没有什么树冠的水杉树下，这符合逻辑么？

（《楚天都市报》2005.6.27）

该案例就是一起人的不安全行为导致的风险事故，雷雨天气不应在大树下避雨是基本常识，而该事故中的人员却做出不合常规的做法，导致事故的发生。

4.5.2 技术客观的隐患和欠缺风险

安装雷电防护装置和采取防雷措施是有效减少雷电灾害风险的重要举措。据统计，绝大部分雷电灾害事故都是由于未采取相应的防护措施所致。我们可以根据下面一篇报道来探讨技术客观欠缺导致事故发生风险。

是天灾还是人祸？

1996 年 6 月 5 日晚 10 时 30 分左右，“轰”的一声炸雷响后，上桥二村 11 号远益加油站随即山摇地动，房屋倒塌，火光冲天！正在该站值班的张远桂、谷九学慌忙逃命。然而，与加油站一墙之隔、在新上桥农贸市场做生意的郑少洪、付世碧、朱华兴、何代英（为潼南或璧山农民）却在睡梦中枉丢了性命。

加油站老板谷九亮（男、33 岁，九龙坡区石板乡农民）已被收审。但 4 条人命不得不让人深思：这究竟是天灾？还是人祸？

据事故现场勘查，远益加油站位于上桥重庆煤矿技工学校大门旁 25 至 26 号临街门面。站内有两个地上卧式汽油钢罐，容量分别为 10 立方米和 6 立方米。大油罐进油孔有一活动铁板盖，小油罐进油孔无盖板。两油罐均无固定进油管道，且直接放在砖砌的弧形基座上。6 月 5 日晚的爆炸燃烧面积约 200 平方米。

据公安消防部门称：“该站不符合消防要求条件，发生事故是迟早的事。”

那么，这个加油站为何如此大胆，在这极其简陋的地方从事汽车加油业务呢？

记者在采访中获知，该站隶属于重庆双江农机公司，实际是个体挂靠集体。行政区划调整后，现由九龙坡农机部门主管。该站于 1993 年 11 月 8 日办照营业，原经营地点在石桥铺高庙村老顶坡 4～5 号，后于 1994 年 6 月 22 日变更经营地点到现址。经审核其经营范围只有“柴油、煤油、润滑油（脂）”，没有核准其经营汽油的资格（当时有文件规定允许农机站经营农机用油）。

1995 年，市区开展成品油市场整顿。同年 3 月 14 日，沙区政府牵头，组织职能部门检查该站，发现该站无消防安全许可证，还发现其油罐无防静电措施、进油操作不符合规范要求等问题。同年 5 月 25 日，沙区政府将其列为第一批取消成品油经营资格的单位，并下文取缔。同时工商部门收回其经营执照。消防及“化委办”亦未向其发放许可证。

不可思议的是，远益加油站竟置政府令于不顾，拒不停业。1995 年 12 月 15 日，沙区政府组织有关部门查封了双江农机公司所属的石梯沟加油站，当执法人员查封远益加油站时，该站大门关闭，工人撤离，抗拒执法。执法人员一走，该站又重新营业，终酿惨祸。

图 4-2　灾害现场：房屋及加油设施被炸毁，一片废墟

再看，作为三级防火单位的煤技校大门旁设加油站合适吗？事故发生后有煤技校教职工向本报反映：1994 年将此门面租给加油站时，学校就有人坚决反对，一方面担心学生从大门口进出乱丢烟头发生事故；另一方面是汽、柴油含铅重，对人体有害，时间久了，易患肝硬化、肝癌。然而当时的校领导并未采纳反对意见，考虑到创收仍然将门面租给了加油站。

创收多少呢？另据加油站与煤技校租赁合同，租赁从 1994 年 2 月 1 日起，为期 3 年，共 34 平方米的门面，每年租金 6600 元。

对此，现任校长李祖益解释说："当时租门面时，对方只说经营润滑油(脂)，后来发现经营汽油后，也多次与加油站交涉，书面和口头两种形式要求其停止或搬迁，但未能有效制止这起事故，学校也有教训值得吸取。"

那么，一个本身不具备条件的加油站，能在无照、无证的情况下，非法经营达一年之久，除了加油站老板自身违法行为外，该站现占地盘属沙区，但隶属重庆双江农机公司，而双江公司现又属九龙坡区主管，这也许正是"不好管"或"两不管"的空档。致使其加油站老板钻了空子，造成不可弥补的重大损失。

这起悲剧的发生，雷击是偶然的天灾，而潜伏的危险却是人为造成的。它警示人们，加大执法力度，严格执法是何等必要。

(《重庆晚报》1996. 6. 15.)

以上报道的事故的主要原因是由于雷击造成，然而早在 1996 年 4 月份当地防雷中心就对其存在的雷电风险有所察觉，并提出相应整改建议，但是业主并未引起高度重视，导致风险转化为灾害事故，成为一场灾难。因为，爆炸危险场所应高度重视防雷安全工作，定期进行雷电灾害风险评估。同时，还警示人们在燃烧爆炸危险场所的规划选址应该要高度重视，而雷电灾害风险评估将提供可能危害范围，为规划选址和功能分区布局提供依据，有效减少灾害事故发生。

4.5.3　环境不良的风险

无论哪方面的安全事故都与其环境密切相关，环境不良常常使事故发生。只有充分认识到环境不良的风险，才能有效减少和控制雷电灾害风险。下面就移动通信基站建设改变了学校的雷电气候环境导致雷电灾害事故频发案例做一介绍。

案例 1：

重庆市大足县城南中学 2002 年 8 月 26 日以《城南中学关于出现危及师生人身安全险情报告》上报大足县政府和重庆市政府，报告原文如下：

我校自 1994 年建校以来，从未发生过雷击事件。2002 年春，中国移动通信公司在学校围墙旁边设置了微波吸收基站，我校就形成了一个强大的雷击区，雷击事件频频发生。

我校部分设施设备已连续四次遭受雷击，致使内线程控电话、电视机、手机、抽水电机、电脑（被击坏四台）、闭路电视系统（被击坏两次）、播音室广播（被击坏四次）等被击坏，造成直接经济损失两万余元。

更为严重的是，雷击已经严重威胁到我校师生人身安全。最近一次雷击，有两位教师在办公室竟然差点被雷电击死。此前，已有几间教室、寝室玻璃被击碎。

鉴于我校设施设备遭到严重破坏，师生人身安全受到严重威胁，我们强烈要求撤除该微波吸收基站。

大足县城南中学

二〇〇二年八月二十六日

为此，2002 年 8 月 27 日，大足县人民政府主管安全的副县长在报告上批示：要求县防雷办召集移动通信公司立即对报告反映情况进行检查鉴定，若确因微波吸收基站距离较近原因引起，必须搬迁。以上事故就是由于环境改变导致风险增加的案例。

案例 2：

蹊跷炸雷竟两次击中同一房顶

2006 年 4 月 20 日凌晨，一个炸雷炸穿了铜梁县一居民家屋顶，房屋主人却并不惊慌，只是很无奈：因为这是他家在半年内第二次被雷击中，昨天炸穿的地方正巧是刚刚补上的破洞！

[凌晨炸雷击穿房顶]这家房屋的主人是铜梁县巴川镇泸洞村的刘永栋。凌晨的这声炸雷将他家的房顶炸穿了两个洞。楼梯间到处散落着被雷击碎的瓦块，家门口直径约 13 厘米的树被拦腰炸成两段。

“我好倒霉哦！”刘永栋说，铜梁县最近几天的天气变化较大，凌晨 1 点开始打起雷来。中间时不时夹杂的几声炸雷让人心惊胆战。当时他就捏了一把汗：“自己家的房屋老是被雷公相中，去年年底就曾经被雷击穿过一次。这次不会又选中我家吧？”

他的预感很快变成现实：“砰！”的一声突然一个炸雷在他头顶炸响，他立刻抱着头蹲在地上，就听见家里东西劈劈啪啪乱响，半天才敢抬头，一看，结果发现自己家的房顶上多出了两个洞，遍地都是散落的瓦块。

[高压线成导雷线]天亮后，刘永栋检查发现，自家的电话坏了，提起听筒没有一点声音。更令他郁闷的是：这次被雷击穿的房顶上的洞竟然有一个是自己前次刚刚补上的。刘家左右两边邻居家的电视都坏了。对于自己家连续两次被雷击中，刘永栋推测，距离自己家附近 10 米左右的高压线可能是将雷吸引到自家屋顶的罪魁祸首。

就此事，记者昨天咨询了市气象局防雷中心，工作人员说，雷两次击中同一个地方的几率确实不高，高压线是否是导火索，需要实地考察后才能得出结论。

工作人员建议刘家应尽快向当地气象部门备案，及早解决问题。

（《重庆晨报》2006 年 4 月 21 日）

上面两个案例表明环境不良也是雷电灾害的风险因素，只有高度重视，才能有效控制雷电灾害风险。

4.5.4　管理不善的风险

管理不善也是雷电灾害事故的原因之一。当管理不善风险转化为防灾安全事故，通常被认作为人为责任事故。

案例：

重庆市东溪化工有限公司位于重庆市綦江县古南镇二社，东北面距綦江县城 6.5 km，北距渝黔铁路 1.3 km，东南距鸡公嘴水库 3.2 km，东北距东渡中学 1.3 km，厂区周围无工厂、重要建筑物及构筑物。厂区为典型的丘陵地形地貌，南高北低地形。年雷暴日为 50 日左右。该厂始建于 1987 年，1988 年 8 月正式投产，主要产品为工业炸药，核定产能年产 4000 t。工厂占地面积为 1.11×10^5 m^2，现有职工 220 余人，其中技术人员 16 人。

重庆东溪化工厂乳化炸药生产技术改造项目是国防科学技术工业委员会以委爆字[2000]98 号文《关于重庆东溪化工厂调整工业炸药生产品种》的批复批

准，由中国兵器工业规划研究院设计，淮北爆破技术研究所和南京理工大学分别提供胶状和粉状乳化炸药生产技术和专用设备。该生产工房是乳化（含粉状乳化）炸药制药工房（装药包装工序与原铵锑炸药生产线装药包装共用），位于企业生产区南面山坡下，东南两面环山，西北两面设有防护土堤（高度约 4.5 m）。工房长 43 m，高 12 m，建筑面积 1660 m^2，内置粉状、胶状乳化炸药制药装备，配料和粉状乳化喷粉部分为局部三层楼，硝酸铵破碎、水相制备、油相制备、输送泵、乳化器为共用设备，交替组织生产；胶状乳化炸药从冷却工序开始为间断式，利用凉药盘冷却基质；制药工房设计定量为 2000 kg，设计定员为 26 人（项目概况详见兵器工业规划设计研究院《重庆东溪化工厂乳化炸药生产线技术改造项目初步设计》）。2003 年 11 月通过重庆市民爆器材管理办公室组织的验收并投入使用；2004 年由兵器工业安全技术研究所出具安全评价报告，评价结论为达标级；到事故发生为止，累计生产乳化炸药约 1500 t。

2005 年 4 月 21 日 22 时 15 分，生产区上空天气变化，出现雷雨来临迹象，22 时 25 分许，乳化炸药制药工房发生爆炸。

事故共造成 32 人伤亡。其中死亡 12 人，失踪 7 人，轻伤 13 人。经现场勘查，乳化炸药制药工房全部被摧毁，房屋解体、倒塌。工房外部分廊道垮塌。在乳化炸药制药工房距东面外墙轴线 14.3 m，距北面外墙轴线 1.2 m 处，形成一个口径长 9.8 m，宽 6.8 m，深约 2.7 m 的椭圆形爆坑。部分构件被抛向四周，东面 91 m 处发现一水相罐盖，在东北方约55 m处，发现一严重变形水相罐体，在西面 39 m 处发现一约 8 m^2 的屋面板。北面土堤局部受损，土堤外廊道垮塌，南北方向为冲击波主要扩散方向，东西方向有明显冲击波扩散痕迹，四周阔叶树木树叶脱落。距爆坑约 60 m 处的树林里部分树干（直径约 35～45 cm）折断或连根拔起，邻近 TNT 球磨工房造成屋盖向西移位 5 cm 左右，锅炉房屋顶石棉瓦部分破碎坠落，门窗玻璃部分破碎，其余厂房门窗遭到不同程度的损坏，厂部办公室少数玻璃破碎。

图 4-3　雷击爆坑现场

图 4-4　雷击对周围破坏现场

乳化炸药制药工房内所有设备全部遭到破坏。硝铵破碎设备与平台分离，钢架解体，水、油相溶解罐及水、油相储罐均受到严重破坏，罐体与罐盖分离，部分电机转子与定子分离。乳化器转子飞向西南面山坡45 m处，制粉塔破碎成约0.1～0.5 m^2 的碎片。药粉输送管道解体，受到严重破坏。水管、汽管、电线、电缆管网全部解体成0.5～3 m小段。东面2个避雷线铁塔变形，西面2个避雷线铁塔从离地2～3 m处断裂、倒塌。邻近厂房内设备基本完好，少数电器设施轻微受损。

土堤内房屋彻底垮塌，结构件全部解体，设备设施全部破坏，东南方向山体局部滑坡，防护土堤局部损坏，靠近土堤外的廊道全部倒塌，东南、正南面所有围墙全部倒塌，绝大部分钢筋混凝土构件和设备支承架均塌落在土堤内。

距爆坑50 m左右的邻近工房房顶开裂、墙体出现1～2 cm裂缝，大部分木门窗脱落、折断，玻璃碎落，少数人员受轻伤，该范围内散落有几十块大块飞散物和设备部件，最重的一块钢板约有300 kg。

距离爆坑中心50～100 m范围内，工房墙面掉落，个别工房的墙体出现5～8 mm(长1～2 m)裂纹，散落有50～300 kg的大块飞散物数十件，部分门窗损坏，大部分玻璃破碎，在冲击波泄爆正面方向上的树枝、避雷针等被折断。

距离爆坑中心100～150 m范围内，东北角锅炉房石棉瓦坠落地面，木门开裂，部分玻璃破碎，冲击波泄爆正面方向的树木倾斜、少量树枝被折断，散落有10～50 kg的大块飞散物数十件。

距离事故中心150～200 m范围内，工房少量玻璃破碎，散落有数件0.5～10 kg的飞散物。

4月23日至24日现场清理过程中，在原工房西南角和附近现场内清理出袋装已破乳的“乳化炸药”和乳化基质共计约2.28 t左右。

该案例中由于事故造成的破坏性特别严重，现场当事人均已经遇难或失踪，只能从事故现场获取的部分物证、现场形成的唯一爆坑、工房所在地形、建筑物和设备破坏等情况着手，根据现场的工艺布置、工艺特点结合爆炸理论进行分析判定。调查组认为事故直接原因是：球雷直接蹿入工房内引起乳化炸药基质爆炸所致。但是事故定性为责任事故，因为根据标准规范规定：雷雨来临时，企业应该停止生产并撤出相关人员，而在本事故中管理人员和作业人员没有严格按照标准建立制度并实施。

因此，该雷电灾害事故就是由于管理不善的风险导致，故对相关领导和责任人进行了严肃处理。

第5章　雷电灾害风险评估

§5.1　雷电气候特征评估

雷电以其强大的电流、炙热的高温、猛烈的冲击波及强烈的电磁辐射等物理效应在瞬间产生巨大的破坏作用，常常造成人员伤亡，击毁建筑物、供配电系统、通信设备，引起森林火灾，造成计算机信息系统中断，仓储、炼油厂、油田等燃烧甚至爆炸，危害人民财产和人身安全，对航空等运载工具也威胁很大，因而为人们所关注。随着社会经济的不断发展，同等强度的雷电所造成的直接经济损失和灾害将会越来越严重，防雷减灾成为各界关注的课题。

研究雷电气候特征有效降低雷电灾害损失是一个急需解决的问题。雷电气候特征评估就是针对雷电灾害致灾因子及其孕灾环境的风险评估。主要是根据项目所在地雷暴或者闪电资料，分析其地理、气候背景、雷电灾害事故、雷电活动规律及其特征，为开展防雷减灾规划和防雷安全设计与施工提供科学理论依据。

5.1.1　项目所在地的地理位置情况

风险评估单位可采用GPS定位仪采集获取项目所在地的地理位置参数(包括经度、纬度以及海拔高度等情况)，还应收集该地的地质地貌和水文状况。如图5-1可以直观反映某县烟花爆竹生产企业的地理位置状况。

5.1.2　项目所在地气候条件

根据历史气象资料，分析项目所在地所属的气候区域，以及基本气候特点。如对所在地的气候条件分析如下：该县处于暖湿亚热带气候区域。季风气候显著，四季分明，气候温暖，雨量充沛，日照偏少。主要特点是：春季气温不稳定，初夏多阴雨，盛夏炎热多伏旱，秋多绵雨，冬季暖和，无霜期较长，湿度大，云雾多。

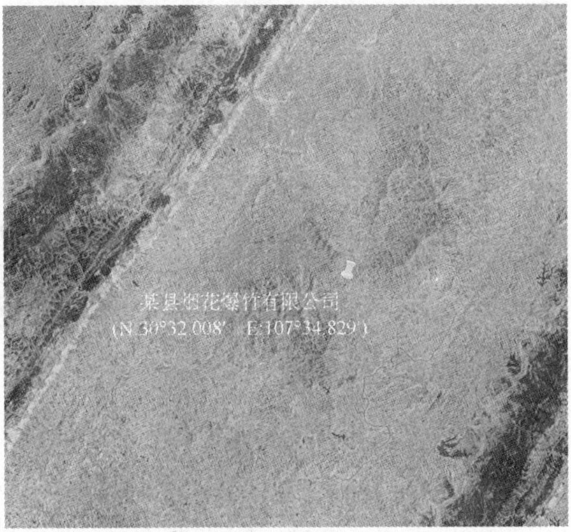

图 5-1 某县烟花爆竹生产企业的地理位置图

5.1.3 雷电灾害事例调查与分析

普查该地的雷电灾害历史状况，并分析其基本原因。如对某县烟花爆竹企业所在地雷电灾害调查如下：2002 年 4 月 3 日晚至 4 月 4 日上午，该县东山林区因雷击发生了全县自新中国成立以来最大的森林火灾；2006 年 9 月 4 日上午，该县某三奇青蒿发展有限公司静电引起青蒿素分离生产车间发生火灾，该次火灾造成 3 人烧伤；2007 年 5 月 23 日下午，该县发生两起严重的雷击事件，造成 2 人死亡；2008 年 7 月 19 日至 20 日，该县高低输电线路及配电网络遭雷电袭击，瓷瓶、避雷器、导线受损严重；2008 年 7 月 28 日上午 9 时该县某村 3 名村民被雷击晕。以上雷电灾害事故的发生都是由雷击造成，项目所在地是雷电灾害易发区，要引起高度关注。

5.1.4 雷电气候特征分析

气象部门人工观测的雷暴参数主要是雷暴日，雷暴气候特征主要是分析雷暴发生的规律以及活动路径。由于人工观测的局限性(人的监听范围通常半径仅为 8～12 km)，以行政区域为代表的雷暴参数并不能代表该辖区雷电特征，同时对云闪和地闪不能区分开来。因此，其雷暴气候特征评估存在一定局限性。

雷电活动规律是雷电气候特征评估的核心内容，主要分析雷电活动规律。在这里主要介绍基于闪电定位监测系统提供的资料，因为该闪电定位系统是一套全自动、大范围、高精度、实时闪电监测系统，采用的是遥测法，选取该地有记录以来地闪资料，进行数理统计分析获得闪电活动特征。

1. 年际变化及趋势分析

(1) 趋势分析方法

趋势分析的方法采用线性趋势法：可以建立闪电频率(Y_i)与时间序列(t_i)之间的一元线性回归方程，即：

$$Y_i = b_0 + bt_i,(i=1,2,\cdots,n) \tag{5.1-1}$$

其中 b_0 和 b 分别为回归常数和回归系数(线性趋势)，n 为资料长度，利用最小二乘法计算出 b_0 和 b，当 b 为正(负)时表示在统计时段内该要素是线性增加(减小)的。检验趋势是否显著，可通过计算 Y_i 与 t_i 之间的相关系数 r，并对 r 进行 t 检验，以确定趋势变化是否显著。

(2) 年际变化与趋势分析

根据闪电定位系统监测资料统计分析闪电频数或雷电日数的变化趋势。如对某地 1999 年 6 月 1 日到 2008 年 12 月 31 日共发生地闪 4772491 次，日均发生闪电 1362 次。从图 5-2、5-3 和 5-4 可以发现，近年来该地闪电呈现明显增加趋势，采用一次方程拟合，得到逐月闪电频次与时间关系的方程：$y=443x+15632$。

从图 5-2 和图 5-4 中可以发现，春夏季节是闪电发生频率较高时期，其中夏季变化曲线增长趋势最明显；另外，春季闪电呈现明显增长趋势。

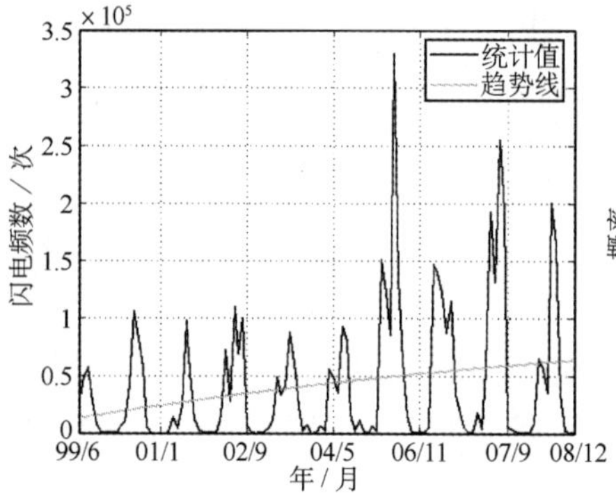

图 5-2　逐月闪电频率变化图

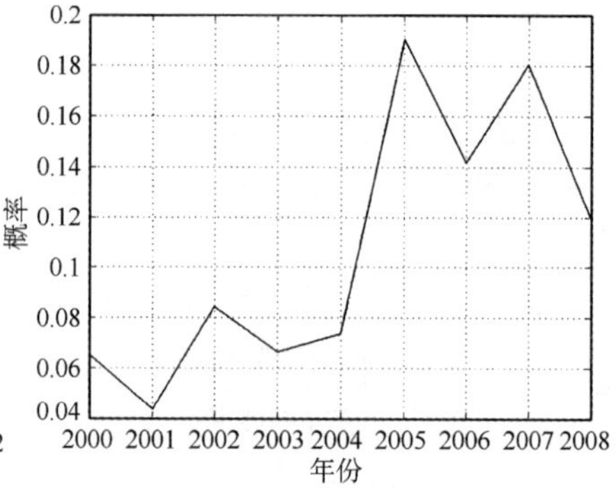

图 5-3　逐年闪电发生的概率图

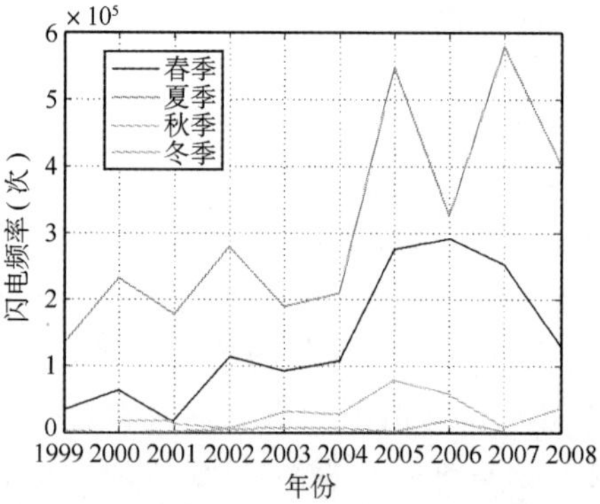

图 5-4　不同季节闪电逐年的频数变化曲线图

2. 月变化特征

月变化特征主要分析闪电(正闪和负闪)频数逐月分布,以及发生概率特点,有针对性地开展生产活动。如对某地闪电活动分析得到如下结论:全年 12 个月都有闪电发生(图 5-5),主要集中在 4—9 月,其中 7 月和 8 月发生概率最高(图 5-6),负闪频数远高于正闪,但是正闪强度却远大于负闪。

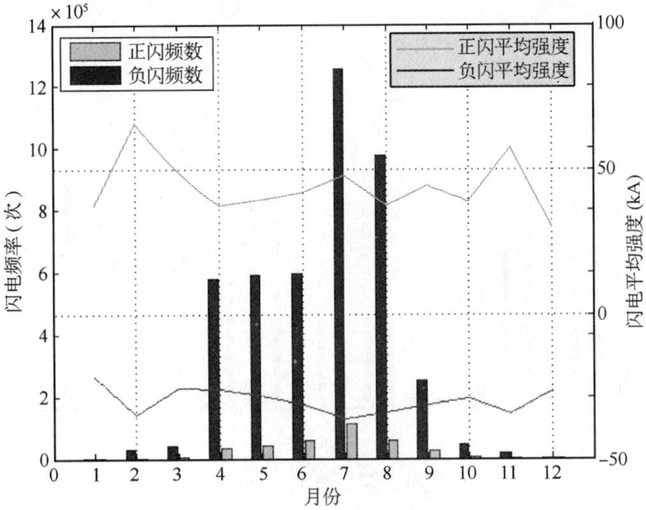

图 5-5　闪电频次及其强度逐月变化图图

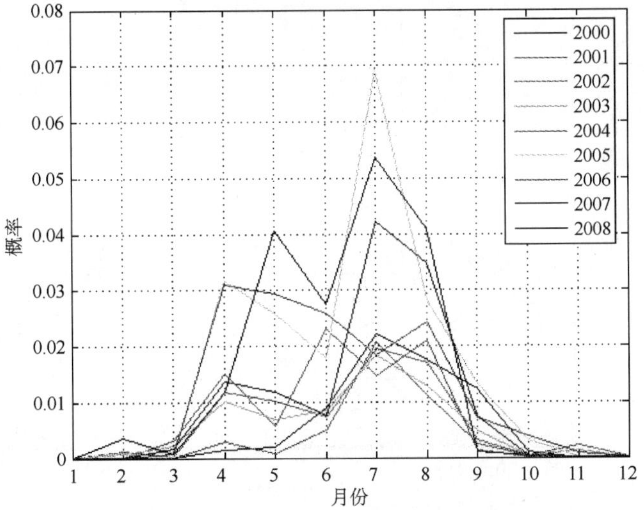

图 5-6　闪电逐年逐月发生概率曲线图

3. 日变化特征

日变化特征分析,有利于合理安排生产,避开闪电发生的高峰,有效地减少雷电灾害事故。如对某项目地闪电日变化特征分析如下:从闪电逐时资料(图 5-7)来看,闪电频次发生呈现双峰双谷状态,下午 14:00—18:00,晚上 22:00 至次日03:00是闪电高发时期,负闪频数远大于正闪频数,强度却低于正闪。从每月逐时的闪电发生概率(图 5-8)来看,主要发生在 16:00—20:00,以及 22:00 至次日 04:00。

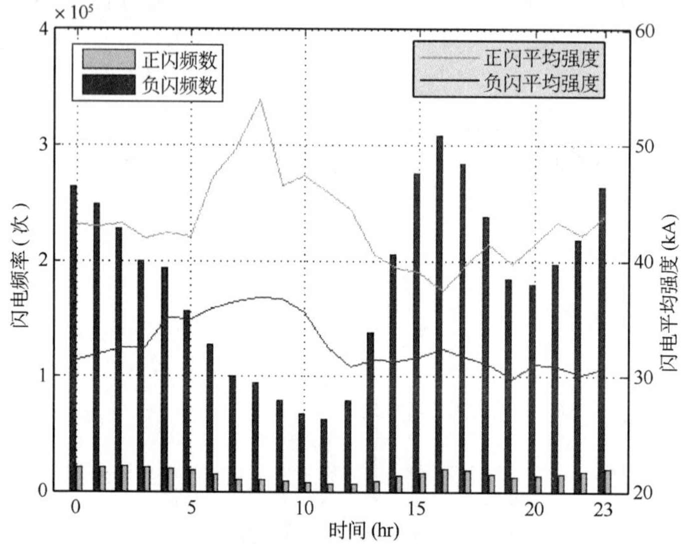

图 5-7 闪电频次及其强度日变化图

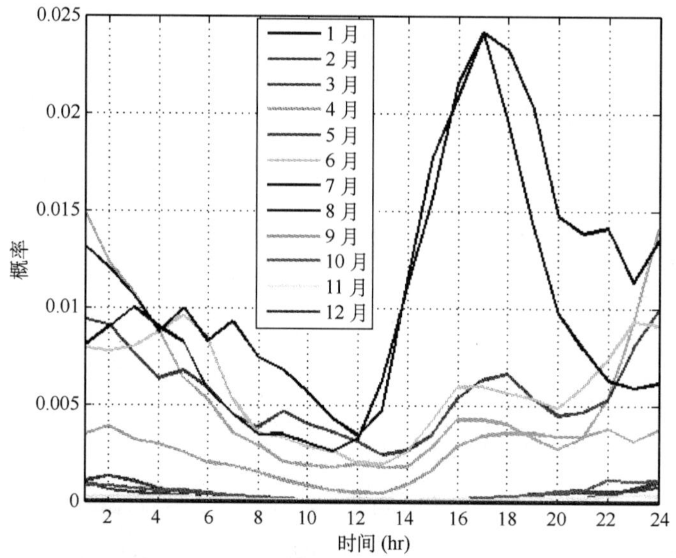

图 5-8 每月逐时闪电概率分布曲线

5.1.5 雷电流幅值特征分析

雷电流幅值累积概率分布是极其重要的雷电参数,是雷电活动规律的重要反映指标，是建筑物防雷类别划分的标准，是雷电灾害风险评估、防雷工程设计施工中的重要基础数据。《建筑物防雷设计规范》(GB 50057—94)指出：建筑物防雷设计，应该在认真调查地理、地质、土壤、气象、环境等条件和雷电活动规律以及被保护物的特点等的基础上，详细研究防雷装置的形式及其布置。因此，雷电流幅值累积概率特征分析研究，对于及时掌握当地雷电活动规律，开展雷电灾害风险评估，有效地采取合理的雷电防护措施具有积极的指导作用。下面就某地雷电流幅值分布特征分析结论如下。

1. 雷电流幅值极性分布

表 5-1 给出了 2006—2008 年闪电的年平均特征。从中看出闪电中的绝大部分为负闪，占闪电总数 90%以上，正闪比例不到 10%。而且正闪平均雷电流幅值(60.4 kA)明显大于负闪(42.2 kA)。

表 5-1　闪电极性分布特征

闪电总频次	正闪		负闪	
	频数(比例)	平均强度(kA)	频数(比例)	平均强度(kA)
243198	8719(3.59%)	60.4	234439(96.41%)	40.2

2. 雷电流幅值密度分布

在 2006—2008 年中发生的 26158 次正闪中，最大雷电流幅值为 455.7 kA，主要分布范围为 15～72 kA，该幅值范围内的正闪次数占到全部正闪次数的 70.8%，而幅值为 38 kA 的正闪频次最高，达到 440 次，占全部正闪次数的 1.7%。正闪雷电流幅值分布虽然相对集中，但在强度的各个区间均有较大波动

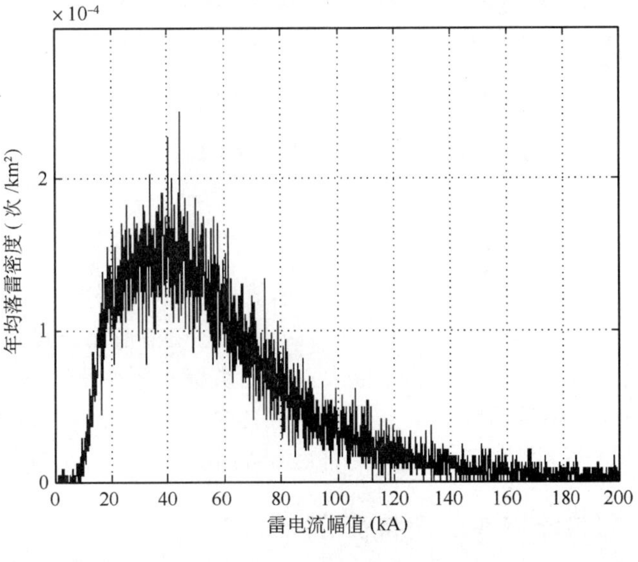

图 5-9　正闪雷电流幅值的密度分布曲线图

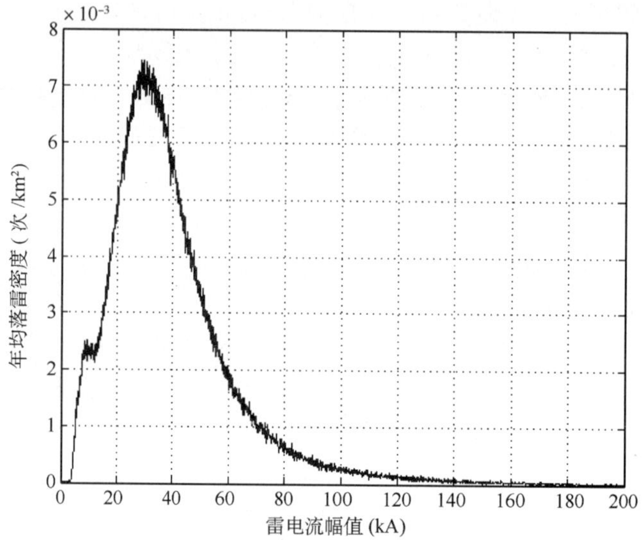

图 5-10 负闪雷电流幅值密度分布曲线图

(图 5-9),即在大的分布特征下,呈现小的“波浪”型变化。

在 703436 次负闪平均雷电流幅值为 40.2 kA,最大幅值为 498.3 kA,主要分布范围是 8～59 kA,该幅值范围内负闪次数占到全部负闪次数的 84.1%,与正闪雷电相比,负闪雷电相对更集中(图 5-10)。幅值为 28 kA 的负闪次数最多,达到 18013 次,占全部负闪次数的 2.6%。

3. 正、负极性雷电流幅值累积概率统计分布特征

对某地 2006—2008 年正、负极性地闪进行雷电流幅值的统计(图 5-11),并采用 IEEE 工作组推荐公式拟合分别得到其累积概率分布公式。

$$正闪:P_{+}(>I_p)=1/\left[1+\left(\frac{I_p}{49.5}\right)^{2.842}\right]$$

$$负闪:P_{-}(>I_p)=1/\left[1+\left(\frac{I_p}{36.64}\right)^{3.297}\right]$$

$$正闪+负闪:P(>I_p)=1/\left[1+\left(\frac{I_p}{35.02}\right)^{3.246}\right]$$

从图 5-11 可以发现,不同极性雷电流幅值累积概率曲线差异较大,正极性雷电流幅值累积概率曲线的陡度小,负极性闪电雷电流幅值比正极性更加集中,正极性地闪出现大幅值的概率比负极性大。而正负极性集中后的累积概率曲线与负极性闪电雷电流幅值曲线非常接近。分析其主要原因是正极性闪电的比率不足 5%,故对集中正负闪电后累积概率曲线影响很小。

5.1.6 雷电流波头陡度特征分析

雷电流幅值和陡度是反映雷电活动规律的重要参数。雷电灾害事故,特别

是雷电电磁辐射引起的雷电灾害，与雷电流幅值、雷电流最大陡度密切相关。某些雷电灾害事故是由高幅值、低陡度的雷电流引发；某些雷电灾害事故却是由低幅值、高陡度雷电流引发，因此，研究雷电流幅值及其陡度的概率分布特征对于分析雷电灾害事故特征和采取有效的雷电防护措施具有极其重要的意义。

雷电流幅值相同情况下，波头时间越短，陡度越大，相对雷击危害越严重。这里不妨采用《DL/T 620—1997》推荐的取 $\tau=(I/\alpha)\times(\pi/2)=(60/36)\times(\pi/2)\approx 2.6\ \mu s$（根据原苏联直流研究所提出用 $\lg P=-I/60$ 和 $\lg P_a=-\alpha/36$ 两公式分别计算雷电流幅值 I 和陡度 α 而来，其中 P_a 为雷电流波头陡度概率），而波头波形采用半余弦波。

因此，得到雷电流幅值 $I_p=(2.6\times\alpha)/(\pi/2)$

将上式带入雷电流幅值累积概率分布公式就得到起陡度累积概率理论推导式。

$$\text{正闪}: P_{+}(>\alpha)=1/\left[1+\left(\frac{\alpha}{29.89}\right)^{2.842}\right]$$

$$\text{负闪}: P_{-}(>\alpha)=1/\left[1+\left(\frac{\alpha}{20.92}\right)^{3.297}\right]$$

$$\text{正闪}+\text{负闪}: P(>\alpha)=1/\left[1+\left(\frac{\alpha}{21.147}\right)^{3.246}\right]$$

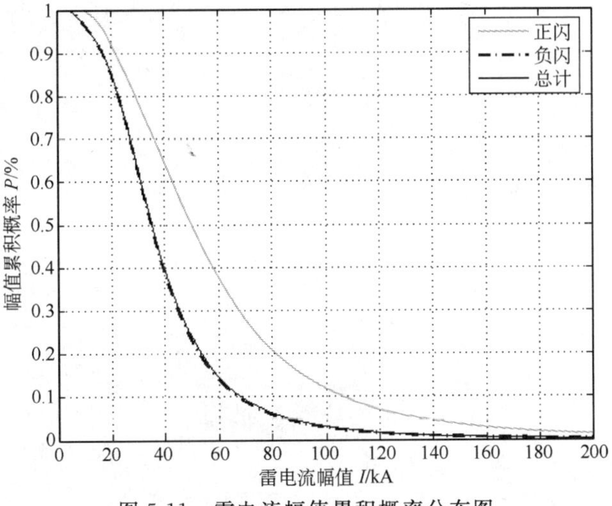

图 5-11　雷电流幅值累积概率分布图

5.1.7　地闪密度特征分析

地闪密度分布是重要的雷电活动参数。图 5-13 中深色区域为高雷电密度地区。从图中可看出标记的地方即为某县烟花爆竹企业所在地，属于较高的雷电密度地区。某县烟花爆竹企业所在地 25 km^2 范围内闪电密度为 115.6 次/(a · 25 km^2)（如图 5-13 所示）。

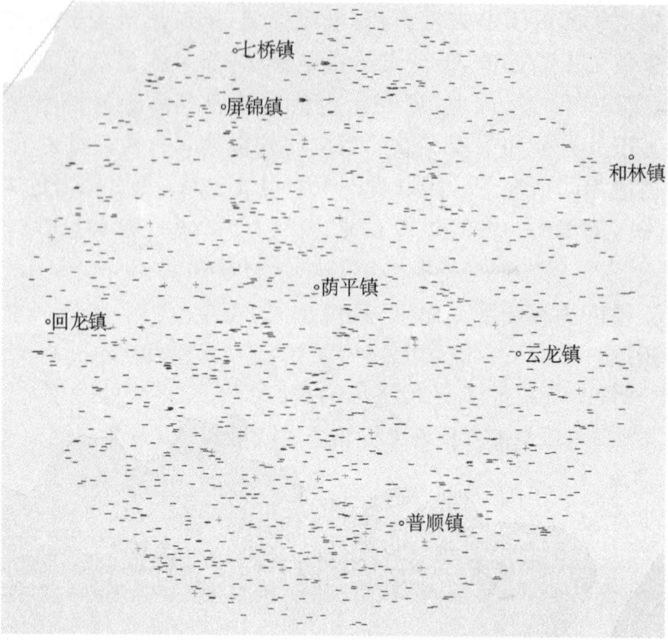

图 5-12　某县某年烟花爆竹企业 10 km 范围内发生的闪电次数

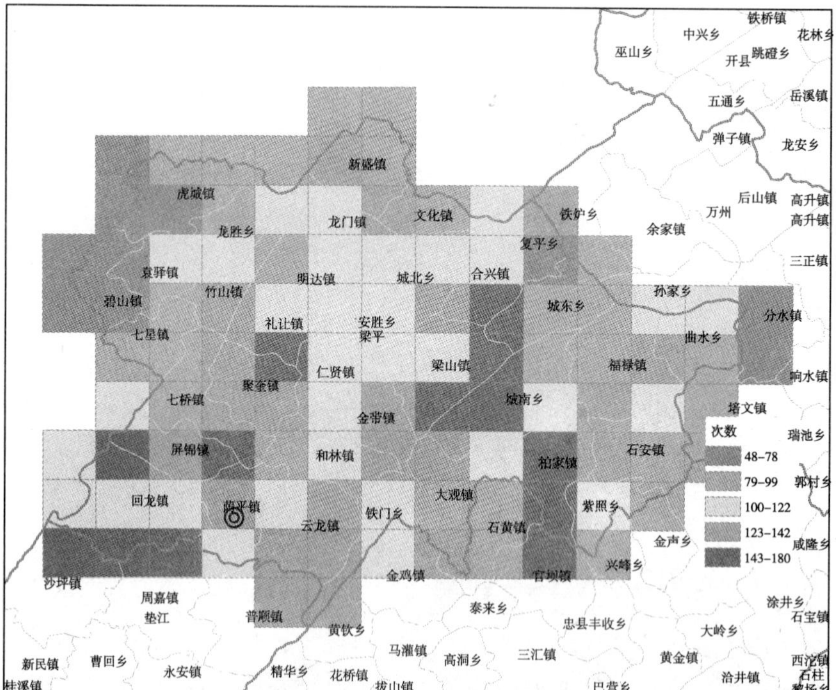

图 5-13　某县烟花爆竹企业所在地雷电密度分布图(单位:次/(a · 25 km^2))

通过对雷电气候特征的风险评估，可以针对项目建设有效采取相应的工程和非工程性措施，有效加强雷电防护。下面介绍某地轨道建设根据其雷电气候特征评估结果有效采取措施，取得显著的社会效益。

案例：

重庆市轨道交通 2 号线雷电气候特征风险评估报告

受重庆市轨道交通总公司委托，我单位组织雷电灾害风险评估专家于××××年××月××日就该公司将建设的轨道交通 2 号线进行了详细现场勘察，并结合该地闪电定位资料数据、雷达回波与卫星云图等资料，花费近一个月时间对该项目的雷电气候特征进行评估，并获得如下报告：

一、项目所在地基本概况

该项目所在地因其气候背景的特殊性、丘陵地带的地形抬升、下垫面水汽充分等原因，极易发生雷电等强对流天气。随着国民经济的快速发展，人们生活水平的不断提高，高层建筑的日益增多，各种高科技电子设备的广泛应用，雷电灾害给经济社会和人民生命财产造成巨大损失和严重危害。例如，2005 年 4 月 21 日，该地某企业由于球形雷袭击，造成 19 人死亡，13 人受伤的特大雷击爆炸事故；2007 年 4 月 1 日，该地某高速公路工棚遭受雷击，造成 5 死 5 伤的雷击事故；2007 年 5 月 23 日，该地某小学遭受雷击，导致 7 名学生死亡，44 名学生受伤的重大雷击事故。

本报告应用闪电定位资料对于该轨道交通 2 号线（该地受局地性天气特征影响十分明显，中小尺度天气系统活动频繁，生消快速，强度剧烈）这样呈“线状”的区域进行雷电气候特征风险评估，为工程设计和施工提供可靠的理论依据，最大限度地减少雷电灾害造成的经济损失和人员伤亡。

二、资料来源与方法

ADTD 闪电定位系统主要用来探测云地闪，并且能区分正负极性。目前对气象、航天、航空、通信、林业、电力、建筑等国防和国民经济的许多领域都有着广泛的应用。为提高雷电定位精度，同时扩大探测范围，综合考虑站址位置、站间距离、场站通信条件及场址背景条件等方面。本报告采用该地 ADTD 闪电定位系统闪电监测资料。该雷电监测网的钟频最高能到 16 MHz，这使每个闪电回击的处理时间在 1 ms 左右，探测效率可达 95%。中心数据处理站对接收到的闪电回击数据实时进行交汇处理，给出每个闪电回击的准确位置、强度等参数。同时该网实现了对地闪时间、位置（经度、纬度）、雷电流峰值和极性的自动监测。

通常对雷电活动规律的研究，主要采用气象台站人工观测的雷暴日数进行统计分析，由于人的监听范围（通常半径为 8～12 km）10 km 为半径的圆形区域有限性，不能准确反映该地的雷电活动规律，因此，本文选取 2006—2008 年的闪电定位资料来分析其雷电活动规律。同时，对于跨座式单轨交通 2 号线如此跨度大、区域仅为线路走廊，并且其绝大部分供电系统、电子系统、列车、车(站)场及轨道梁采用类似于架空电力线的高架形式的特殊对象的雷电活动规律研究，使用传统的雷电参数和分析方法针对性不强。本报告拟采用一种全新的统计方法——线路走廊法，即以车(场)站或区间中点为圆心，以人的监听范围为半径，从新山村车站向较场口车站作为连续统计分析(见图 5-14)。线路走廊法不仅完全改变了以行政区域为对象进行的粗略估算，更能用每个统计段的雷电参数详尽表示沿线随地理、气候变化的雷电活动特征。

图 5-14 轨道交通 2 号线线路走廊示意图

三、雷电气候特征风险评估

(一) 闪电次数分布评估

从该地雷电监测网 2006—2008 年年均地闪闪电次数图(见图 5-15)中可以看到，各站年均闪电 2935～3460 次，站间差异较大，袁家岗至较场口年均雷电较

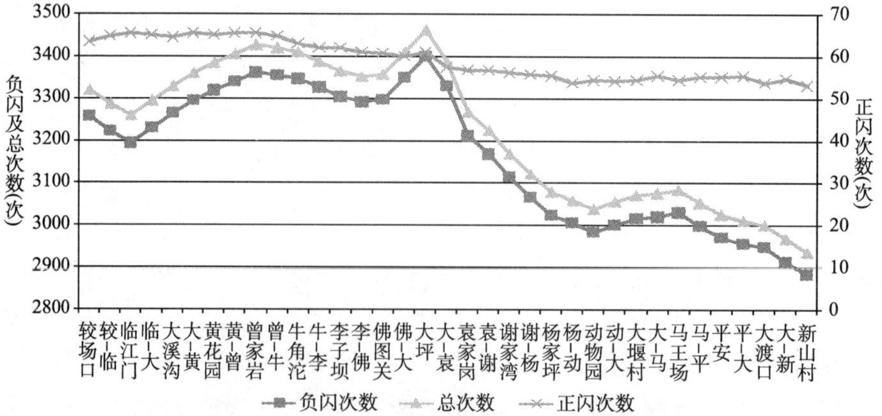

图 5-15 轨道交通 2 号线沿线地闪次数统计图

多，年均在 3300 次左右，尤其是大坪，达到 3460 次；杨家坪至新山村较少，年均不足 3100 次，新山村最少，仅为 2935 次。各站正闪次数 53～65.3 次，较场口至大坪正闪较为多发，年均都在 60 次以上，其中较场口至临江门中段开始及曾家岩至牛角沱中段最多，年均超过 64 次。谢家湾至新山村较少，不足 56 次，新山村最少，为 53 次。各站年均负闪雷电在 2882～3399 次之间，站间差异较大，较场口至袁家岗负闪雷电较多，年均在 3200 次左右，尤其是大坪，达到 3399 次；杨家坪至新山村较少，年均在 3000 次左右，以新山村为最，仅为 2882 次。

（二）雷电日数分布评估

重庆市轨道交通 2 号线线路走廊的年均雷电日数统计以图 5-16 中每个统计段为观测区，雷电监测网监测到一次雷电，将其记录，即为该段的一个雷电日，以年为计量单位。从图 5-16 各站年均雷电日数的分布来看，轻轨各站雷电日数大部分在 57～60.7 天，其中，大堰村至新山村相对雷电日数较少，曾家岩至大坪雷电日数较多。大坪雷电日最多，达到 60.7 天，大渡口至新山村段雷电日数最少，为 57 天。

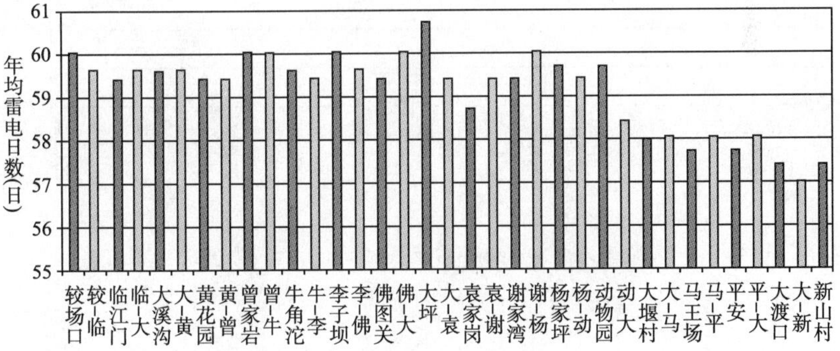

图 5-16　跨座式单轨交通 2 号线沿线年均雷电日数分布图

（三）雷击大地年平均密度 N_g 评估

以轨道交通 2 号线线路走廊统计站点及区间雷击大地年平均密度 N_g，N_g

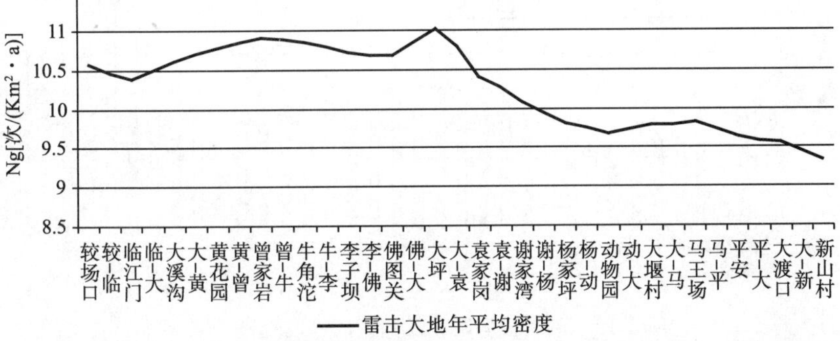

图 5-17　跨座式单轨交通 2 号线线路走廊雷击大地年平均密度分布图

的计算结果见图 5-17，其中，N_g 的最大值为 11.02 次/(km^2 · a)，地闪密集区集中在临江门至大坪段。

（四）雷电流幅值分布评估

从轻轨各站及其站间正、负闪强度统计数据数据（图 5-18）可知，轻轨各站正闪雷电强度除佛图关至大坪中段及大坪分别为 57.8 kA、57.9 kA 外，其余各站正闪雷电强度均大于 58 kA，其中袁家岗至谢家湾中段开始至新山村正闪雷电强度均在 62 kA 以上。轻轨各站负闪雷电强度在 40～43 kA 之间，差别不大，相对较弱的区域在动物园至新山村一线，此沿线负闪雷电强度均在 41 kA 以下。42.5 kA 以上的站点包括了大溪沟至大坪至袁家岗中段各站点。

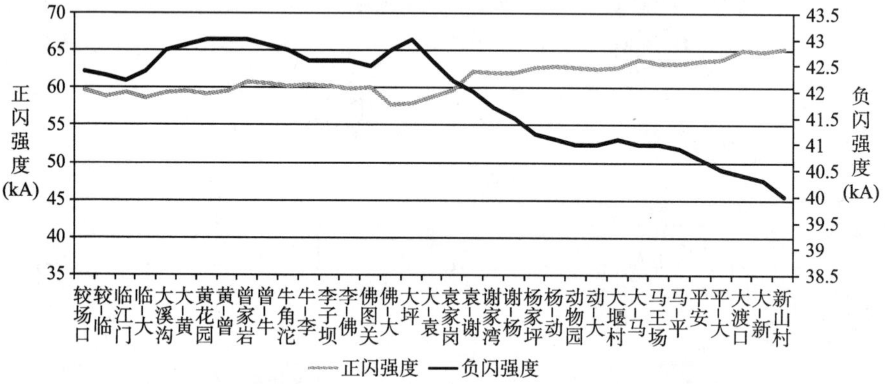

图 5-18 轨道交通 2 号线各站及其站间正、负闪强度统计数据图

（五）闪电落区分布评估

图 5-19 是落区（半径 10 km 的圆区域）内所有雷电距轻轨站点（包括中段点）的平均距离，总体而言，多数站点平均距离均超过 10 km，临江门中段开始至黄花园相对平均距离较小，不足 10 km。

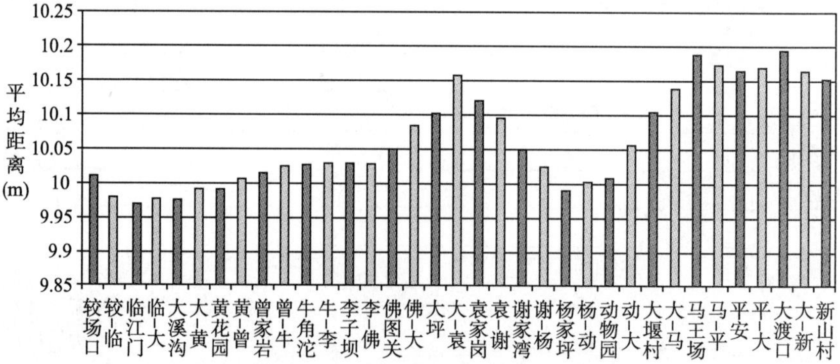

图 5-19 落区雷电距站及其区间平均距离分布图

通过以上对该线的雷电气候特征风险评估，我们得到如下结论：轨道交通 2

号线较场口至大坪车站区间段是雷击大地年平均密度较大和落区雷电距离各站及区间平均距离较小的重叠区域，可认定是该线易受雷击的薄弱地区。该理论分析与该区间均为沿江地形，地形陡峭，易产生局地强对流性天气的实际情况一致。同时根据该结论，轨道设计公司将易受雷击的薄弱地区较场口、临江门、大坪车站设为地下站，而区间设置于有防雷装置保护的城市高大建筑中间，最大限度减少了遭受雷击的概率。迄今为止，该线路未遭受雷击事故。

§5.2　接地环境风险评估

5.2.1　接地环境风险评估主要参数

无论是直击雷防护还是雷电的静电感应、电磁感应和雷电波入侵防护，最终都需要将雷电泄流入地，因此接地是防雷工程最为重要的组成部分。因此，接地环境评估具有十分重要意义．

1．接地的分类

从接地的目的来看，接地主要有以下几种：

(1)防雷接地

避雷针、避雷线、避雷器和雷电电涌保护器件等都需要接地，把雷电流泄放入大地，这就是防雷接地。图 5-20 为避雷针接地装置泄流作用的示意图，在泄散雷电流过程中，接地体向土壤泄散的是高幅值的快速冲击电流，其散流状况直接决定着由雷击产生的暂态地电位抬高水平，良好的散流条件是防雷可靠性和雷

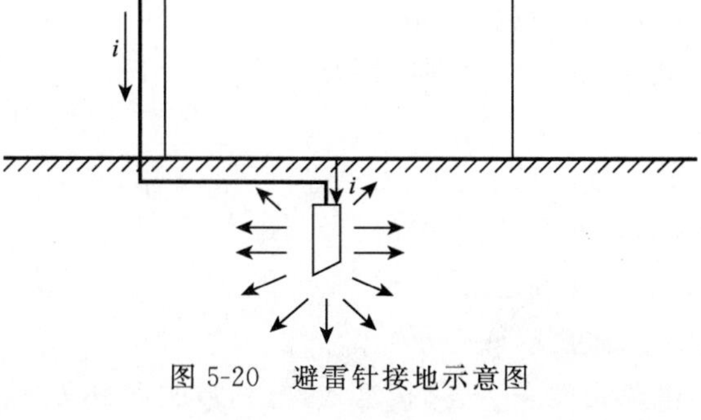

图 5-20　避雷针接地示意图

电安全性对接地装置的基本要求。

(2)工作接地

由于电力系统正常运行方式的需要而设置的接地称为工作接地,如三相输电系统的中性点接地,见图 5-21,其目的是稳定系统的对地电压,降低电气设备的对地绝缘水平,并有利于实现继电保护等。

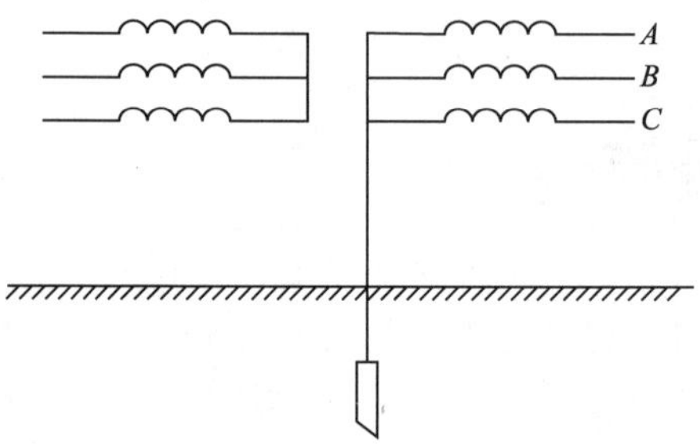

图 5-21　工作接地

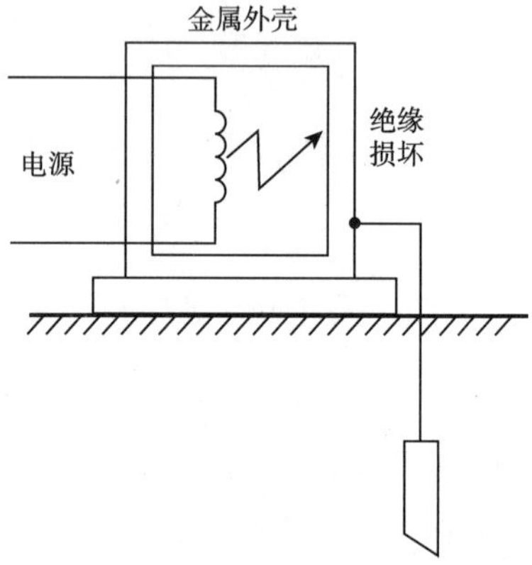

图 5-22　安全接地

(3)安全接地

为了保证人身安全而将电气设备的金属外壳接地,这样做可以保证将金属外壳固定为地电位,一旦设备内绝缘损坏而使其外壳带电时,不致在外壳上出现危险的电位升高而造成人员触电伤亡事故,如图 5-22 所示。

2. 接地的原理

接地的目的是为了使电流 I 经接地体尽快入地(如图 5-23),从接地体周围扩散向地层远处,由于大地为非理想导体,土壤具有一定的电阻率。

在泄散电流过程中,电流将在土壤中建立起恒定电场,由图 5-23 可见,土壤中的电流密度在接地体附近很大,随着离开接地体距离的增大,电流密度逐渐减小。根据恒定电场理论,土壤中的电流密度、电场强度和土壤电阻率之间满足以下关系:

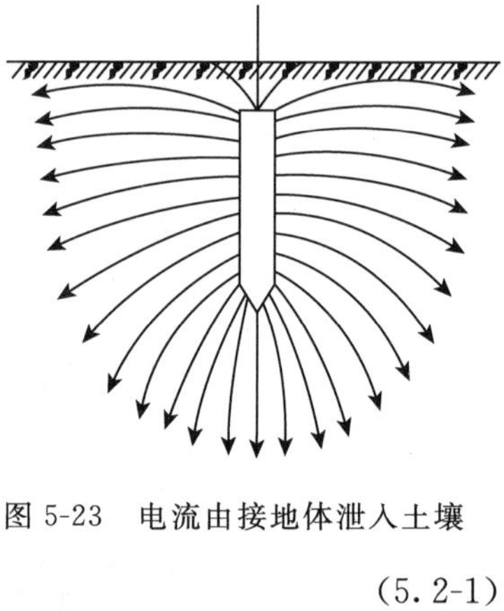

图 5-23　电流由接地体泄入土壤

$$E=\rho J \tag{5.2-1}$$

式中:E——土壤中恒定电场强度(V);

ρ——土壤电阻率(Ω·m);

J——土壤中电流密度(A·m²)。

在无穷远处,电流密度 J 为零,按上式,电场强度 E 亦为零,也就是说在无穷远处的地电位才为零，这是理论上的零电位，相对于这个理论零电位点，接地体的电位可表示为：

$$U = \int_{r_0}^{\infty} E\mathrm{d}r \tag{5.2-2}$$

式中：U——接地体电位(V)；

r_0——接地体半径(m)。

电位 U 随距离 r 变化的曲线见图 5-24，它们是两条随距离衰减的曲线，这两条曲线关于接地体的轴线对称。实际上，在距接地体 20 m 远的地方，电位已衰减接近于零，见图 5-24，所以工程上常把距离接地体 20 m 的地方定义为零电位点，这就是工程上的零电位点。

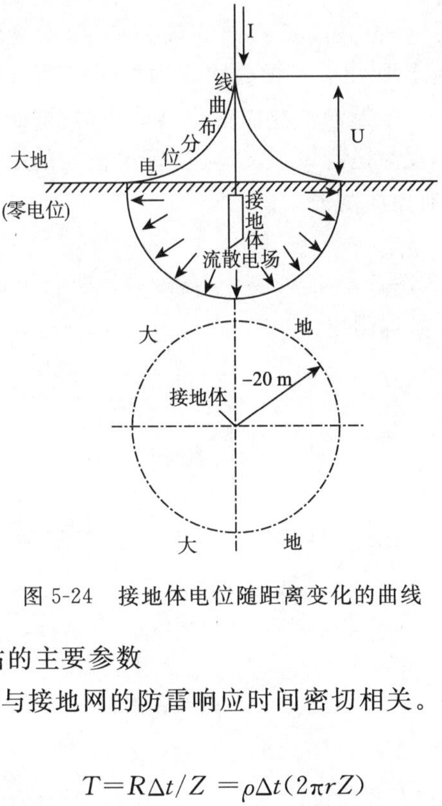

图 5-24　接地体电位随距离变化的曲线

3. 接地环境评估的主要参数

接地效果的好坏与接地网的防雷响应时间密切相关。接地网的防雷响应时间可用下式表示：

$$T = R\Delta t/Z = \rho\Delta t(2\pi rZ) \tag{5.2-3}$$

式中：T——地网防雷响应时间(ns)；

Δt——雷电流波头时间(μs)；

R——防雷地网接地电阻(Ω)；

Z——雷电流在接地线的波阻抗(Ω)；

r——接地极周围同心球体的半径(m)；

ρ——土壤电阻率($\Omega \cdot$ m)。

根据接地网的防雷响应时间的公式知道响应时间 T 与土壤电阻率 ρ 密切相关，项目所在地土壤电阻率直接决定采用何种接地技术。因此对项目所在地的接地环境，尤其是土壤电阻率的分布特征进行评估非常重要。

5.2.2 土壤电阻率的测试

土壤电阻率是接地装置设计中的一个主要技术参数，其测试方法主要有土壤试样法、单极法(深度法)、两点法(西坡 Shepard 土壤电阻率测定法)、四点法等，本小节主要介绍土壤试样法、单极法和四点法 。

1. 土壤试样法

(1) 取样

在工程现场选择一处设计高度相同的较为平整、土壤色泽和(颗)粒度都较均匀的场地，在该场地上取表土若干。将取回的土壤倒入一个已知尺寸和具有标准电极的绝缘容器内，电极的位置应在容器的中央，即距容器各器壁距离都是相等的，一般以圆柱形较为适宜，以量规调整好电极间的距离，土壤应掩没电极，并将多余的土壤自容器顶面刮去。

(2) 测试

将容器的电极接入图 5-25 的回路中，接通电源进行测试，记下电流表和电压表的读数 I 和 U，则土壤电阻率为：

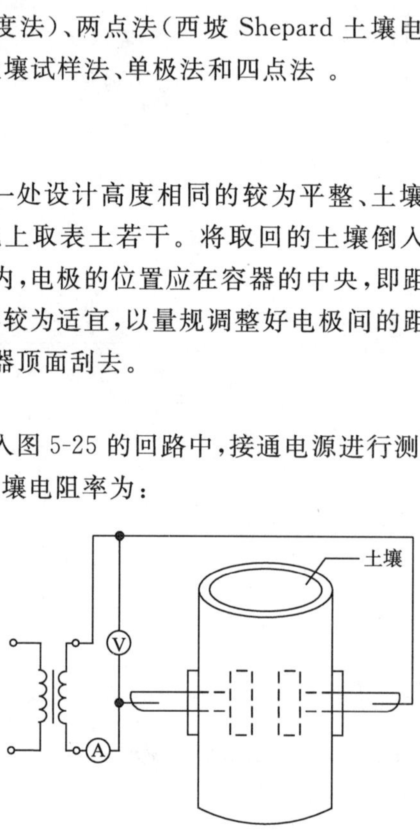

图 5-25 土壤电阻率测量示意图

$$\rho = (R \cdot S)/l \tag{5.2-4}$$

式中：S——标准电极的表面积(m^2)；

l——电极之间的距离(m)；

R——土壤电阻(Ω)。

2. 单极法

采用土壤试样法只能测量表层土的土壤电阻率，当需要测试土壤表层以下的土壤电阻率时，可选用单极法(深度法)测试土壤电阻率，即加工一根垂直接地极，一般可用直径不小于 15 mm、长度不小于 1 m 的焊接钢管或自来水管，将其一端加工成尖锥形或斜口形，将垂直接地极击入地面，击入深度为 l（l 值根据需要确定），按照接地电阻测试方法测出该垂直接地极的接地电阻 R，则可得出深度为 l 时的土壤电阻率为：

$$\rho = (R\times 2\pi l)/\ln(4l/d) \tag{5.2-5}$$

式中：l——接地极击入土中的深度（m）；

d——接地极的管径（m）。

3. 四点法

单极法虽较简便，但因单极法测量深度受接地极击入深度及击入点的限制，无法知道深层土壤的电阻率和大体积土壤的电阻率；因此，常采用四点法，四点法主要包括等距法和非等距法。

（1）等距法

将小电极埋入被测土壤呈一字排列的四个小洞中，埋入深度均为 b，直线间隔均为 a。测试电流 I 流入外侧两电极，而内侧两电极间的电位差 V 可用电位差计或高阻电压表测量。如图 5-26 所示。

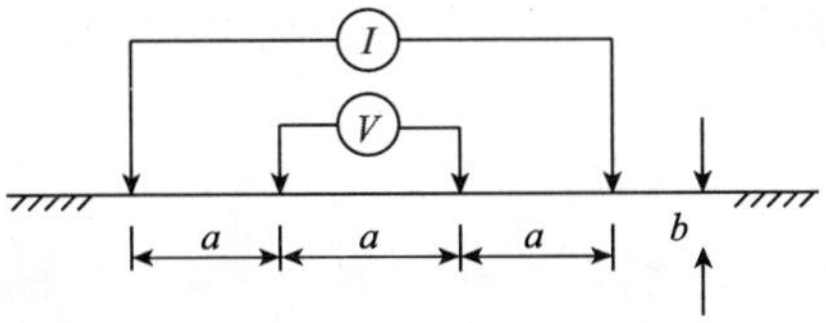

图 5-26　等距法测试土壤电阻率示意图

设 a 为两邻近电极间距，则以 a，b 的单位表示的电阻率 ρ 为：

$$\rho=\frac{4\pi aR}{1+\frac{2a}{\sqrt{a^2+4b^2}}-\frac{a}{\sqrt{a^2+b^2}}} \tag{5.2-6}$$

式中：ρ——土壤电阻率（Ω·m）；

R——所测电阻（Ω）；

a——电极间距（m）；

b——电极深度（m）。

当测试电极入地深度 b 不超过 $0.1a$，可假定 $b=0$。

则计算公式可简化为：

$$\rho=2\pi Ra \tag{5.2-7}$$

注：用等距法测量时，可改变几种不同的 a 值进行测量，一般 $a=2,4,5,10,15,20,25,30$ m 等。

（2）非等距法

主要用于当电极间距增大到 40 m 以上，采用非等距法，其布置方式见图 5-27。

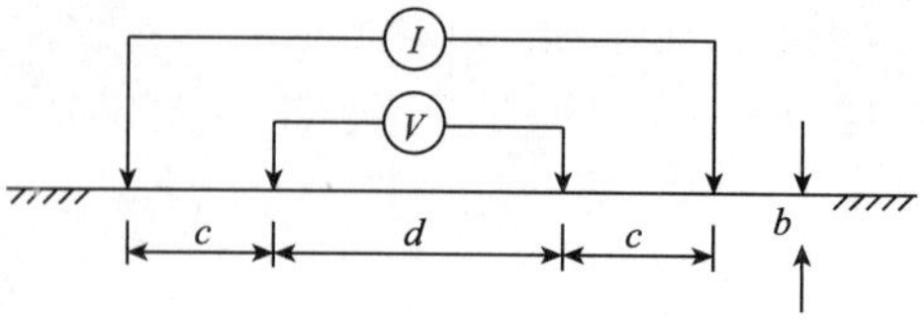

图 5-27　非等距法测试土壤电阻率示意图

此时电位极布置在相应的电流极附近，如此可升高所测的电位差值。这种布置，当电极的埋地深度 b 与其距离 d 和 c 相比较甚小时，则所测得电阻率可按下式计算：

$$\rho=\pi c(c+d)R/d \tag{5.2-8}$$

式中：ρ——土壤电阻率(Ω·m)；

R——所测电阻(Ω)；

c——电流极与电位极间距(m)；

d——电位极距(m)。

注：采用非等距法测量，测量电极间距可选择 40，50，60 m。按公式(5.2-8)计算相应的土壤电阻率。

4. 常见土壤的电阻率

在进行土壤电阻率测量之前，宜先了解土壤电阻率的参考值，可参见表 5-1，对所在地土壤电阻率进行估算。

表 5-1　常见土壤电阻率参考值

类别	名称	电阻率近似值 Ω·m	不同情况下电阻率的变化范围(Ω·m)		
			较湿时(一般地区、多雨区)	较干时(少雨区、沙漠区)	地下水含盐碱时
土	陶黏土	10	5～20	10～100	3～10
	泥炭、泥灰岩、沼泽地	20	10～30	50～300	3～30
	捣碎的木炭	40	—	—	—
	黑土、园田土、陶土、白垩土、黏土	50 60	30～100	50～300	10～30
	砂质黏土	100	30～300	80～1000	10～80
	黄土	200	100～200	250	30
	含砂黏土、砂土	300	100～1000	1000 以上	30～100
	河滩中的砂		300	—	—
	煤		350	—	—
	多石土壤	400	—	—	—
	上层红色风化黏土、下层红色页岩	500 (30%相对湿度)	—	—	—
	表层土夹石、下层砾石	600 (15%相对湿度)	—	—	—

（续表）

类别	名称	电阻率近似值 Ω·m	不同情况下电阻率的变化范围(Ω·m)		
			较湿时(一般地区、多雨区)	较干时(少雨区、沙漠区)	地下水含盐碱时
砂	砂、砂砾	1000	250～1000	1000～2500	—
	沙层深度大于 10 m、地下水较深的草原地面黏土深度不大于 1.5 m、底层多岩石	1000	—	—	—
岩石	砾石、碎石	5000	—	—	—
	多岩山地	5000	—	—	—
	花岗岩	200000	—	—	—
混凝土	在水中	40～55	—	—	—
	在湿土中	100～200	—	—	—
	在干土中	500～1300	—	—	—
	在干燥的大气中	12000～18000	—	—	—
矿	金属矿石	0.01～1	—	—	—

5.2.3　土壤电阻率分布特征分析

土壤电阻率的分布特征是影响接地的重要因素。本小节重点介绍接地环境中土壤电阻率的分布特征分析。

1. 土壤不同深度范围的电阻率分布；

在对土壤接地环境进行评估时，首先要对项目所在地的土壤电阻率进行测试，在测试过程中，根据需要针对不同深度范围土壤进行测试，如初步估计该地浅层土壤导电性较好时，可以选取 0～1.5 m；1.5～2.0 m；2.0～2.5 m；2.5～3.0 m；3.0～4.0 m 深度范围土壤进行测试，测试中每个深度范围的土壤电阻率测试取样不低于 5 次；然后计算各层的土壤电阻率；最后根据不同深度范围土壤电阻率仿真分析得到其土壤电阻率的断面图。

2. 土壤同一深度的水平电阻率分布

采用与上面类似方法得到土壤电阻率的水平分布图。

5.2.4　接地环境风险评估

接地环境风险评估主要是评估单位要根据项目性质和防雷基本要求，对项目所在地土壤状况进行勘测、分析基础上，评估该地土壤状况，针对以下三个目的展开评估。

1. 确定风险评估中土壤电阻率的取值；
2. 确定接地装置设置地点要求；
3. 确定接地装置设置深度要求。

案例：

某县烟花爆竹有限公司所在地接地环境风险评估报告

根据评估单位于2008年4月2日采用专用土壤电阻率自动测试仪对某县烟花爆竹有限公司所在地现场进行勘测，并对其中采集到的土壤电阻率数据进行处理，其结果如下：

1. 不同深度范围的土壤电阻率分析

次数	1	2	3	4	5	平均值
$\rho_{0\sim1.5}$(Ω·m)	12.07	13.09	13.14	24.84	28.92	18.41
$\rho_{1.5\sim2.0}$(Ω·m)	13.78	13.96	14.68	25.67	29.47	19.51
$\rho_{2.0\sim2.5}$(Ω·m)	15.42	14.24	12.76	26.33	25.42	18.83
$\rho_{2.5\sim3.0}$(Ω·m)	12.72	14.78	12.76	27.54	25.13	18.59
$\rho_{3.0\sim4.0}$(Ω·m)	13.38	15.78	13.02	26.89	30.17	19.85

2. 土壤电阻率仿真分析

通过仿真分析得到土壤电阻率断面图（见附图），其不同深度的水平仿真分布图略。

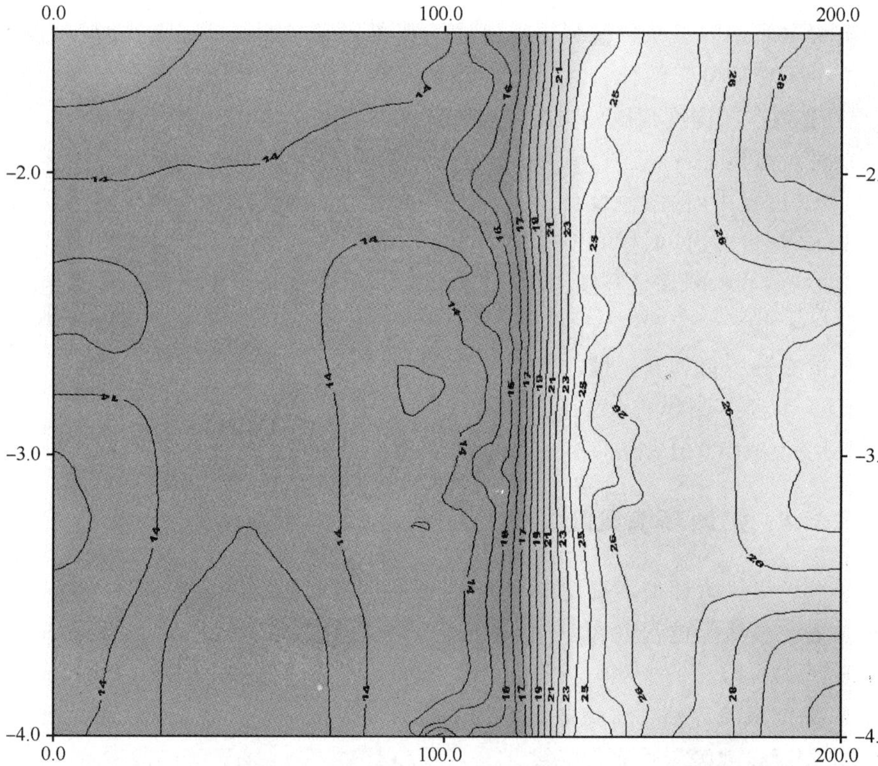

附图　某县烟花爆竹有限公司所在地土壤电阻率断面图（横、纵坐标单位：m）

3. 接地环境评估

该项目防雷工程改造时，其接地形式和采用材料的数量可根据《接地系统的土壤电阻率、接地阻抗和地面电位测量导则》(GB/T 17949.1—2000)第 1 部分：常规测量中的以下公式进行计算。

$$R=\frac{\rho}{2\pi l}\ln\frac{2l}{r}\text{或者}R=\frac{\rho}{2\pi l}\ln\left(\frac{4l}{r}-1\right)$$

式中：R——接地电阻(Ω)；

ρ——土壤电阻率(Ω·m)；

l——接地棒埋地深度(m)；

r——接地棒半径(m)。

其中 R 根据《建筑物防雷设计规范》(GB 50057—94)中的规定，在本工程中应取不大于 10 Ω；土壤电阻率宜取地下 1.0～1.5 m 深度范围内的土壤。而在 1.0～1.5 m 深度范围内的土壤电阻率的水平分布特征通过仿真分析得到(略)。

因此，通过以上评估得到以下结论：

A. 土壤电阻率宜取 18.41 Ω·m。

B. 接地装置应设置在土壤电阻率测试点的左侧。

C. 接地装置应设置在 1.0～1.5 m 深度范围内的土壤中。

2008 年 5 月 6 日

§5.3　易损性与抗灾能力风险评估

5.3.1　灾难与易受损性

1. 灾害、风险、易受损性与能力

灾害：指在特定时间和地区，可能发生的自然现象。从导致灾难的程度上讲，它可能严重影响人们的生活，财产或活动。预测灾害(即它们出现的可能性和频率)的方法因灾害的种类不同而不同。

风险：指在某一特定时间段，因某一灾害影响某一风险元素，预期产生的损失(指生命、生活、财产和/或经济活动方面的损失)。人们在不同情况下对风险的定义不同。

易受损性：它由物理、社会、经济、环境和政治因素或方法决定，它能增加风险和人们对灾害产生的影响和感受性。我们应经常问："针对哪种灾害或冲击易受损？"

易受损性、灾害和风险的概念都灵活地联系在了一起。这些元素之间的联系可用一个公式表达，说明风险越大，灾害出现的可能性越大，人们的易受损性越大。

$$风险=灾害\times 易受损性/能力 \tag{5.3-1}$$

这不是数学公式，常用来评估灾害对社区可能产生的影响，它是找出易受损性根本原因、了解人们需求的一种方式。

能力：指个人、家庭、社区、组织、国家对抗灾害产生的影响拥有的资源。生活在长期多发各种灾害国家的人们的能力不断减弱，从而他们缓解下一次危机的能力降低了。人们抵抗不断出现的负面影响的能力得益于他们维持生计、财产的能力。

防灾：为避免可能存在的风险开展的活动；为避免灾害产生的严重影响开展的活动；以及将环境、技术、生物相关的灾难减少到最低程度的方法。

减灾：采取的结构或非结构措施，限制自然灾害、环境退化、科技灾害产生的严重影响。

案例：

如何区分灾害风险、易受损性和能力

选择一种灾害：A 发怒的饥饿狮子。这还不是灾害。B 发怒的饥饿狮子从笼子里逃走了。这就变成了灾害。

确定风险：A 狮子无法从动物园逃走或袭击其他动物和/或人，因为这件事发生在早上 6 点，警铃已经响起，紧急回应计划已经启动。到目前为止，没有主要风险。B 狮子是在动物园开放参观的时间逃走的。有一群 52 个人的小学生(6～12 岁)在动物园里，还有 20 个残疾人、20 个老人也正在动物园参观。

易受损性：A 暴露在风险中的人。B 靠近风险的人。

能力：A 有预警系统；B 存在紧急回应计划；C 激活了有关的程序；D 有安全措施以避免袭击其他动物(预案)。

2. 灾难与易受损性

为什么有些地方、有些国家的人比其他地方和国家的人更容易受灾？很显然，雷电灾害是没有偏见的，每一条生命都是同样地宝贵。然而，确实最贫穷的社会或分裂的社会常常最容易受灾难影响，这是由于那些人们居住的位置、生活及工作的条件以及灾后恢复能力相对更受限制。

雷电灾害袭击了易受损人群导致了灾难。由于人们社会等级、性别、宗教或身份、年龄、其他因素的差异，他们暴露在风险中的程度不同。处理这些易受损因素是易受损性及能力评估的基础(见表 5-2)，它要求：

(1) 尽可能减少灾害本身造成的影响(通过减灾设施、预测和预警、备灾)。

(2) 建立能力，降低人们的易受损性。

(3) 减少人们遭受不健全的管理方式、歧视、不平等待遇、资源及生活来源短缺的情况。

(4) 解决导致易受损性的根本原因。

表 5-2　“粉碎”压力模式及压力释放(PAR)模式

国内及国际政治经济	社会结构及权力体系	易受损要素	灾害
权力关系	等级	生计及其恢复能力	洪水
人口统计	性别	基本情况	台风
冲突和战争	种族	福利	雷电
环境趋势	其他权利关系	自我保护	海啸
债务危机		社会保护	火山喷发
等		治理	干旱
			山体滑坡

经济和政治因素通常决定了人们易受损性的程度和他们抵抗、应对灾难的能力及灾后恢复的能力。在贫穷并且/或者社会保护不足的地方，人们抵抗灾害的能力较低，他们的易受损性通常较高。因此减少贫穷是很重要的。

5.3.2　开展易受损性与能力评估的目的

我们过去十年的经验说明，通过易受损性及能力评估能得到很多积极的结果。但是有人对于易受损性及能力评估是用来干什么的、能干什么、不能干什么仍存在困惑。让我们首先来看不适合易受损性及能力评估的情况。

人们最开始使用易受损性及能力评估时，存在很多误解，尤其误解了它应该适用的规模。某些部门开始时在国家层面应用易受损性及能力评估，把它当作一种全国范围的评估方法，将易受损性及能力评估中的“能力”与全国加强制度建设或组织发展相混淆了。加强制度建设或组织发展这些需求都很重要，但实践经验表明易受损性及能力评估不适合于分析国家部门的“易受损性及能力”。

还有人把易受损性及能力评估看做寻求外部资金的机会，这一点可以理解。然而，这就存在曲解易受损性及能力评估目标的风险。以前易受损性及能力评估中对易受损性的定义时常是模糊的，没有把它与雷电灾害联系起来，而是将事先确定的群体作为易受损人群，要求向他们提供一些福利形式的帮助(包括的例子有:失业的人或贫穷的人，生病的人或老年人，饥饿的人或吸毒的人，欺负人的人或被虐待的人)。

这些群体确实值得帮助，并且在某些情况下，这些调查也确实产生了很大作用。

雷电灾害易受损性及能力评估存在着一些挑战，中国气象局已经成功地将这些挑战转变成了机遇。其中之一就是基层人们对风险的不同观点。他们可能不会优先考虑那些常见的能引发大规模自然灾难(如地震、台风、龙卷风、洪水等)的灾害。因此，很多易受损性及能力评估更突出的是基层问题。

5.3.3 易受损性及能力评估的内容

易受损性及能力评估的参与式方法与其目标是不能混淆的。因为易受损性及能力评估仅是一种调查方法。

事实上,开展易受损性及能力评估时,它应被看作是项目及活动的前奏,而不仅仅是调查。这就意味着我们的注意力要放在某些活动的资源分配上,这些活动是由易受损性及能力评估产生的。

1. 开展易受损性及能力评估准备

在一个或更多的项目开展易受损性及能力评估前,政府部门必须认真思考以下几点:

(1) 了解易受损性及能力评估方法、需求的资源以及项目潜在的内涵。

(2) 明确调查体系:目标与目的、调查范围、选择的调查地点和抽样调查的方法、调查工具及社区参与式方法。

(3) 从政府获得必要的支持。

(4) 在相关方面与其他组织共享经验及资料,与他们在活动中成为潜在的合作伙伴。

(5) 培训人员(工作人员/或志愿者)开展易受损性及能力评估,与当地社区一起设计评估活动。

(6) 分配人员分析、解释易受损性及能力评估结果、设计人们关心的项目和活动。

(7) 使用所需的外部资金开展项目调查活动。

(8) 中国气象局应通过内部合作,将这些信息从易受损性及能力评估延伸到其他的项目领域,更好地整合中国气象局的项目。

(9) 将项目的调查与绘制灾害风险地图相联系,这些灾害超出了他们的地理范围及社区的应对能力。

很显然,为了正确地开展易受损性及能力评估,当地政府需要投入大量的努力和资源。一些地方政府认为,易受损性及能力评估方法太复杂、花费太大,不仅仅是经济上的花费,还包括人力资源及持续的投入。

2. 易受损性及能力评估的 6 个关键问题

(1) 为什么开展易受损性及能力评估?是否有不明白或未完全得到认同的原因?

(2) 易受损性及能力评估包括什么?为什么开展易受损性及能力评估?

(3) 谁参与?为了谁?

(4) 如何开展易受损性及能力评估?需要哪些资源?

(5) 项目什么时候开始?需要的时间期限的长短?

(6) 将在哪里开展易受损性及能力评估?

5.3.4　易受损性及能力评估的流程

易受损性及能力评估从调查到行动的 12 个步骤。

层次 1　评估前项目建设单位应做的工作

1. 了解为什么建议开展易受损性及能力评估。
2. 使相关人员(评估单位、合作方)对易受损性及能力评估有敏感意识。
3. 建立易受损性及能力评估管理结构。
4. 制定易受损性及能力评估目标。

层次 2　从评估到计划

1. 计划易受损性及能力评估。
2. 准备阶段。
3. 在项目中使用调查工具。
4. 系统化、分析、解释资料。
5. 将信息反馈到项目建设单位,确定需开展的首要任务及活动。

层次 3　从计划到行动

1. 通过实际行动,将易受损性转变为能力。
2. 向当地政府、建设单位提出建议,提供书面报告。
3. 实施项目。

近年来,很多单位都能开展雷电灾害易受损性及能力评估。很明显,那些完全"属于"气象部门的易受损性及能力评估是最好的,因为气象部门从一开始就承诺参与评估并能确保后续活动的开展。由于调查资料有限,本书在这里仅介绍雷电灾害易损性风险评估方法。

5.3.5　雷电灾害易损性风险评估

1. 雷电灾害易损性风险评估指标

根据《雷电灾害风险评估技术规范》(DB 50/214—2007),雷电灾害易损性风险评估指标的选用如下:

(1) 雷击密度 M

雷击密度是指单位面积内所发生的雷电数量,单位为次/km²。它是反映雷电次数的一个重要指标,雷击密度大的地区,说明区域孕灾环境复杂、致灾因子活跃,承载体易损性大。

$$M=0.024\,N^{1.3} \tag{5.3-1}$$

N 为区域年平均雷暴日,根据当地气象台、站历史观测数据确定。

(2) 雷电灾害频数 P

雷电灾害频数是指区域内每年发生的雷电灾害次数,表示为区域雷电灾害发生频率和次数的高低，单位为次/a。它客观反映了区域的易损性情况，是进行承灾体易损性分析的一个重要指标。

$$P=N_1/\text{年数} \tag{5.3-2}$$

N_1 为区域（某一固定地区、市、县、区）雷电灾害次数。

（3）经济（GDP）损失模数 D

$$D=D_S/S \tag{5.3-3}$$

经济损失模数 D 表示区域发生雷电灾害时单位面积上的经济损失，单位为元/km^2；D_S 为区域雷电灾害经济损失额，单位为元；S 为区域面积，单位为 km^2。该指标因为是考虑区域单位面积上的经济损失，比较客观地反映了区域的经济易损情况，因而可以全面反映区域雷电灾害损失程度和损失分布情况，并间接地反映了区域防御雷电灾害、抵抗雷电灾害能力和可迅速恢复能力。

（4）生命易损模数 L

$$L=L_S/S \tag{5.3-4}$$

生命易损模数 L 表示区域发生雷电灾害时单位面积上受危害的人口数量，单位为人/km^2；L_S 为区域受到雷电灾害危害的人口数量，单位为人；S 为区域面积，单位为 km^2。该指标客观反映了区域生命对灾害的敏感性，也间接地反映了区域的防御雷电灾害、抵抗雷电灾害的能力。

2. 雷电灾害易损性风险综合评估指标

雷电灾害易损性主要体现了该区域未来因雷电造成的可能损失量的高低，本书对区域综合易损度采用极高、高、中、低、极低来描述，且将各易损指标的损失估计值（绝对值）统一换算为占该类型指标总值的百分比（相对值）来划分雷电灾害易损等级（极高为 1.0 、高为 0.8 、中为 0.5 、低为 0.2 、极低为 0.0），然后通过累加各个区域雷电灾害易损指标等级值取其平均值得到评价区域的易损性风险综合评估指标。等级标准如表 5-3 所示。

表 5-3　雷电灾害易损性风险综合评估指标及等级标准

评估指标	极高(1.0)	高(0.8)	中(0.5)	低(0.2)	极低(0.0)
雷击密度(次/km^2)	>9.0	9.0～8.0	8.0～7.0	7.0～6.0	<6.0
雷电灾害频数(次/a)	>200	200～150	150～100	100～50	<50
经济损失模数(元/km^2)	>0.10	0.10～0.08	0.08～0.05	0.05～0.03	<0.03
生命易损模数(人/km^2)	>400	400～300	300～200	200～100	<100

3. 雷电灾害易损性风险区评估

通过雷电灾害易损性风险评估，进一步明确该项目所在风险区域状况，以便采取加强或减弱相应的防雷预防和控制措施。下面以重庆地区为例，对其进行雷电灾害易损性风险评估与区划。

案例：

重庆市易损性风险区域评估

重庆市是全国的多雷暴地区之一，年雷暴日高达 51 天，秀山县最高达到 103 天。据不完全统计，雷电每年造成上亿元的经济损失和数十人伤亡。2005 年 4 月 21 日，重庆东溪化工有限责任公司由于球形雷袭击，造成 19 人死亡，13 人受伤的特大爆炸事故；2007 年 4 月 1 日，重庆市忠垫高速公路工棚遭受雷击，造成 5 死 5 伤的雷击事故；2007 年 5 月 23 日，重庆市开县兴业村小学遭受雷击，导致 7 名学生死亡，44 名学生受伤的重大雷击事故。这些事故的发生，要求防雷减灾工作必须进一步明确雷电防护重点，提高城市雷电防护能力，同时加强防雷减灾规划，提高防雷减灾管理水平。因此，加强雷电灾害易损性风险区划非常必要。

一、土壤电阻率区域评估

近年来，重庆市防雷中心对各区县土壤电阻率数据进行了统计，并计算出接地体深度为 −80 cm 处的平均土壤电阻率表并按照 $\rho > 300\ \Omega \cdot m$ 为高阻区，$100\ \Omega \cdot m < \rho < 300\ \Omega \cdot m$ 为中阻区，$\rho < 100\ \Omega \cdot m$ 为低阻区进行了平均土壤电阻率区划图（图 5-28）。雷电流疏散入地与接地电阻有很大关系，而接地电阻大小与土壤电阻率有关，土壤电阻率变化与湿度、温度、含水量、水质、含盐碱量、季

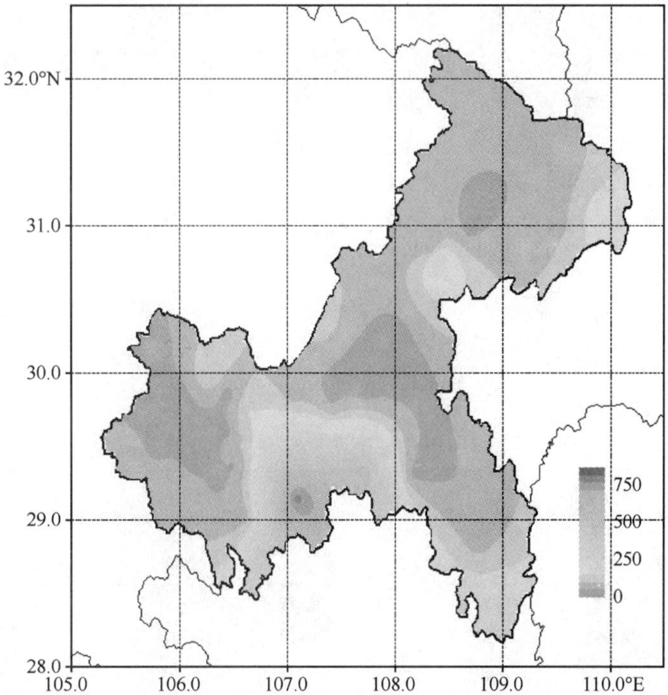

图 5-28　重庆市平均土壤电阻率区划图（单位：Ω · m）

节修正系数等都有连带关系。接地电阻越小,越有利于电流的疏散。从雷电灾害角度来看,一般来讲电流疏散得越快雷电造成的破坏就越小。

二、雷电灾害情况背景分析

重庆市是雷电高发区,每年因雷击造成的损失十分巨大。随着现代化建设的迅速发展,雷电灾害造成的损失也呈越来越严重的趋势。这种发展趋势,客观上有因城市新建高层、超高层建筑物导致雷电活动的影响不断加剧,而且重庆市近年来各地区年雷暴日有增加的趋势。

建筑物内现代化的通信、计算机等抗干扰能力较弱的现代化设备越来越普及,易燃易爆场所、电力供电设备的迅速增长也是导致重庆市雷电灾害十分严重的一个重要因素。此外缺乏城市防雷减灾规划,导致雷暴日和雷电强度的人为增加。

总之,重庆市是一个社会和经济发展不太平衡,雷电灾害较为严重的区域,并且频繁的雷电灾害不仅对人身安全构成巨大的威胁,在一定程度上还制约着重庆市社会和经济的发展。

三、雷电灾害易损性风险评估

利用重庆市35个气象台站的年平均雷电日数(1971—2007年)资料和雷电灾害(1995—2007年)资料,统计分析了各区县的雷击易损性指标(雷击密度、雷击灾害频数、经济易损性指标、生命易损性指标),计算得到了雷电灾害易损性风险评估指数,在此基础上对全市雷电灾害易损性风险进行了初步区划。

(一) 区域划分

重庆市现有40个行政区县,为了使研究成果易于应用和指导全市的防雷减灾实践工作,根据上述雷灾易损性评价分析指标,以34个行政区县(将主城6区合并一个"市区"区划)为基本分析单元,进行雷电灾害易损性对比分析。

(二) 易损性风险评估

从重庆市雷电灾害数据库中,根据重庆市有具体雷电灾害统计以来的13年间的重庆市雷电灾害资料,从中挑选出典型的雷电灾害事件,用历史反推法分别计算出了重庆市各区市雷灾易损性分析指标的值(见表5-4)。

表5-4　重庆市各地市雷电灾害易损性分析指标

区、县	雷击密度 (次·km^{-2})	雷电灾害频度 (次·a^{-1})	经济损失模数 (万元·km^{-2})	生命易损模数 (人·km^{-2})	区、县	雷击密度 (次·km^{-2})	雷电灾害频度 (次·a^{-1})	经济损失模数 (万元·km^{-2})	生命易损模数 (人·km^{-2})
市区	6.87	138	0.07	168.5	綦江	7.33	140	0.04	324.6
北碚	6.73	70	0.04	356.3	黔江	9.47	100	0.06	156.3
璧山	6.93	510	0.06	313.2	荣昌	5.93	500	0.03	154.2
长寿	8.63	310	0.07	372.1	石柱	9.37	60	0.03	177.6

（续表）

区、县	雷击密度(次·km⁻²)	雷电灾害频度(次·a⁻¹)	经济损失模数(万元·km⁻²)	生命易损模数(人·km⁻²)	区、县	雷击密度(次·km⁻²)	雷电灾害频度(次·a⁻¹)	经济损失模数(万元·km⁻²)	生命易损模数(人·km⁻²)
城口	5.80	30	0.06	317.3	铜梁	5.67	43	0.04	82.4
大足	7.20	10	0.03	345.1	潼南	5.27	70	0.03	218.3
垫江	7.53	90	0.08	232.8	巫溪	7.07	20	0.01	71.1
丰都	8.27	90	0.06	248.5	巫山	6.43	60	0.06	26.2
奉节	9.30	40	0.01	63.5	万州	10.03	160	0.05	145.5
涪陵	9.67	403	0.09	234.2	秀山	12.10	220	0.09	267.3
合川	7.20	100	0.02	212.5	武隆	8.07	20	0.03	234.6
巴南	6.60	120	0.09	656.8	万盛	10.00	50	0.01	169.2
江津	7.20	130	0.02	615.3	永川	6.40	150	0.02	698.1
开县	13.37	60	0.02	78.2	云阳	7.97	50	0.01	46.6
梁平	7.60	60	0.02	207.8	酉阳	12.03	90	0.04	361.2
南川	9.30	300	0.01	200.6	忠县	9.10	150	0.06	165.3
彭水	7.73	60	0.01	48.6	渝北	7.43	80	0.29	28.9

（三）雷电灾害易损性风险综合评估

为了便于比较，将上述雷电灾害易损性风险评估指标按照表 5-3 的等级进行分析，则可算出重庆市各区县的雷电灾害易损性综合风险(表 5-5)。

从表 5-5 中的综合易损度以及各种易损性指标的数值大小，可以分析重庆市各区县雷电灾害的易损性风险情况，为重庆市各区域减低雷电灾害、防御雷电灾害规划提供比较客观的科学依据。

表 5-5　重庆市各地雷电灾害易损性风险综合评估结果

区、县	雷击密度(次·km⁻²)	雷电灾害频度(次·a⁻¹)	经济损失模数(万元·km⁻²)	生命易损模数(人·km⁻²)	雷电灾害综合易损性	区、县	雷击密度(次·km⁻²)	雷电灾害频度(次·a⁻¹)	经济损失模数(万元·km⁻²)	生命易损模数(人·km⁻²)	雷电灾害综合易损性
市区	0.2	0.5	0.5	0.2	0.275	綦江	0.5	0.5	0.2	0.8	0.500
北碚	0.2	0.2	0.2	0.8	0.350	黔江	1.0	0.2	0.5	0.2	0.475
璧山	0.2	1.0	0.5	0.8	0.625	荣昌	0.0	0.2	0.2	0.2	0.150
长寿	0.8	1.0	0.5	0.8	0.775	石柱	1.0	0.2	0.2	0.2	0.400
城口	0.0	0.0	0.5	0.8	0.325	铜梁	0.0	0.0	0.2	0.0	0.050
大足	0.5	0.0	0.2	0.8	0.375	潼南	0.0	0.2	0.2	0.5	0.225
垫江	0.5	0.2	0.5	0.5	0.425	巫溪	0.5	0.0	0.0	0.0	0.125
丰都	0.8	0.2	0.5	0.5	0.500	巫山	0.2	0.2	0.5	0.0	0.225
奉节	1.0	0.0	0.0	0.0	0.250	万州	1.0	0.8	0.5	0.2	0.625
涪陵	1.0	1.0	0.8	0.5	0.800	秀山	1.0	0.5	0.8	0.5	0.700

（续表）

区、县	雷击密度（次·km^{-2}）	雷电灾害频度（次·a^{-1}）	经济损失模数（万元·km^{-2}）	生命易损模数（人·km^{-2}）	雷电灾害综合易损性	区、县	雷击密度（次·km^{-2}）	雷电灾害频度（次·a^{-1}）	经济损失模数（万元·km^{-2}）	生命易损模数（人·km^{-2}）	雷电灾害综合易损性
合川	0.5	0.5	0.0	0.5	0.375	武隆	0.8	0.0	0.2	0.5	0.375
巴南	0.2	0.5	0.8	1.0	0.625	万盛	1.0	0.2	0.0	0.2	0.350
江津	0.5	0.2	0.0	1.0	0.425	永川	0.2	0.2	0.0	1.0	0.125
开县	1.0	0.2	0.0	0.5	0.425	云阳	0.5	0.2	0.0	0.0	0.175
梁平	0.5	0.2	0.0	0.5	0.300	酉阳	1.0	0.8	0.2	0.8	0.700
南川	1.0	1.0	0.0	0.5	0.625	忠县	1.0	0.2	0.5	0.2	0.475
彭水	0.5	0.2	0.0	0.0	0.175	渝北	0.5	0.2	0.0	0.0	0.175

（四）雷电灾害易损性风险区评估

根据上述综合易损度的评估结果，采用5级分区法将重庆市划分为雷电灾害极低易损区、低易损区、中易损区、高易损区和极高易损区5个不同易损区域，各区域的雷电灾害综合易损值分别为0.00～0.10，0.10～0.29，0.29～0.49，0.49～0.69，0.69～1.00。详细分区见表5-6。

表5-6　重庆市雷电灾害综合易损性风险区划表

易损度分区名称	极低易损区（0.00～0.10）	低易损区（0.10～0.29）	中易损区（0.29～0.49）	高易损区（0.49～0.69）	极高易损区（0.69～1.00）
地区	铜梁	彭水　荣昌 巫溪　巫山 永川　云阳 奉节　潼南 渝北	北碚　城口 大足　垫江 合川　江津 开县　梁平 黔江　石柱 万盛　忠县 武隆　市区	巴南　璧山 万州　綦江 丰都　南川	长寿 酉阳 秀山 涪陵

然后根据重庆市雷电灾害易损性风险分析指标、综合易损性风险指标等各种雷电灾害要素，生成重庆市雷电灾害易损性风险区划图。

通过以上案例可以发现，(1) 雷电灾害易损性风险不仅取决于当地的自然条件，还受到当地经济社会系统影响，同时还取决于当地采取雷电防护措施的状况和防雷技术水平。(2) 雷电灾害易损性风险评估的关键是选择合理的评估指标。案例选取自1995年以来重庆市有详细统计的历史雷电灾害记录，用历史反推法来评估重庆市的雷电灾害易损性风险可能有一定的不足；同时，本文选取的评估指标可能过少，导致雷电灾害易损性风险不能全面、准确地反映，还需要进一步的研究和探讨。(3) 该案例中雷电灾害易损性风险分析和区划，对该地防御雷电灾害规划具有很好的参考价值。

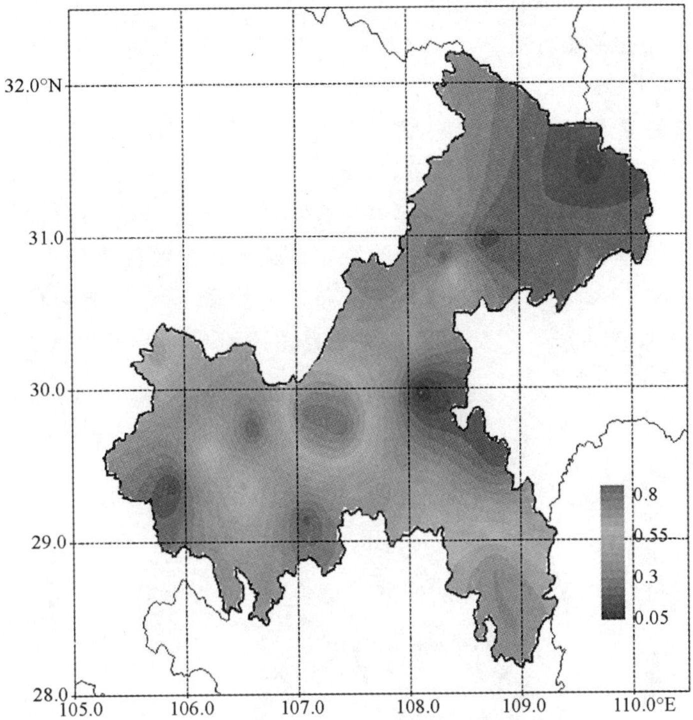

图 5-29 重庆市雷电灾害易损性风险区划图

4. 防雷抗灾能力评估

防雷抗灾能力不仅与企业是否采取相应的雷电预警措施和有关抗灾工程建设及采取防护技术措施有关，还与企业本身的经济实力和防雷文化建设及当地的经济文化水平有关。这里抗灾能力评估，仅通过对现有防雷装置安全性能、防雷安全管理措施、建筑工程措施的调查和分析，查找其抗灾能力的不足，进一步提高抗灾能力，减少雷电灾害的损失和影响。如通过对某县烟花爆竹企业调查和分析如下，并对其防雷抗灾能力也提出了要求。

案例：

某县烟花爆竹企业的防雷(静电)抗灾能力评估报告

受某县烟花爆竹企业委托，××单位组织雷电灾害风险评估专家于××××年××月××日就该企业相关防雷情况进行了调查，现将其防雷抗灾能力评估结果做如下报告：

一、防雷(静电)抗灾工程能力评估

该烟花爆竹企业选址位于人烟稀少的山上，周围 20 km 范围内没有民居，而且在企业建设中按照一类防雷建筑进行建设，符合防雷抗灾需求。

二、防雷(静电)抗灾技术能力评估

(一) 抗直击雷能力

该烟花爆竹企业在厂区安装了3根独立避雷针和一座独立避雷塔。独立避雷针材质均为钢管，3根独立避雷针的冲击接地电阻分别为1.6 Ω、3.0 Ω、1.2 Ω。根据《建筑物防雷设计规范》(GB 50057—94 2000年)第3.2.1条："独立避雷针、架空避雷线或架空避雷网应有独立的接地装置，每一引下线的冲击接地电阻不宜大于10 Ω。"可以得出该厂区的独立避雷针接地可靠。

根据对该企业现场的勘测，按照《建筑物防雷设计规范》(GB 50057—94 2000年)附录四滚球法确定接闪器的保护范围对该烟花爆竹有限公司独立避雷针的保护范围进行了计算。

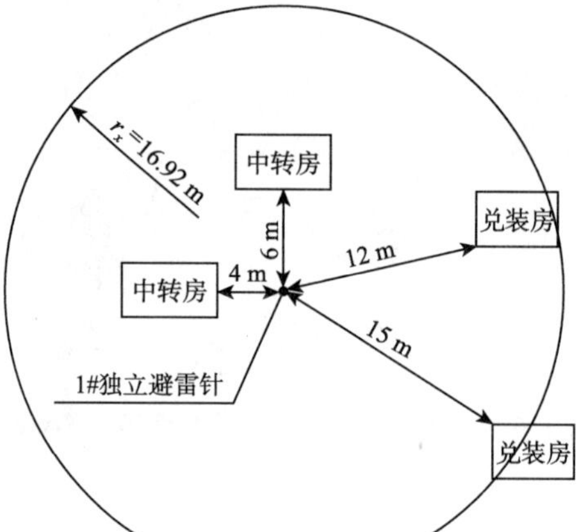

图 5-30　1＃独立避雷针在 3 m 高度处的保护范围示意图

通过现场的勘测和计算分析，该厂1＃独立避雷针的保护范围(如图5-30所示)，高度为 h=30 m 的1＃独立避雷针在被保护物的高度 h_x=3 m 处的保护半径 r_x=16.92 m，1＃独立避雷针只能保护到16.92 m范围内的区域。由图可知，两间中转房均在1＃独立避雷针的保护范围之内，右上方的兑装房刚好在1＃独立针的保护范围之内，而右下方的兑装房则是一大部分都不在1＃独立避雷针的保护范围之内。所以1＃独立避雷针不能对该区域的右下方兑装房进行有效的保护，此兑装房存在被直击雷击中造成雷电灾害的风险。因此，该兑装房防雷抗灾能力较弱。

通过现场的勘测和计算分析，得到了该烟花爆竹有限公司2、3＃独立避雷针的保护范围，如图5-31、图5-32、图5-33所示。高度为 h=30 m 的2、3＃独立避雷针在地面上的保护半径为 30 m，在被保护物的高度 $h_x=4.5$ m 处的保护半径 $r_x=14.2$ m，而在 $h_x=5$ m 处的保护半径则更小，$r_x=13.42$ m。2＃、3＃独立避雷针只能保护到邻近的小部分的工房，大部分较远的工房都暴露在外，没有任何的直击雷防护措施，这些工房都存在被直击雷击中造成雷电灾害的风险，抗灾能力不足。

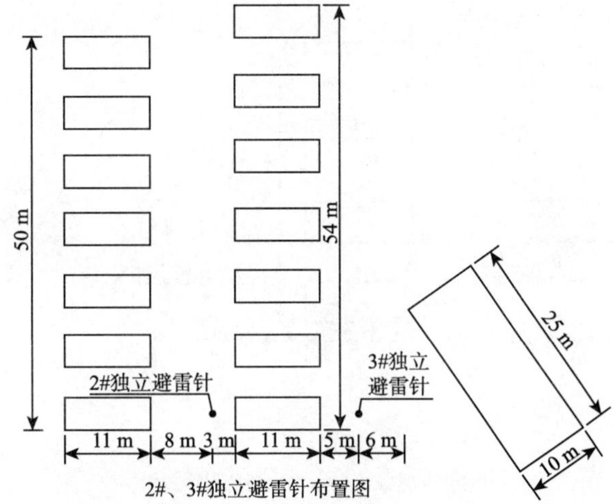

图 5-31　2＃、3＃独立避雷针保护范围俯视图

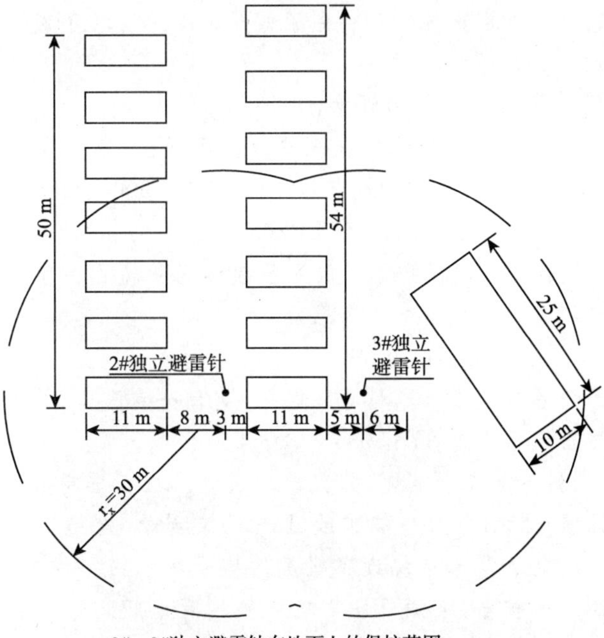

图 5-32　2＃、3＃独立避雷针在地面上的保护范围示意图

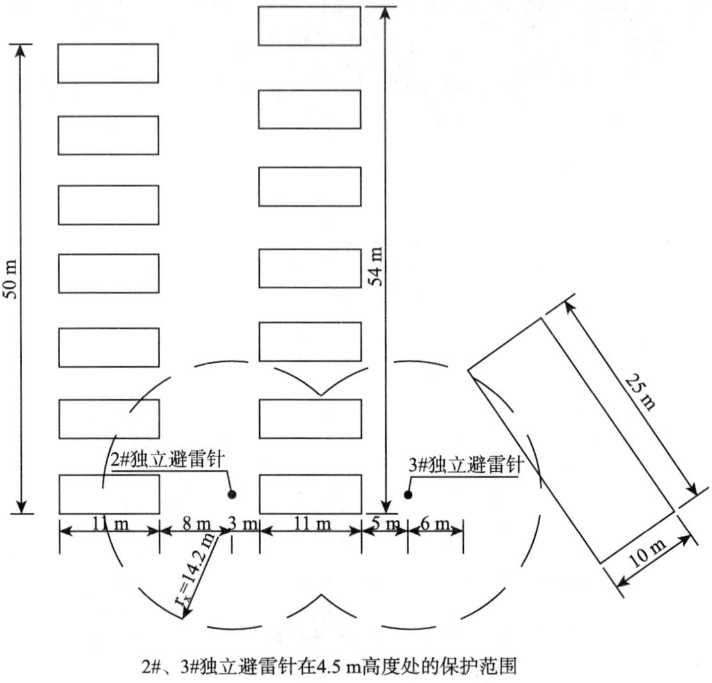

图 5-33　2＃、3＃独立避雷针在 4.5 m 高度处的保护范围示意图

通过现场的勘测和后期的计算得到了该厂独立避雷塔不能对仓库进行完整的保护。其保护范围如图 5-34 所示。

（二）抗电源雷电波侵入能力评估

该单位有电源线路的办公楼内未采取过电压保护，没有安装电源 SPD。根据《建筑物电子信息系统防雷技术规范》(GB 50343—2004)第 5.4.1 条："在直击雷非防护区(LPZ0_A)或直击雷防护区(LPZ0_B)与第一防护区(LPZ1)交界处应安装通过Ⅰ级分类试验的浪涌保护器或限压型浪涌保护器作为第一级保护。"的规定可以得出其电源系统存在雷电灾害风险。

（三）抗信号雷电波侵入能力评估

该单位电子信号系统未采取过电压保护，没有安装信号 SPD。根据《建筑物电子信息系统防雷技术规范》GB 50343—2004 第 5.4.2 条："进、出建筑物的信号线缆，宜选用有金属屏蔽层的电缆，并宜埋地敷设。在直击雷非防护区(LPZ0_A)或直击雷防护区(LPZ0_B)与第一防护区(LPZ1)交界处，电缆金属屏蔽层应做等电位连接并接地。电子信息系统设备机房的信号线缆内芯线相应埠，应安装适配的信号线路浪涌保护器，浪涌保护器的接地端及电缆内芯的空线对应接地。"的规定可以得出其信号系统存在雷电灾害风险。

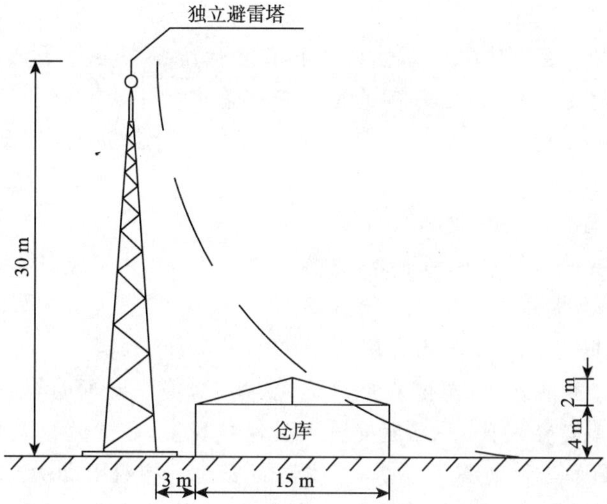

图 5-34 独立避雷塔保护范围侧视图

（四）防静电能力评估

该单位静电防护措施完善，其抗静电能力强。

三、防雷（静电）抗灾管理能力评估

（一）组织机构

该企业至今未建立防雷安全组织机构。

建议尽快根据相关部门的要求坚决贯彻落实安全生产责任制，建设防雷安全组织机构，以“谁主管、谁负责”为核心，企业第一把手要对防雷安全负总责，明确落实防雷安全责任人，实行安全员防雷安全目标管理，夯实班组基层防雷安全管理，防雷安全责任人必须对防雷设施进行监管，对防雷安全生产进行管理，并承担防雷安全事故责任。

（二）管理制度

该企业没有建立相应防雷管理制度。

建议该企业建立如下防雷管理制度：

1. 建立雷电监测和预警信号接收终端制度

根据目前雷暴预测手段和水平，生产阶段实施雷电预警可有效减少遭受雷击风险。因此，建议该企业与当地气象主管机构联系实施小范围、短距离雷电监测，并安装雷电预警信号接收终端，确保雷电来临时及时采取有效防范措施。

2. 建立防雷装置管理与维护制度

（1）项目在建设中应该坚持防雷设施与主体工程同时设计、同时施工和同时投入使用的制度，并严格执行防雷装置的风险评估制度、设计审核制度、竣工验收制度。

（2）防雷装置投入使用后，应建立管理制度。对防雷装置的设计、安装、隐蔽工程图纸资料、年检测试记录等，应及时归档，妥善保存。

(3) 对防雷装置应建立周期性维护和日常性维护制度。易燃易爆场所防雷装置的维护周期为半年，应在每年的雷雨季节前进行一次全面检测；日常性维护应在每次雷击之后进行，鉴于项目所处地域雷电活动较强，应增加防雷装置(尤其是 SPD 等)的检查次数。

3. 建立防雷安全员制度

与当地防雷安全机构密切配合，设置防雷安全员，并定期开展相关员工的防雷安全知识培训，提高员工防雷安全意识。

4. 建立雷电灾害应急与调查制度

(1) 发生雷击事故后，岗位人员要沉着、镇静，第一时间启动应急预案，及时开展救助和妥善安置人员，并迅速安排人员保护现场，等待救援人员的到来。

(2) 及时通知当地防雷安全机构，由防雷安全机构组织相关部门以及人员进行雷电灾害调查，对雷灾的原因、影响、责任、经验教训等进行调查、评估、分析和总结，作为今后修订应急预案参考。

(3) 组织人员对临近的设备管线的防雷装置进行仔细检查，并会同设计、施工、维护等单位提出改进措施，最大限度地避免雷击再次发生。

(4) 配合当地防雷安全机构调查雷灾损失，并按规定填写雷灾报表。

5. 建立防雷安全生产制度

(1) 在雷电高发期生产时应特别注意天气的变化，雷雨天气期间不应安排生产作业。此外，生产单位应制定防雷安全实施细则和重大雷电灾害应急预案，并报当地气象主管机构和安全监察部门审查、备案。

(2) 严格实行高温季节停工停产有关规定。当气温达到 35℃时，生产企业一定要调整工作时间，上午 10 时后，下午 4 时前禁止从事有药工序的操作；高感度工房室温超过 32℃或大雷阵雨时必须停止生产；批发企业在高温季节要严格控制库房的温湿度，当温度超过 35℃、相对湿度超过 70%时，要采取有效措施进行降温降湿。

综上所述，该企业综合抗灾能力较弱，应当进一步加强能力建设，完善相应防雷技术措施和安全管理制度，切实提高防雷抗灾能力。

§5.4 雷击损坏风险评估

5.4.1 雷击风险及其表达式

1. 雷击损害及其损失类型

(1) 损害源

雷电流是根本的损害源。按照雷击点的位置，损害成因可以划分为以下四种(见表 5-7)。

S1:雷击建筑物;

S2:雷击建筑物附近;

S3:雷击服务设施;

S4:雷击服务设施附近。

表 5-7　建筑物雷击点及损害类型和损失类型

		建筑物		服务设施	
雷击点	损害源	损害类型	损失类型	损害类型	损失类型
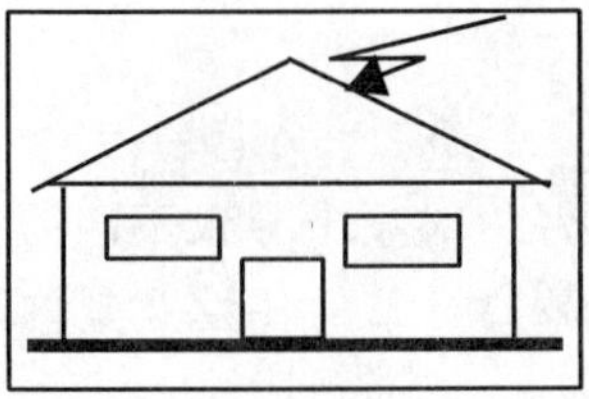	S1	D1 D2 D3	L1、L4[2] L1、L2、L3、L4 L1、L2、L4	D2 D3	L′2、L′4 L′2、L′4
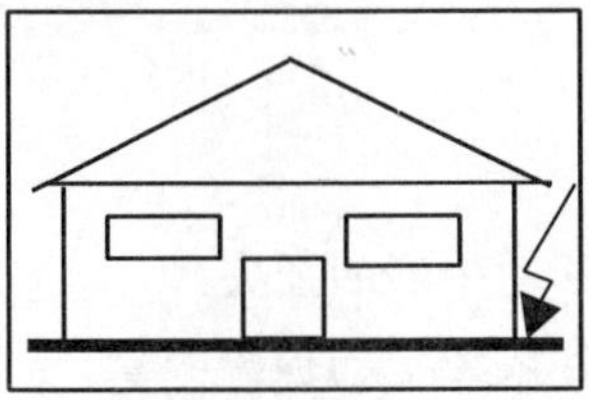	S2	D3	L1[1]、L2、L4		
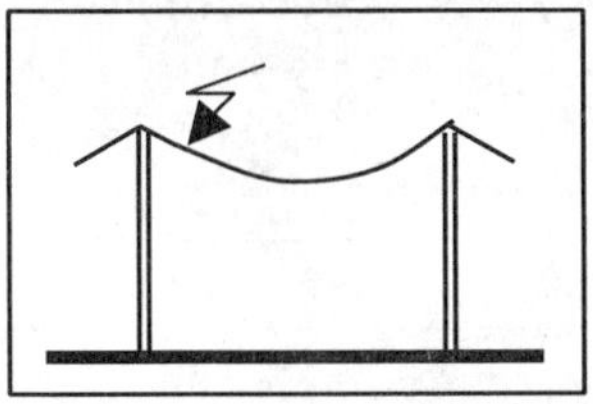	S3	D1 D2 D3	L1、L4[2] L1、L2、L3、L4 L1[1]、L2、L4	D2 D3	L′2、L′4 L′2、L′4
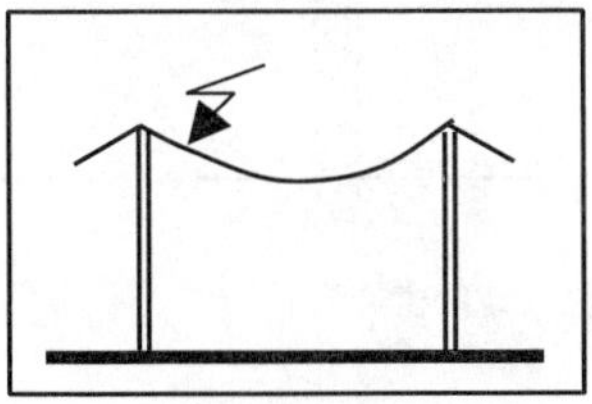	S4	D3	L1[1]、L2、L4	D3	L′2、L′4

注:1) 指具有爆炸危险的建筑物或因内部系统故障马上会危及人命的医院或其他建筑物。

2) 指可能出现牲畜损失的建筑物。

(2) 损害类型(Types of damage)

根据需保护对象特性的不同,雷击可能会引起各种损害。其中最重要的特性包括:建筑物的结构类型、内存物、用途、服务设施的类型以及所采取的保护措施。

在实际的风险评估中，将雷击引起的基本损害类型划分为以下三种(见表5-7和表 5-8)：

D1：人畜伤害；

D2：物理损害；

D3：电气和电子系统故障。

雷电对建筑物的损害可能被限制在建筑物的某一部分，也可能扩展到整个建筑物，还可能涉及四周的建筑物或环境(例如化学性或辐射性的扩散)。

影响服务设施的雷电可以对线路或管道本身以及相关电气和电子系统造成物理损害。损害还可能扩展到与服务设施相连的内部系统。

(3) 损失类型(Types of loss)

每种单独发生或共同发生的损害类型，可以在需保护对象中导致不同的间接损失(损失后果)。可能出现的损失类型取决于需保护对象的特性及其内存物。应当考虑以下几种类型的损失(见表 5-8)。

L1：人员生命损失；

L2：公众服务损失；

L3：文化遗产损失；

L4：经济损失(建筑物及其内存物、服务设施以及活动中断的损失)。

其中建筑物中的损失类型包括以上四种形式，服务设施中的损失类型(不考虑人员生命损失)包括“公众服务的损失”和“经济损失(服务设施以及活动中断的损失)”。

表 5-8 建筑物中损失类型对应的各类损害风险

损失类型	人畜伤害风险	物理损害风险	内部系统故障风险
人身伤亡损失 L1	R_S	R_F	R_0 2)
公众服务损失 L2	—	R_F	R_0
文化遗产损失 L3	—	R_F	—
经济损失 L4	R_S 1)	R_F	R_0

注：1) 对可能出现牲畜损失的建筑物；

2) 对具有爆炸危险的建筑物或因内部系统故障会危及人命的医院或其他建筑物。

2. 风险及其表达式

风险 R 是年平均可能损失量。对于建筑物或服务设施中可能出现的各种类型的损失，应当对相应的风险进行计算。

建筑物中可能需要计算的风险包括：

R_1：人员生命损失风险；

R_2：公众服务损失风险；

R_3：文化遗产损失风险；

R_4：经济损失风险。

服务设施中可能需要计算的风险包括：

R'_2：公众服务损失风险；

R'_4：经济损失风险。

每种风险都是其对应风险分量的总和，在计算风险值时，可以按照损害源和损害类型对风险分量进行分组。各个风险分量计算可以用以下一般式来表示：

$$R_X = N_X P_X L_X \tag{5.4-1}$$

式中：N_X——危险事件的次数；

P_X——损害概率；

L_X——损失后果。

5.4.2　风险因子

1. 年平均雷击危险事件次数 N_X

众所周知，影响需保护对象由雷击引起的年均危险事件次数 N_x 取决于需保护对象所处区域雷暴活动的情况以及需保护对象的物理特性。

$$N_X = k \times N_g \times A_d \tag{5.4-2}$$

式中：N_X——年均危险事件次数；

k——需保护对象物理特性所对应的修正因子；

N_g——雷击大地密度；

A_d——需保护对象的等效截收面积。

对于需保护建筑物，所考虑的危险事件有：雷击建筑物；雷击建筑物附近；雷击入户服务设施；雷击入户服务设施附近；雷击与入户服务设施相连的建筑物。

对于服务设施，所考虑的危险的事件有：雷击服务设施；雷击服务设施附近；雷击与服务设施相连的建筑物。

(1)雷击大地密度 N_g 的计算

雷击大地密度是指每年每平方千米雷击大地的次数。只要能统计项目所在地区一年内发生的闪电次数，再除以该地区的面积，就可以得到较为准确的雷击大地密度。然而过去，由于技术条件的限制，雷电活动都是依靠人工观测，根本无法统计闪电次数。

① 通过年平均雷暴日计算雷击大地密度

雷暴日为表征不同地区雷暴活动频繁程度的一个参量。无论当天发生了多少次雷暴以及雷暴持续的时间，一天内只要听到一次或一次以上的雷声就算是一个雷暴日。通过大量的研究，国际上确认了雷击大地密度 N_g 与年平均雷暴日 T_d 为非线性关系。而世界各国的学者也根据自己掌握的实践经验，推荐了一些经验公式。表 5-9 为雷击大地密度与雷暴日之间的一些经验式。

表 5-9　雷击大地密度与雷暴日之间的经验关系

国家	地闪密度	作者	国家	地闪密度	作者
印度	$0.1T_d$	Aiya	美国	$0.1T_d$	Anderson
罗得西亚	$0.14T_d$	Anderson Jenner	美国	$0.15T_d$	Brown and Whitehead
瑞典	$0.14T_d^2$	Muller-Hillebr	前苏联	$0.036T_d^{1.3}$ $0.1T_d^{1.3}$	Kolokolov and Pavlova
英国	aT_db $a=(2.62)\times10^{-3}$ $b=1.9^{0.1}$	And Stringfellow	全球（温带气候）	$0.19T_d$	Brooks
			全球（温带气候）	$0.15T_d$	Golde
美国（北部）	$0.11T_d$	Horn 和 Ramsey	全球（热带气候）	$0.13T_d$	Brooks
美国（南部）	$0.17T_d$	Horn 和 Ramsey	全球	$0.25T_d$	Pierce
中国	$0.024T_d^{1.3}$	GB 50057—94	IEC 62305—2	$0.1T_d$	

从表 5-9 中可见，N_g 估算式差别很大，在一个国家内南北地区也还不一样，其中原因之一就是各地的纬度不同，统计所得的规律不同。这里我们采用如下公式

$$N_g \approx 0.1\times T_d$$

T_d 是年平均雷暴日。

②通过闪电定位系统监测到的闪电次数来计算雷击大地密度

随着闪电定位系统的普及，国内大部分地区都建立了自己的闪电定位网络。通过闪电定位仪，可以较为精确的探测到某地区闪电的次数。通过统计项目所在地区一年内发生的闪电次数，再除以该地区的面积，就可以得到较为准确的雷击大地密度。

即雷击大地密度的计算公式为：

$$N_g = N/S$$

其中：N——项目所在地区一年内发生的闪电次数；

S——该地区的面积。

(2)雷击建筑物年平均危险事件次数 N_D 以及雷击线路"a"端建筑物的危险事件次数 N_{Da} 的计算

① 截收面积 A_d 的确定

对于平地上的孤立建筑物来说，截收面积 A_d 是与建筑物上沿接触的斜率为 1/3 的直线沿建筑物旋转一周在地面上画出的面积。可以通过作图法来确定 A_d 的值。

a. 矩形建筑物

对于长度为 L，宽度为 W，高度为 H 的孤立矩形建筑物，截收面积等于：

$$A_d = L\times W + 6\times H\times(L+W) + 9\pi\times H^2 \qquad (5.4\text{-}3)$$

L、W、H 是建筑物的长、宽、高，单位是 m（见图 5-35）。

当距建筑物 $3(H+H_S)$ 范围内有其他物体（其高度 H_S）时，或 3 H 范围内地势不平坦时，需考虑建筑物与其他物体或地面的相对高度做出更精确估算。

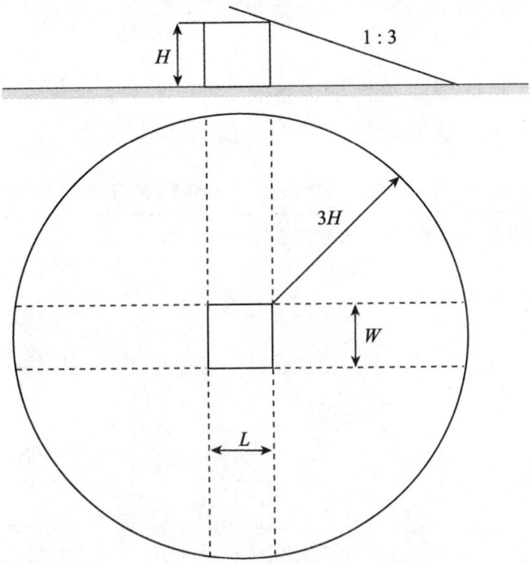

图 5-35　孤立建筑物的截收面积 A_d

b. 形状复杂的建筑物

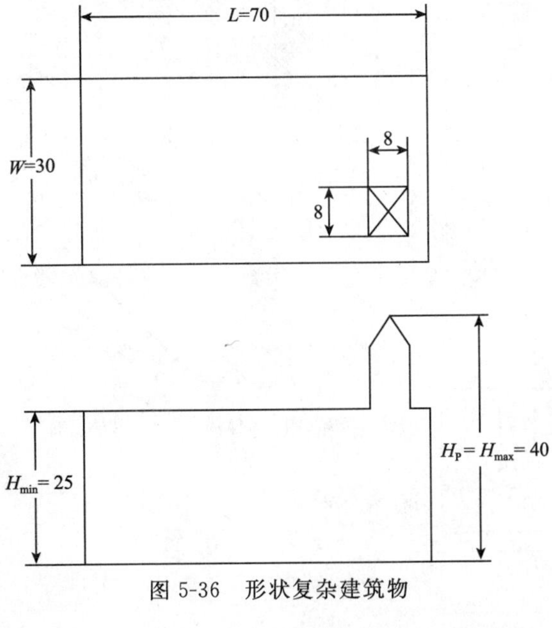

图 5-36　形状复杂建筑物

如果建筑物具有复杂的形状，例如具有突出的屋顶（见图 5-36），应当用作图法来计算 A_d（见图 5-37），因为如果使用最大值（$A_{d\max}$）或最小值（$A_{d\min}$）时，差别可能太大，计算结果列于表 5-10。

取最大截收面积（$A_{d\max}$）和突出部分截收面积（A'_d）中的较大者也是可行的。

$$A'_d = 9\pi \times H_p^{\ 2} \tag{5.4-4}$$

式中，H_p 是兀突部分顶部距地面的高度。

按照上述各种方法得出的截收面积的值列在表 5-10。

表 5-10　各种方法得出的截收面积

作图法	按建筑物最大高度	按建筑物最小高度	按突出部分高度 Hp	
建筑物尺寸(m)（L、W、H）	（见图 5-37）	70×30×40	70×30×25	40
截收面积(m^2)	$A_d = 47700$	$A_{d\max} = 71316$	$A_{d\min} = 34762$	$A'_d = 45216$

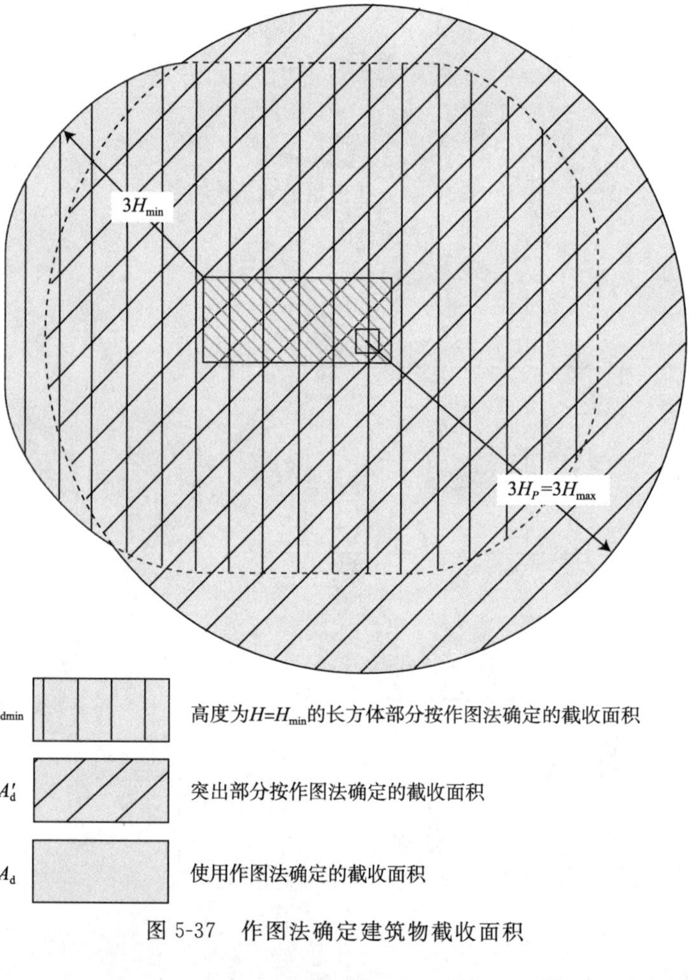

图 5-37　作图法确定建筑物截收面积

c. 建筑物某部分的截收面积

当所考虑的仅是建筑物的某部分时，如果该部分满足以下所有条件，则由该部分的尺寸确定截收面积 A_d（见图 5-38）。

——该部分是建筑物的一个可以被分离的垂直部分；

——建筑物没有爆炸危险；

——该部分与建筑物的其他部分之间用耐火极限为 2 h 耐火墙体或者其他等效保护措施来阻隔，防止火势的蔓延；

——共用线路进入该部分时，在入户处安装 SPD 或其他的等效保护措施，以避免过电压沿着共用线路传入。

如果不能满足这些条件，应当使用整个建筑物的尺寸计算 A_d。

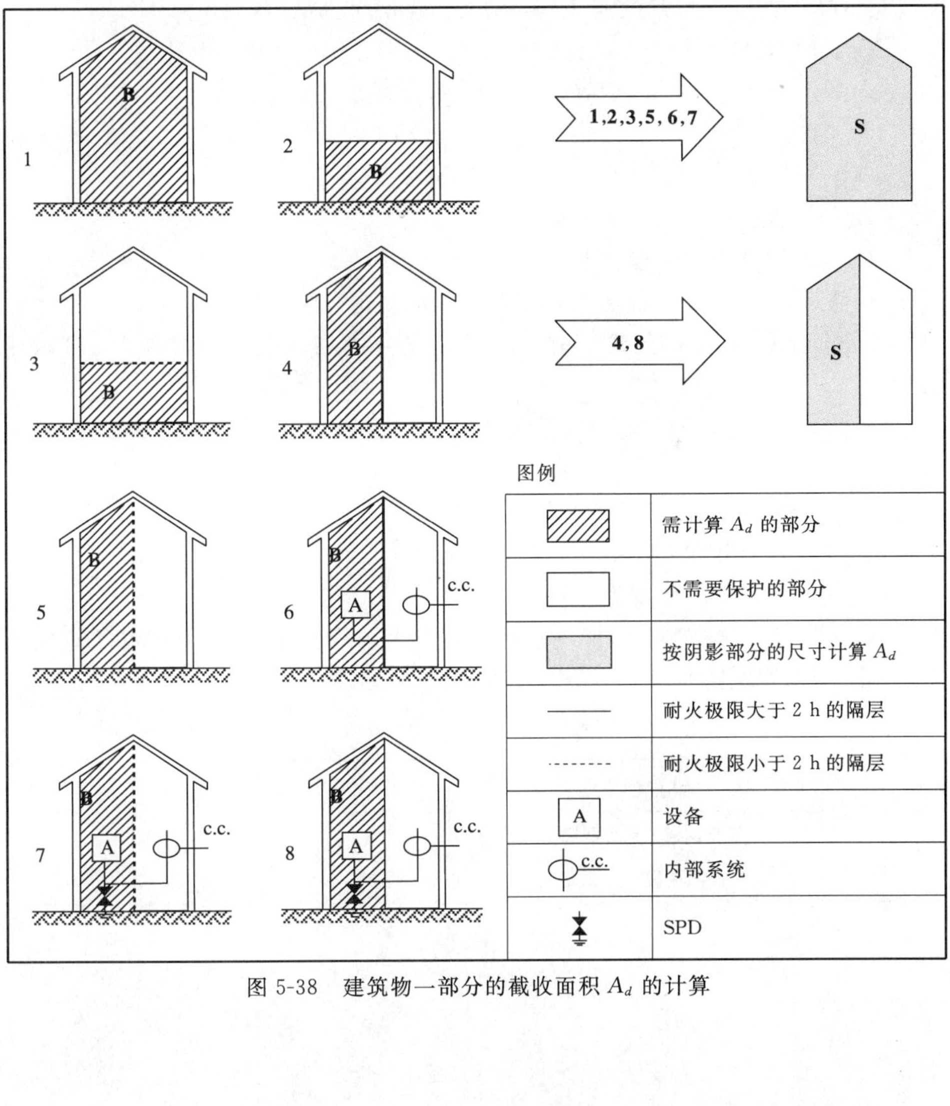

图 5-38　建筑物一部分的截收面积 A_d 的计算

② 建筑物的位置因子 C_d

考虑到建筑物的暴露程度，以及周围物体对雷击危险事件次数的影响，引入建筑物的位置因子 C_d（如表 5-11）。

表 5-11 建筑物位置因子 C_d

建筑物暴露程度及周围物体	C_d
被更高的建筑物或树木包围	0.25
周围有相同高度或更矮建筑物或树木	0.5
孤立建筑物，附近无其他建筑物或树木	1
小山顶或山丘上的孤立建筑物	2

③ 建筑物（位于服务设施"b"端）的雷击危险事件次数 N_D

N_D 计算公式如下：

$$N_D = N_g \times A_d \times C_d \times 10^{-6} \tag{5.4-5}$$

式中：

N_g——雷击大地密度（次/（km^2 · a））；

A_d——孤立建筑物的截收面积（m^2）；

C_d——建筑物的位置因子。

④ 邻近建筑物（位于服务设施的"a"端）的雷击危险事件次数 N_{Da}

雷击位于线路"a"端的建筑物 5-39 引起的年平均危险事件次数 N_{Da} 可以计算为：

$$N_{Da} = N_g \times A_d \times C_d \times C_t \times 10^{-6} \tag{5.4-6}$$

式中：

N_g——雷击大地密度（次/（km^2 · a））；

A_d——孤立建筑物的截收面积（m^2）；

C_d——建筑物的位置因子；

C_t——"b"端建筑物与"a"端建筑物连有电源线，且中间接有 HV/LV 变压器，雷击"a"端建筑物时所采用的修正因子，取值见表 5-12。

表 5-12 变压器因子 C_t

变压器	C_t
服务设施上接有双绕组变压器	0.2
服务设施上无变压器	1

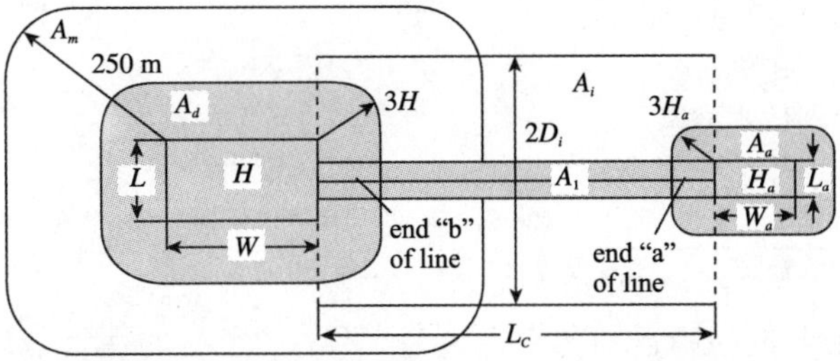

图 5-39　截收面积(A_d,A_m,A_i,A_l)

(3) 雷击建筑物附近的年平均危险事件次数 N_M 的估算

N_M 可以计算为：

$$N_M = N_g \times (A_M - A_d \times C_d) \times 10^{-6} \tag{5.4-7}$$

式中：

N_g——雷击大地密度（次/(km^2 · a)）；

A_m——雷击建筑物附近的截收面积(m^2)；截收面积 A_m 为距离建筑物周边 250 m 范围所包围的面积，见图 5-39。

如果 $N_M < 0$，则假定 $N_M = 0$。

(4) 雷击服务设施的年平均危险事件次数 N_L 的估算

对于单段服务设施，N_L 可以计算为：

$$N_L = N_g \times A_l \times C_d \times C_t \times 10^{-6} \tag{5.4-8}$$

式中：

N_g——雷击大地密度（次/(km^2 · a)）；

A_l——雷击服务设施的截收面积(m^2)，取值见表 5-13；

C_d——服务设施的位置因子；

C_t——建筑物的入户电缆上接有 HV/LV 变压器时，雷击变压器以远线路时所采用的修正因子。

表 5-13　服务设施的截收面积 A_l 和 A_i

	架空线路	埋地线路
A_l	$6\ H_c[L_c - 3(H_a + H_b)]$	$[L_c - 3(H_a + H_b)]\sqrt{\rho}$
A_i	$1000\ L_c$	$25\ L_c\sqrt{\rho}$

注：a. 表中：

A_l——雷击服务设施的截收面积（m^2）；

A_i——雷击服务设施附近的截收面积(m^2)；

H_c——服务设施导线的离地高度（m）；

L_c——建筑物到第一个节点之间的服务设施线路段长度(m)，最大值为 1000 m；

H_a——连接到服务设施"a"端的建筑物的高度（m）；

H_b——连接到服务设施"b"端的建筑物的高度（m）；

ρ——线路埋设处的土壤电阻率（Ω·m），最大值为 500 Ω·m。

b. 计算上述截收面积时：

① 当不知道 L_c 的值时，假定 $L_c=1000$ m；

② 当不知道土壤电阻率的值时，假定 $\rho=500$ Ω·m；

③ 电缆完全埋设于密集的网格形接地装置中时，可假定等效截收面积$A_i=A_l=0$ m²；

④ 需保护的建筑物假定位于服务设施的“b”端。（见图 5-39）

（5）雷击服务设施附近的年平均危险事件次数 N_I 的估算

对于单段线路（架空、埋地、屏蔽、非屏蔽等），N_I 的值可以计算为：

$$N_I=N_g\times A_i\times C_e\times C_t\times 10^{-6} \tag{5.4-9}$$

式中：

N_g——雷击大地密度（次/(km²·a)）；

A_i——雷击服务设施附近的截收面积（m²）；

C_e——环境因子（见表 5-14）；

C_t——建筑物的入户电缆上接有 HV/LV 变压器时，雷击变压器以远线路时所采用的修正因子。

表 5-14　环境因子 C_e

环境	C_e
有高层建筑的市区（一般建筑物的高度大于 20 m）	0
市区（建筑物的高度多在 10～20 m 之间）	0.1
郊区（建筑物高度一般小于 10 m）	0.5
农村	1

雷击服务设施附近的截收面积 A_i 由其长度 L_c 和侧向距离 D_i 来确定。D_i 的定义是“在此距离范围内对大地的雷击将在线路产生不小于1.5 kV的感应过电压。

2. 损害概率

（1）建筑物损害概率 P_X 的估算

本部分损害概率计算是基于采用的防雷保护措施符合 IEC 62305—3 和 IEC 62305—4 标准要求时，本节给出的概率值是有效的。如果保护措施或特性对于需保护的整个建筑物或需保护的建筑物区域以及所有相关设备都是有效的，概率 P_X 是个小于 1 的值。

① 雷击建筑物导致人畜伤害的概率 P_A

雷击建筑物因接触电压和跨步电压导致人畜受到伤害的概率 P_A 数值，取决于建筑物的几个方面的防护措施（见表 5-15）。

表 5-15　雷击建筑物因接触电压和跨步电压导致人畜伤害概率 P_A

保护措施	P_A
无保护措施	1
外露引下线作电气绝缘保护（例如，采用至少 3 mm 厚的绝缘层）	10^{-2}
有效的地面电位均衡措施	10^{-2}
警示牌	10^{-1}

如果采取了上述多项措施，P_A 的值取各个相应 P_A 值的乘积。

当利用了建筑物的钢筋构件或框架作为引下线时，或者在防雷装置附近设置了遮拦物时，概率 P_A 可以忽略不计。

② 雷击建筑物导致物理损害的概率 P_B

雷击建筑物导致物理损害的概率 P_B 主要取决于 LPS 防雷级别(表 5-16)。

表 5-16　P_B 与 LPS 防雷级别(LPL)的关系

建筑物特性	LPS 特性	P_B
建筑物没有 LPS 保护	—	1
建筑物受到保护	Ⅳ类	0.2
	Ⅲ类	0.1
	Ⅱ类	0.05
	Ⅰ类	0.02
建筑物安装了Ⅰ类 LPS 的接闪器，采用连续的金属框架或钢筋混凝土框架作为自然引下线		0.01
建筑物具有金属屋顶或可能包含自然部件的接闪器，使所有屋顶装置得到完全的直击雷防护，连续金属框架或钢筋混凝土框架作为自然引下线		0.001

注：在详细调查的基础，并考虑了 IEC 62305—1 中定义的尺寸要求以及拦截标准，P_B 也可以取上表以外的值。

③ 雷击建筑物导致内部系统故障的概率 P_C

雷击建筑物导致内部系统故障的概率 P_C 取决于所采用的匹配的 SPD 保护(表 5-17)：

$$P_C = P_{SPD} \tag{5.4-10}$$

表 5-17　按 LPL 选取并安装 SPD 时的 P_{SPD}

LPL	P_{SPD}
没有匹配的 SPD 保护	1
Ⅲ－Ⅳ	0.03
Ⅱ	0.02
Ⅰ	0.01
具有性能更优的 SPD	0.005～0.001

安装适配的 SPD 保护是减小 P_C 最有效的措施。只有当建筑物安装了 LPS 或有连续金属框架或钢筋混凝土框架作自然 LPS，且满足 GB/T 21714.3—2008 关于等电位连接和接地的要求时，适配的 SPD 保护才能有效地减少 P_C。

当与内部系统相连的外部导线为防雷电缆、或布设于防雷电缆沟、金属管道时，可以不时安装适配的 SPD 保护措施。

当安装了比 LPS-I 的要求性能更优的 SPD 时，可能获得更小的 P_{SPD} 值。一般这样的 SPD 具有更高的电流耐受能力，更低的电压保护水平等。

④ 雷击建筑物附近导致内部系统故障的概率 P_M

雷击建筑物附近引起内部系统故障的概率 P_M 取决于雷电电磁脉冲防护措施（LPM），即因子 K_{MS} 的防雷措施（LPM）。K_{MS} 是考虑了所采用的雷电电磁脉冲保护措施的因子，表 5-18 给出了 K_{MS} 和 P_{MS} 的对应关系。

(i)如果没有安装符合 IEC 62305—4 要求的适配的 SPD 装置时，P_M 的值等于 P_{MS} 的值。

(ii)如果安装了符合上述要求的 SPD，P_M 的值取 P_{SPD} 和 P_{MS} 两者中较小的值。

表 5-18 因子 K_{MS} 与概率 P_{MS} 的关系

K_{MS}	P_{MS}
≥0.4	1
0.15	0.9
0.07	0.5
0.035	0.1
0.021	0.01
0.016	0.005
0.015	0.003
0.014	0.001
≤0.013	0.0001

(iii)当内部系统设备的耐压水平不符合相关产品标准要求时，取 $P_{MS}=1$。

注：因子 K_{MS} 的值计算如下：

$$K_{MS}=K_{S1}\times K_{S2}\times K_{S3}\times K_{S4} \tag{5.4-11}$$

式中：K_{S1}——LPZ0/1 界面处，建筑物、LPS 或其他屏蔽物的屏蔽效能因子；

K_{S2}——考虑建筑物内部各 LPZ 界面处屏蔽物的屏蔽效能因子；

K_{S3}——内部布线特性因子（见表 5-19）；

K_{S4}——被保护系统冲击耐压因子。

a. 当内部系统及其导线构成的感应环路位于 LPZ 内部时，其与防雷区界面上的屏蔽体的距离不小于屏蔽体网格宽度 w 时，则对于 LPS 或格栅形空间屏蔽体，因子 K_{S1} 和 K_{S2} 可以计算为：

$$K_{S1}=K_{S2}=0.12\ w \tag{5.4-12}$$

式中：w(m)是格栅形空间屏蔽或者网格状 LPS 引下线系统的网格宽度，或是作为自然引下线的建筑物金属柱子的间距或钢筋混凝土框架的间距。

b. 当内部系统及其导线构成的感应环路距防雷区界面的屏蔽体的距离小于屏蔽体网格宽度 w 时，因子 K_{S1} 和 K_{S2} 的值会升高。例如，当与屏蔽体之间的距离在 0.1～0.2 w 的范围内时，K_{S1} 和 K_{S2} 的值要增加一倍。

c. 当有多级 LPZ 时，最后一级 LPZ 的 K_{S2} 是各级 LPZ 中屏蔽体的 K_{S2} 的乘积。

d. 对于厚度在 0.1～0.5 mm 的连续金属薄层屏蔽体，取以下值：

$$K_{S1}=K_{S2}=10^{-4}\sim10^{-5}$$

e. 如果安装了符合 IEC 62305—4 要求的网格形等电位连接网络时，K_{S1} 和 K_{S2} 的值可以缩小一半。

f. 如果感应环路靠近 LPZ 边界屏蔽体布设，与屏蔽体之间的距离小于安全距离时，K_{S1} 和 K_{S2} 的值会更高。

g. K_{S1} 和 K_{S2} 的最大值不能超过 1。

h. K_{S3} 取值见表 5-19。

表 5-19　内部布线与因子 K_{S3} 的关系

内部布线的类型	K_{S3}
非屏蔽电缆一布线时构成了大的环路(大的建筑物中分开布设的导线构成的环路，环路面积大约为 50 m^2)。	1
非屏蔽电缆一布线时未构成大的环路(同一管道中的导线或较小建筑物中分开布设的导线构成了环路，环路面积大约为 10 m^2)。	0.2
非屏蔽电缆一布线时未构成环路(同一电缆的导线构成了环路，环路面积大约为 0.5 m^2 左右)。	0.02
屏蔽电缆，屏蔽层单位长度的电阻 $5<R_S\leqslant20$(Ω/km)	0.001
屏蔽电缆，屏蔽层单位长度的电阻 $1<R_S\leqslant5$(Ω/km)	0.0002
屏蔽电缆，屏蔽层单位长度的电阻 $R_S\leqslant1$(Ω/km)	0.0001

注：屏蔽层单位长度电阻 R_S：屏蔽层两端与设备在两端的同一等电位母排上连接时单位长度电阻值，单位 Ω/km 。

如果电缆布设在连续金属管中，金属管两端都连接到等电位连接排上时，K_{S3} 的上述值应乘以 0.1。

i. 因子 K_{S4} 取值：

$$K_{S4}=1.5/U_w \tag{5.4-13}$$

式中：U_w 被保护系统额定冲击耐压(kV)。

内部系统的设备有不同额定冲击耐压时，K_{S4} 按最低的冲击耐压计算。

⑤ 雷击服务设施导致人畜伤害的概率 P_U

雷击入户服务设施因接触电压导致的人畜伤害的概率，取决于服务设施屏蔽层的物理特性、所连内部系统的冲击耐压、典型的保护措施以及在服务设施入户处所安装有 SPD。

当没有按照 IEC 62305—3 的要求安装 SPD 作防雷等电位连接时，$P_U = P_{LD}$，这里 P_{LD} 是无 SPD 保护时雷击相连服务设施导致内部系统故障的概率(见表 5-20)。

表 5-20 给出了 P_{LD} 的取值。

表 5-20　概率 P_{LD} 与设备冲击耐受电压 U_w 和电缆屏蔽层电阻 R_S 的关系

设备冲击耐压 U_w(kV)	概率 P_{LD}		
	$5<R_S\leqslant 20$ (Ω/km)	$1<R_S\leqslant 5$ (Ω/km)	$R_S\leqslant 1$ (Ω/km)
1.5	1	0.8	0.4
2.5	0.95	0.6	0.2
4	0.9	0.3	0.04
6	0.8	0.1	0.02

a. 当按照 IEC 62305—3 的要求安装 SPD 进行防雷等电位连接时，P_U 取 P_{SPD} 与 P_{LD} 两者中的较小值。在这里，不必按照 IEC 62305—4 的要求采用适配的 SPD 保护以减小 P_U，按照 IEC 62305—3 的要求安装 SPD 就足够了。

b. 对于非屏蔽电缆，取 $P_{LD}=1$ 。

c. 当采取了遮拦物、警示排等保护措施时，概率 P_U 的将进一步减小，需再乘以表 5-15 中的概率 P_A。

⑥ 雷击服务设施导致物理损害的概率 P_V

雷击入户服务设施导致物理损害的概率的值取决于服务设施屏蔽层的特性、所连内部系统的冲击耐压以及是否正常安装了 SPD。

a. 当未按照 IEC 62305—3 的要求用 SPD 进行等电位连接时，$P_V = P_{LD}$，这里 P_{LD} 是未安装 SPD 保护时雷击相连服务设施导致内部系统故障的概率，取值见表 5-20。

b. 当按照 GB/T 21714.3—2008 的要求用 SPD 进行等电位连接时，P_V 取 P_{SPD} 和 P_{LD} 的两者之中的较小值。在这里，不必按照 IEC 62305—4 的要求采用匹配的 SPD 保护以减小 P_U，按照 IEC 62305—3 的要求安装 SPD 就足够了

⑦ 雷击服务设施导致内部系统故障的概率 P_W

雷击服务设施导致内部系统故障的概率 P_W 的数值，取决于服务设施屏蔽层的特性、所连内部系统的冲击耐压以及是否正常安装有 SPD。

a. 未安装符合 IEC 62305—3 要求的适配的 SPD 时，$P_W = P_{LD}$。

b. 安装了符合 IEC 62305—3 要求的适配的 SPD 时，P_W 取 P_{SPD} 和 P_{LD} 两者中的较小值。

⑧ 雷击入户服务设施附近导致内部系统故障的概率 P_Z

雷击入户服务设施附近导致内部系统故障的概率，取决于服务设施屏蔽层的特性、所连内部系统的冲击耐压以及是否正常安装有 SPD。

a. 未安装符合 IEC 62305—3 要求的适配的 SPD 时，$P_Z = P_{LI}$。P_{LI} 是未安装 SPD 保护时，雷击相连服务设施附近导致内部系统故障的概率。表 5-21 给出了 P_{LI} 的取值。

b. 安装了符合 IEC 62305—3 要求的适配的 SPD 时，P_Z 取 P_{SPD} 和 P_{LI} 两者中的较小值。

表 5-21　概率 P_{LI} 与电缆屏蔽层电阻 R_S 以及设备冲击耐压 U_w 的关系

内部系统冲击耐压 U_w(kV)	概率 P_{LI}				
	非屏蔽电缆	屏蔽层与设备未连接到同一等电位连接排上	屏蔽层与设备连接到同一等电位连接排		
			$5<R_S\leqslant 20$ (Ω/km)	$1<R_S\leqslant 5$ (Ω/km)	$R_S<1$ (Ω/km)
1.5	1.0	0.5	0.15	0.04	0.02
2.5	0.4	0.2	0.06	0.02	0.008
4.0	0.2	0.1	0.03	0.008	0.004
6.0	0.1	0.05	0.02	0.004	0.002

(2) 服务设施损害概率 P'_X 估算

本节给出的概率值是 IEC 同意的数值，当防雷保护措施符合 IEC 62305—5 的要求时，这些概率值是有效的。如果有充分的依据，也可以选择其他的数值。

① 雷击与线路相连的建筑物造成服务设施损害的概率 P'_B 和 P'_C

雷击与线路相连的建筑物造成服务设施物理损害的概率 P'_B 以及雷击与线路相连的建筑物造成相连设备故障的概率 P'_C 与故障电流 I_a 有关。故障电流 I_a 又与线路的特性、入户服务设施的数量以及所采取的保护措施有关。在入户处安装 SPD 设备能提高失效电流 I_a 上限，起到一定保护作用。

对于非屏蔽的线路，应假定 $I_a=0$。

对于屏蔽的线路，故障电流 I_a 按下式计算：

$$I_a = 25 \times n \times U_w / (R_S \times K_d \times K_p) \tag{5.4-14}$$

式中：

K_d——和线路特性有关的因子(见表 5-22)；

K_p——考虑了所采取保护措施的效应的因子(见表 5-23)；

U_w——冲击耐压(kV)，电缆冲击耐压(见表 5-24)，设备冲击耐压(见表 5-25)；

R_S——电缆屏蔽层的电阻 (Ω/km)；

n——入户服务设施的数量。

表 5-22　K_d 与屏蔽电缆状况的关系

线路	K_d
具有屏蔽层，与土壤有接触	1
具有屏蔽层，与土壤无接触	0.4

表 5-23　K_p 与保护措施的关系

保护措施	K_p
无保护措施	1
附加单根屏蔽导线（电缆正上方 30 cm 处）	0.6
附加两根屏蔽导线（对称布置于电缆轴线上方 30 cm 处）	0.4
防雷电缆槽	0.1
防雷电缆	0.02
线路穿钢管	0.01

表 5-24　电缆冲击耐压

电缆的类型	U_n(kV)	U_w(kV)
纸绝缘通信电缆	—	1.5
聚氯乙烯、聚乙烯绝缘通信电缆	—	5
电力电缆	≤1	15
电力电缆	3	45
电力电缆	6	60
电力电缆	10	75
电力电缆	15	95
电力电缆	20	125

表 5-25　设备冲击耐压

设备的类型	U_w(kV)
电子设备	1.5
电气设备(U_n<1 kV)	2.5
电网设备(U_n<1 kV)	6

② 线路物理损害概率(P'_B)和设备物理损害概率(P'_C)

如果安装了符合 IEC 62305—5 要求的 SPD，$P'_B=P'_C=P_{SPD}$。P'_B 与 P'_C 与故障电流 I_a 的关系在表 5-26 中给出。

表 5-26　故障电流 I_a 与概率 P'_B、P'_C、P'_V、P'_W 的关系

I_a(kA)	P'_B、P'_C、P'_V、P'_W
0	1.00
3	0.99
5	0.95
10	0.90
20	0.80
30	0.60
40	0.40
50	0.30
60	0.20
80	0.10
100	0.05
150	0.02
200	0.01
300	0.005
400	0.002
600	0.001

③ 雷击线路导致损害的概率 P'_V、P'_W

雷击线路导致物理损害的概率 P'_V 以及雷击线路导致相连设备故障的概率 P'_W 与故障电流 I_a 有关(表 5-26),故障电流 I_a 与线路的特性以及所采取的保护措施有关。

(i)对于非屏蔽的线路,取 $I_a=0$。

(ii)对于屏蔽的线路,故障电流 I_a 按下式计算:

$$I_a=25\times U_w/(R_S\times K_d\times K_p) \tag{5.4-15}$$

式中,U_w、R_S、K_d、K_p 与式 5.4-14 相同。

注:在计算电信线路的 P'_V 时,要假定的故障电流 I_a 的最大数值为:

铅护套电缆:$I_a=40$ kA;

铝护套电缆:$I_a=20$ kA。

④ 雷击线路附近引起损害的概率 P'_Z

雷击线路附近造成相连设备故障的概率 P'_Z 取决于线路的特性以及所采用的保护措施。

(i)没有安装符合标准要求的 SPD 时,$P'_Z=P_{LI}$;

(ii)安装了符合标准要求的 SPD 时,P'_Z 取 P_{SPD} 和 P_{LI} 两者之中较小的值。

3. 损失量 L_X

(1) 建筑物损失量 L_X

损失量 L_X 是指特定类型损害造成的平均损失量与被保护对象的总价值之

比。根据损害的程度及其后果，其数值取决于：

a. 在危险场所逗留的人员数量以及时间；

b. 公众服务的类型及其重要性；

c. 损害货物的价值。

不同的损失类型(L1、L2、L3 和 L4)有不同的损失率，而对每一类损失，又依据损害类型(D1，D2 和 D3)有不同的损失率。四类损失有四组损失类型，每组又依据损害类型分成三种损失类型，分别是：

L_t：接触和跨步电压导致伤害的损失；

L_f：物理损害导致的损失；

L_O：内部系统故障导致的损失。

① 人身伤亡损失(L1)

可以按照以下近似关系式，依据受伤害的相对人员数量和时间，确定损失率L_t、L_f、L_O 的数值：

$$L_X = (n_p/n_t) \times (t_p/8760) \tag{5.4-16}$$

式中：

n_p——可能受到危害的人员数量；

n_t——建筑物内预期的总人数；

t_p——以小时计算的人员每年处于危险场所的时间，危险场所包括建筑物外(只涉及 Lt)和建筑物内(涉及 L_t、L_f、L_O)。

a. 当不易确定 n_p、n_t、t_p 时，表 5-27、表 5-28、表 5-29 分别给出了 L_t、L_f、L_O 的典型平均值。

表 5-27　L_t 的典型平均值

建筑物的类型	L_t
所有类型：人员处于建筑物内	10^{-4}
所有类型：人员处于建筑物外	10^{-2}

表 5-28　L_f 的典型平均值

建筑物的类型	L_f
医院、旅馆、民用建筑	10^{-1}
工业建筑、商业建筑、学校	5×10^{-2}
公共娱乐场所、教堂、博物馆	2×10^{-2}
其他	10^{-2}

表 5-29　L_O 的典型平均值

建筑物类型	L_O
有爆炸危险的建筑物	10^{-1}
医院	10^{-3}

b. 人身伤亡损失(L1)的各个损失率受建筑物特性的影响，用增长因子(h_Z)和缩减因子(r_f、r_p、r_a、r_u)来体现建筑物的这些特性。

$$L_A = r_a \times L_t \tag{5.4-17}$$

$$L_U = r_u \times L_t \tag{5.4-18}$$

$$L_B = L_V = r_p \times h_Z \times r_f \times L_f \tag{5.4-19}$$

$$L_C = L_M = L_W = L_Z = L_O \tag{5.4-20}$$

式中：

r_a——减少人身伤亡损失的因子，取决于土壤类型，取值见表 5-30；

r_u——减少人身伤亡损失的因子，取决于地板类型，取值见表 5-30；

r_p——减少物理损害导致人身伤亡损失的因子，取决于所采取的防火措施，取值见表 5-31；

r_f——减小物理损害导致人身伤亡损失的因子，取决于建筑物的火灾危险程度，取值见表 5-32；

h_Z——有特殊危险时，物理损害导致的人身伤亡损失的增加因子，取值见表 5-33。

c. 缩减因子 r_a 和 r_u 的取值：

表 5-30　缩减因子 r_a 和 r_u 与土壤类型及地板表面类型的关系

地板及土壤类型	接触电阻 (kΩ)[1]	r_a 和 r_u
农地，混凝土	≤1	10^{-2}
大理石，陶瓷	1 ～ 10	10^{-3}
沙砾，毛毯，地毯	10 ～ 100	10^{-4}
沥青，油毡，木头	≥100	10^{-5}

注：1)接触电阻：在 400 cm^2 电极上施以 500 N 压力时，电极与无穷远点之间测量到的电阻数值。

d. 缩减因子 r_p 取值：

表 5-31　缩减因子 r_p 取值

措施	r_p
无措施	1
以下措施之一：灭火器、固定的人工灭火装置，人工报警装置，消防栓，防火分区，逃生通道	0.5
以下措施之一：固定配置自动灭火装置、自动报警装置[1]	0.2

注：1) 仅当具有过电压和其他损害的防护并且消防员能够在 10 分钟之内赶到时。

如果采取了一项以上措施，r_p 的数值应当取各相应数值中的最小值。

在具有爆炸危险的建筑物内部，任何情况下，$r_p=1$ 。

e. 缩减因子 r_f 的取值

当建筑物具有爆炸危险以及建筑物内存储有爆炸性混合物质时，可能需要精确计算 r_f。

由易燃材料建造的建筑物、或者屋顶由易燃材料建造的建筑物、或者单位面积燃料荷载大于 800 MJ/m^2 的建筑物可以视为具有高火灾危险的建筑物。

单位面积燃料荷载在 400～800 MJ/m^2 的之间的建筑物视为具有一般火灾危险的建筑物。

单位面积燃料荷载小于 400 MJ/m^2 的建筑物、或者只是偶尔存储有易燃性物质的建筑物视为有低火灾危险的建筑物。

单位面积燃料荷载是建筑物内全部易燃物质的能量与建筑物总的表面积之比。

表 5-32　缩减因子 r_f 与建筑物火灾危险的关系

火灾危险	r_f
爆炸	1
高	10^{-1}
一般	10^{-2}
低	10^{-3}
无	0

f. 增加因子 h_Z 的取值

表 5-33　在特殊危险条件下增加因子 h_Z 的取值

特殊危险的种类	h_Z
无特殊伤害	1
低度惊慌。例如，不高于两层，人员数量不大于 100 人的建筑物	2
中等程度的惊慌。例如，容量 100～1000 人的文化体育活动场馆	5
疏散困难。例如，有移动不便人员的建筑物，医院	5
高度惊慌。例如，容量大于 1000 人的文化体育活动场馆	10
对周围或环境造成危害	20
对四周环境造成污染	50

② 公众服务损失(L2)

L_f 和 L_O 可按下列近似关系式确定：

$$L_X=(n_p/n_t)\times(t/8760) \tag{5.4-21}$$

式中：n_p——可能失去服务的用户平均数量；

n_t——接受服务的总用户数；

t——用小时表示的年平均服务中断时间。

当无法或很难确定 n_p、n_t、t_p 时，L_f 和 L_O 可以取表 5-34 给出的典型平均值。

表 5-34　L_f 和 L_O 的典型平均值

服务设施类型	L_f	L_O
煤气管，水管	10^{-1}	10^{-2}
电视线路、电信线路、供电线路	10^{-2}	10^{-3}

注：公众服务中断损失(L2)的各种实际损失率受到建筑物特性以及缩减因子的影响：

$$L_B = L_V = r_p \times r_f \times L_f \tag{5.4-22}$$

$$L_C = L_M = L_W = L_Z = L_O \tag{5.4-23}$$

③ 文化遗产损失(L3)损失率

L_f 的数值可以按下列近似关系式来确定：

$$L_X = c/c_t \tag{5.4-24}$$

式中：

c——用货币表示的可能的文化遗产损失的平均值(例如，文化遗产投保价值)；

c_t——用货币表示的文化遗产总价值(例如，建筑物内全部文化遗产总投保价值)。

注：(i)当无法确定 c、c_t 时，L_f取典型平均值为：

$$L_f = 10^{-1}$$

(ii)文化遗产的实际损失率受到建筑物特性及缩减因子 r_p 和 r_f 的影响：

$$L_B = L_V = r_p \times r_f \times L_f \tag{5.4-25}$$

④ 经济损失(L4)的损失率

经济损失可以按照下列近似关系式，来确定 L_t、L_f、L_O 的数值：

$$L_X = c/c_t \tag{5.4-26}$$

式中：

c——用货币表示的建筑物可能损失的平均数值(包括其存储物的损失、相应业务中断及其间接后果)；

c_t——用货币表示的建筑物的总价值（包括其存储物以及相关业务的价值)。

注：(i)当无法确定 c、c_t 时，表 5-35、5-36、5-37 分别给出了 L_t、L_f、L_O 的典型平均值。其中，

表 5-35　L_t 典型平均值

建筑物的类型	L_t
所有类型:建筑物内部	10^{-4}
所有类型:建筑物外部	10^{-2}

表 5-36　L_f 典型平均值

建筑物的类型	L_f
医院、工业建筑物、博物馆、农业建筑物	0.5
旅馆、学校、办公楼、教堂、公众娱乐场所、商业大楼	0.2
其他	0.1

表 5-37　L_O 典型平均值

建筑物类型	L_O
有爆炸危险的建筑物	10^{-1}
医院、工业建筑物、办公楼、旅馆、商业大楼	10^{-2}
博物馆、农业建筑物、学校、教堂、公众娱乐场所	10^{-3}
其他	10^{-4}

经济损失(L4)的实际损失率通过以下增长因子(h_Z)和缩减因子(r_p、r_a、r_f、r_u)受到建筑物特性的影响:

$$L_A = r_a \times L_t \tag{5.4-27}$$

$$L_U = r_u \times L_t \tag{5.4-28}$$

$$L_B = L_V = r_p \times h_Z \times r_f \times L_f \tag{5.4-29}$$

$$L_C = L_M = L_W = L_Z = L_O \tag{5.4-30}$$

(2) 服务设施损失

L'_X 是指特定类型损害造成的平均损失量,根据损害程度以及雷击服务设施可能造成的后果,L'_X 取决于:

a. 公众服务的类型及其重要性;

b. 受损货物的价值。

对于服务设施,有两种损失:

L'_f:物理损害造成的损失;

L'_O:内部系统故障造成的损失。

① 公众服务损失

L'_f 和 L'_O 的数值可以通过以下近似关系来确定:

$$L'_X = (n_p/n_t) \times (t/8760) \tag{5.4-31}$$

式中:

n_p——失去服务的平均用户数；

n_t——用户总数；

t——每年失去服务的时间(h)。

注：a. 当无法确定 n_p、n_t 时，取下表所列 L'_f 和 L'_O 典型平均数值。

表 5-38 L'_f 和 L'_O 典型平均值

服务设施的类型	L'_f	L'_O
煤气管、水管	10^{-1}	10^{-2}
电视信号线路、通信线路、供电线路	10^{-2}	10^{-3}

b. L'_2 损失的各个实际损失率与服务设施特性的影响关系如下：

$$L'_B = L'_V = L'_f \tag{5.4-32}$$

$$L'_C = L'_W = L'_Z = L'_O \tag{5.4-33}$$

② 经济损失

L'_f 和 L'_O 的数值可以通过以下近似关系来确定：

$$L'_X = c/c_t \tag{5.4-34}$$

式中：

c——用货币表示的建筑物、其内存物以及有关活动可能损失的平均价值；

c_t——用货币表示的建筑物、其内存物以及有关活动的总价值。

注：a. 当无法或很难确定 c 、c_t时，对于各种类型服务设施，L'_f和 L'_O 典型平均值可取为：

$$L'_f = 10^{-1}$$

$$L'_O = 10^{-3}$$

b. 组成经济损失(L'_4)的各个实际损失率与服务设施特性的影响关系如下：

$$L'_B = L'_V = L'_f \tag{5.4-35}$$

$$L'_C = L'_W = L'_Z = L'_O \tag{5.4-36}$$

5.4.3 风险指标

风险容许值 R_T(Tolerable risk)是雷电灾害风险评估的重要技术指标。

在雷电灾害风险评估中，对于雷击涉及人员生命损失、公众服务损失或文化遗产损失的典型风险容许值(R_T)见表 5-39。

表 5-39 典型的风险容许值 R_T

损失类型	R_T/a
人身伤亡损失	10^{-5}
公众服务损失	10^{-3}
文化遗产损失	10^{-3}

5.4.4 建筑物风险

1. 建筑物分区

为了对建筑物各个风险分量进行评估，可以将建筑物划分为若干个各自具有均一特性的分区 Z。然而，一幢建筑物可以是或可以假定为一个单独的区域。

区域主要根据以下情况来进行划分：

——土壤或地板的类型（风险分量 R_A 和 R_U）；

——防火隔间（风险分量 R_B 和 R_V）；

——空间屏蔽（风险分量 R_C，R_M，R_W 和 R_Z）。

还可以根据以下情况进一步划分：

——内部系统的布置；

——已有的或将采取的保护措施；

——损失 L_X 的值（对于所有的风险分量）。

总之，建筑物的分区应当考虑到实现最适当保护措施的可行性。

2. 建筑物风险影响因子

建筑物风险分量的影响因子见表 5-40。

表 5-40 建筑物风险分量的影响因子

建筑物或内部系统的特性保护措施	R_A	R_B	R_C	R_M	R_U	R_V	R_W	R_Z
截收面积	X	X	X	X	X	X	X	X
地表土壤电阻率	X							
楼板电阻率					X			
遮拦措施，绝缘物，警示牌，大地等电位	X							
LPS	X1)	X	X2)	X2)	X3)	X3)		
配合的 SPD 保护			X	X			X	X
空间屏蔽			X	X				
外部线路的屏蔽					X	X	X	X
内部线路的屏蔽			X	X				
合理布线			X	X				
等电位连接网络			X					
火灾预警		X				X		
火灾敏感度		X				X		
特殊伤害		X				X		
冲击耐受电压			X	X	X	X	X	X

注：1）如果“自然”LPS 或符合标准的 LPS 的引下线间隔小于 10 m，或采取遮拦措施时，与接触和跨步电压造成人身伤害有关的风险可以忽略不计。

2）仅对于格栅形外部 LPS。

3）等电位连接的原因。

3. 建筑物风险分量

(1) 直接雷击引起的建筑物风险分量

R_A：建筑物户外距离建筑物 3 m 以内的区域中与接触和跨步电压造成生物伤害有关的风险分量。

$$R_A = N_D P_A L_A \tag{5.4-37}$$

R_B：与建筑物内因危险火花放电触发火灾有关的风险分量。

$$R_B = N_D P_B L_B \tag{5.4-38}$$

R_C：与 LEMP 造成内部系统失效有关的风险分量。

$$R_C = N_D P_C L_C \tag{5.4-39}$$

表 5-40 中给出了评估这些风险分量时所用的参数，以下同。

(2) 邻近雷击引起的建筑物风险分量

R_M：与 LEMP 引起内部系统失效有关的风险分量。

$$R_M = N_M P_M L_M \tag{5.4-40}$$

(3) 雷击相连服务设施引起的建筑物风险分量

R_U：与建筑物内雷电流注入入户线路产生的接触电压造成人身伤害有关的风险分量。

$$R_U = (N_L + N_{Da}) P_U L_U \tag{5.4-41}$$

R_V：与雷电流经过入户服务设施产生的物理损害(入户设施和金属部件之间的危险火花放电触发火灾或爆炸，通常位于线路入户处)有关的风险分量。

$$R_V = (N_L + N_{Da}) P_V L_V \tag{5.4-42}$$

R_W：与入户线路上感应出的并传导进入建筑物内的过电压引起内部系统失效有关的风险分量。

$$R_W = (N_L + N_{Da}) P_W L_W \tag{5.4-43}$$

注：(i) 如果线路不止一个区段，R_U，R_V 和 R_W 的值是各区段线路的 R_U，R_V 和 R_W 值的和。只需考虑建筑物和第一个配线节点之间的各个区段。

(ii) 如果建筑物有着多于一条并且布线方式不同的线路，应当对各条线路分别进行计算。

(iii) 本书中所考虑的服务设施仅仅指进入建筑物的线路。基于管道已经连接到等电位连接排，所以没有把雷击管道或管道附近考虑为损害源。如果没有安装等电位连接排，应当考虑这种威胁，以下同。

(4) 雷击相连服务设施附近引起的建筑物风险分量

R_Z：与入户线路上感应出的以及传导进入建筑物内的过电压引起内部系统失效有关的风险分量。

$$R_Z = (N_I - N_L) P_Z L_Z \tag{5.4-44}$$

注：(i) 如果线路不止一个区段，R_Z 的值是各区段线路的 R_Z 值的总和。只需

考虑建筑物与第一个配线节点之间的各个区段。

(ii)对于只定义了一个区域的单区域建筑物：

对于风险分量 R_A,R_B,R_U,R_V,R_W,和 R_Z,每个所涉参数只能有一个确定值。当参数的可选值大于一个时,应当选择其中的最大值。

对于风险分量 R_C,和 R_M,如果区域中涉及的内部系统大于一个，P_C 和 P_M 的值应当计算如下：

$$P_C=1-(1-P_{C1})(1-P_{C2})(1-P_{C3}) \tag{5.4-45}$$

$$P_M=1-(1-P_{M1})(1-P_{M2})(1-P_{M3}) \tag{5.4-46}$$

其中,参数 P_{Ci},P_{Mi} 与内部系统 i 有关。

与损失量 L 有关的参数：

应当按照 5.4.2 节中来计算 L 的值。

根据建筑物的用途,区域中的默认 L 值可以假定为 5.4.2 节中给出的典型平均值。

除了 P_C 和 P_M 以外,如果区域中的参数有一个以上的可选值,应当采用导致最大风险结果的参数值。

表 5-41　与建筑物风险分量评估有关的参数

符号	名称	参考取值
雷击引起的年均危险事件次数		
N_D	雷击建筑物	5.4.2 节,1(2)
N_M	雷击建筑物附近	5.4.2 节,1(3)
N_L	雷击入户线路	5.4.2 节,1(4)
N_I	雷击入户线路附近	5.4.2 节,1(5)
N_{Da}	雷击处于线路"a"端的建筑物(图 5.4-52)	5.4.2 节,1(2)
一次雷击建筑物事件造成损害的概率		
P_A	人身伤害	5.4.2 节,2(1),①
P_B	物理损害	5.4.2 节,2(1),②
P_C	内部系统的失效	5.4.2 节,2(1),③
一次雷击建筑物附近事件导致损害的概率		
P_M	内部系统的失效	5.4.2 节,2(1),④
一次雷击线路事件导致损害的概率		
P_U	人身伤害	5.4.2 节,2(1),⑤
P_V	物理损害	5.4.2 节,2(1),⑥
P_W	内部系统的失效	5.4.2 节,2(1),⑦
一次雷击线路附近事件导致损害的概率		
P_Z	内部系统的失效	5.4.2 节,2(1),⑧
雷击损失		
$L_A=r_aL_t$　$L_U=r_uL_t$	人身伤害	5.4.2 节,3(1),①

（续表）

符号	名称	参考取值
$L_B=L_V=r_p r_f h\ L_f$	物理损害	5.4.2 节，3(1)，①②③④
$L_C=L_M=L_W=L_Z=L_O$	内部系统的失效	5.4.2 节，3(1)，①②④

注：5.4.2 节中 3(1)，①②③④给出了损失 L_t，L_f，L_O、损失缩减因子 r，r_a，r_u 以及损失增长因子 h 的值。

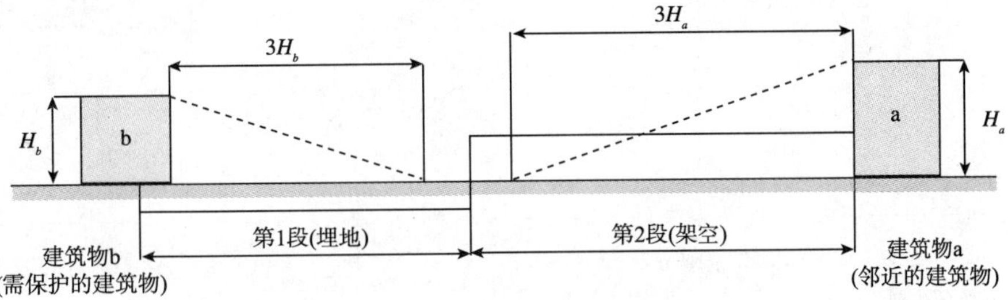

图 5-40　在线路末端的建筑物

在“b”端的是需保护的建筑物（建筑物 b），在“a”端的为邻近建筑物（建筑物 a）

4. 建筑物风险组合

（1）建筑物内所考虑的各种损失的相应风险分量见表 5-42。

表 5-42　建筑物中各种损失类型对应的风险分量

损害源	雷击建筑物 S_1			雷击建筑物附近 S_2	雷击连接到建筑物的线路 S_3			雷击连接到建筑物的线路附近 S_4
风险分量	R_A	R_B	R_C	R_M	R_U	R_V	R_W	R_Z
各种损失类型对应的风险								
R_1	*	*	* 1)	* 1)	*	*	* 1)	* 1)
R_2		*	*	*		*	*	*
R_3	* 2)	*				*		
R_4		*	*	*	* 2)	* *	*	*

1）仅对具有爆炸危险的建筑物或医院以及其他内部系统的失效马上会危及人员生命的建筑物。

2）仅对可能出现牲畜损失的情况。

根据表 5-42：

R_1：人员生命损失的风险；

$$R_1=R_A+R_B+R_C{}^{1)}+R_M{}^{1)}+R_U+R_V+R_W{}^{1)}+R_Z{}^{1)} \tag{5.4-47}$$

R_2：公众服务损失的风险；

$$R_2=R_B+R_C+R_M+R_V+R_W+R_Z \tag{5.4-48}$$

R_3：文化遗产损失的风险；

$$R_3=R_B+R_V \tag{5.4-49}$$

R_4：经济价值损失的风险。

$$R_4=R_A{}^{2)}+R_B+R_C+R_M+R_U{}^{2)}+R_V+R_W+R_Z \tag{5.4-50}$$

(2) 损害源及损害类型对应的风险分量组合

表 5-43 各种损害类型和损害源对应的建筑物风险分量

损害源 损害类型	S1 雷击建筑物	S2 雷击建筑物附近	S3 雷击入户服务设施	S4 雷击服务设施附近	根据损害类型划分的风险结果
D1 人身伤害	$R_A=N_D\times P_A\times r_a\times L_t$		$R_U=(N_L+N_{Da})\times P_U\times r_u\times L_t$		$R_S=R_A+R_U$
D2 物理损害	$R_B=N_D\times P_B\times r_p\times h\times r_f\times L_f$		$R_V=(N_L+N_{Da})\times P_V\times r_p\times h\times r_f\times L_f$		$R_F=R_B+R_V$
D3 电气和电子系统的失效	$R_C=N_D\times P_c\times L_O$	$R_M=N_M\times P_M\times L_O$	$R_W=(N_L+N_{Da})\times P_W\times L_O$	$R_Z=(N_I-N_L)\times P_Z\times L_O$	$R_O=R_C+R_M+R_W+R_Z$
根据损害源划分的风险结果	$R_D=R_A+R_B+R_C$	$R_I=R_M+R_U+R_V+R_W+R_Z$			

建筑物的总风险是构成建筑物的各个区域 Z_S 的相应风险分量的总和。

根据表 5-43：

① 损害源对应的风险分量组合

$$R=R_D+R_I \tag{5.4-51}$$

R_D:雷击建筑物产生的风险(损害源 S1)；

$$R_D=R_A+R_B+R_C \tag{5.4-52}$$

R_I:没有直接击中建筑物但对其产生影响的雷击产生的风险(损害源：S2，S3 和 S4)；

$$R_I=R_M+R_U+R_V+R_W+R_Z \tag{5.4-53}$$

② 损害类型对应的风险分量组合

$$R=R_S+R_F+R_O \tag{5.4-54}$$

R_S:人身伤害产生的风险；

$$R_S=R_A+R_U \tag{5.4-55}$$

R_F:物理损害产生的风险；

$$R_F=R_B+R_V \tag{5.4-56}$$

R_O:是内部系统失效产生的风险；

$$R_O=R_M+R_C+R_W+R_Z \tag{5.4-57}$$

5. 具有多个分区建筑物风险分量估算

不同的风险，其风险分量的计算稍有不同。

(1) 风险 R_1、R_2 和 R_3

① 单区域建筑物

整座建筑物为单一的一个分区。风险 $R_1 \sim R_3$ 分别为建筑物内其所对应的各个风险分量之和。在选取相关参数及计算风险分量时遵循以下原则。

——按标准定义计算危险事件次数 N_X；

——按标准定义计算损害概率 P_X；

——对于风险概率 P_A、P_B、P_U、P_V、P_W 和 P_Z，每个所涉参数只需确定一个值。当有多个参数可选时，应当选择其中的最大值。

——对于风险 P_C 和 P_M，当区域中有多个内部系统时，按下式计算：

$$P_C = 1 - \prod_{i=1}^{n}(1 - P_{Ci}) \tag{5.4-58}$$

$$P_M = 1 - \prod_{i=1}^{n}(1 - P_{Mi}) \tag{5.4-59}$$

式中：参数 P_{Ci}、P_{Mi} 是第 i 个内部系统的损害概率，$i=1,2,\cdots n$。

——按标准定义估算各种损失率 L_X；可根据建筑物用途取典型平均值作为一个区的损失率；

——将建筑物假定为只有一个区域可能会导致保护措施花费高昂，因为保护措施要延伸到保护整个建筑物。

② 多分区建筑物

对于多分区建筑物，建筑物的各类风险 R_X 分别为建筑物各个区域该风险之和；各区域该风险是该区域中各个相关风险分量 R_X 之和。

(2) 风险 R_4

估算为减少经济损失风险 R_4 而采取保护措施成本效益合理性总是有用的，不管是否需要评估 $R_1 \sim R_3$。

做风险 R_4 评估对象可以是：

① 整个建筑物；

② 建筑物的一部分；

③ 内部装置；

④ 内部装置的一部分；

⑤ 设备的一部分；

⑥ 建筑物的内存物。

建筑物总损失代价是建筑物各个区域的损失价值的总和。

5.4.5　服务设施风险

1. 服务设施分区

为了对各个风险分量进行评估，可以服务设施划分为区段 S_S。然而，一个服务设施可以是,或可以假设为一个单独的区段。对于所有的风险分量（R'_B，R'_C，R'_V，R'_W，R'_Z）,区段 S_S 主要根据以下情况进行划分：

——服务设施的类型(架空或埋地线缆)；

——影响截收面积的因子(C_d,C_e,C_t)；

——服务设施的特性（电缆绝缘的类型,屏蔽层的电阻）。

还可以根据以下情况进一步进行划分：

——相连设备的类型；

——已有的或将采取的保护措施；

服务设施的区段划分应当考虑到采取最适当保护措施的可行性。如果一个区段中的参数不止一个值,应当假设其为能够导致最大风险的值。

2. 服务设施风险分量影响因子

表 5-44 服务设施风险分量的影响因子

服务设施的特性防护措施	R'_V	R'_W	R'_Z	R'_B	R'_C
截收面积	X	X	X	X	X
电缆屏蔽	X	X	X	X	X
防雷电缆	X	X	X	X	X
防雷电缆导管	X	X	X	X	X
附加屏蔽导体	X	X	X	X	X
冲击耐受电压	X	X	X	X	X
SPD	X	X	X	X	X

3. 服务设施风险分量

(1) 直接雷击引起的服务设施风险分量

R'_V:与雷电流的机械、热力效应造成的物理损害有关的风险分量。

$$R'_V = N_L P'_V L'_V \tag{5.4-60}$$

R'_W:与电阻性耦合产生的过电压造成相连设备失效有关的风险分量。

$$R'_W = N_L P'_W L'_W \tag{5.4-61}$$

表 5-45 中给出了评估这些风险分量所用的参数,以下同。

(2) 邻近雷击引起的服务设施风险分量

R'_Z:与线路上的感应过电压造成线路或相连设备失效有关的风险分量。可能出现 L2、L4 类型的损失。

$$R'_Z = (N_I - N_L) P'_Z L'_Z \tag{5.4-62}$$

注:如果$(N_I - N_L) < 0$，那么应当假定$(N_I - N_L) = 0$。

(3) 雷击相连建筑物引起的服务设施风险分量

R'_B:与流经线路的雷电流的机械、热力效应造成物理损害有关的风险分量。

$$R'_B = N_D P'_B L'_B \tag{5.4-63}$$

R'_C：与线路上的感应过电压造成线路或相连设备失效有关的风险分量。

$$R'_C = N_D P'_C L'_C \tag{5.4-64}$$

表 5-45　与服务设施风险分量评估有关的参数

符号	名称	参考取值
年平均雷击次数		
N_D	雷击与服务设施相连的建筑物	5.4.2 节 1(2)
N_L	雷击服务设施	5.4.2 节 1(4)
N_I	雷击服务设施附近	5.4.2 节 1(5)
雷击相邻建筑物造成损害的概率		
P'_B	物理损害	5.4.2 节 2(2)①②
P'_C	相连设备的失效	5.4.2 节 2(2)①②
雷击服务设施造成损害的概率		
P'_V	物理损害	5.4.2 节 2(2)③
P'_W	相连设备的失效	5.4.2 节 2(2)③
雷击服务设施附近造成损害的概率		
P'_Z	相连设备的失效	5.4.2 节 2(2)④
相应的损失		
$L'_B = L'_V = L'_f$	物理损害	表 5-38，式(5.4-32)
$L'_C = L'_W = L'_Z = L'_O$	相连设备的失效	表 5-38，式(5.4-33)

(4) 服务设施中的各种损失相应的风险分量

表 5-46　服务设施的各种损失类型相应的风险分量

损害源	雷击服务设施 S3		雷击服务设施附近 S4	雷击建筑物 S1	
风险分量	R'_V	R'_W	R'_Z	R'_B	R'_C
各种损失类型对应的风险					
R'_2	*	*	*	*	*
R'_4	*	*	*	*	*

根据表 5-46：

R'_2：公众服务损失的风险

$$R'_2 = R'_V + R'_W + R'_Z + R'_B + R'_C \tag{5.4-65}$$

R'_4：经济价值损失的风险

$$R'_4 = R'_V + R'_W + R'_Z + R'_B + R'_C \tag{5.4-66}$$

4. 损害源及损害类型对应的风险分量组合

表 5-47　各种损害类型和损害源对应的服务设施风险分量

损害类型＼损害源	S3 雷击服务设施	S4 雷击服务设施附近	S1 雷击与服务设施相连的建筑物	与损害类型相对应的风险
D2 物理损害	$R'_V=N_LP'_{Vi}L'_V$		$R'_B=N_DP'_{Bi}L'_B$	$R_F=R'_V+R'_B$
D3 电气、电子系统的失效	$R'_W=N_LP'_{Wi}L'_W$	$R'_Z=(N_I-N_L)P'_ZL'_Z$	$R'_C=N_DP'_{Ci}L'_C$	$R_O=R'_Z+R'_W+R'_C$
与损害源相对应的风险	$R_D=R'_V+R'_W$		$R_I=R'_Z+R'_B+R'_C$	

如果服务设施被划分为若干个区段 S_S，服务设施的风险分量 R'_V,R'_W应当计算为各段相应的风险分量的总和。对于 R_Z,应当在两段服务设施之间的过渡点对风险分量 R'_Z 进行计算,并将最高的值假定为 R'_Z 值。服务设施风险分量 R'_B,R'_C 应为各个连接到服务设施的建筑物的相应风险分量的总和。服务设施的总风险 R 是各个风险分量 R'_B,R'_C,R'_V,R'_W,R'_Z 的总和。

① 损害源对应的风险分量组合

$$R'=R'_D+R'_I \tag{5.4-67}$$

R'_D:雷击服务设施产生的风险(损害源 S3)；

$$R'_D=R'_V+R'_W \tag{5.4-68}$$

R'_I:没有直接击中服务设施但对其造成影响的雷击产生的风险(损害源 S1 和 S4)；

$$R'_I=R'_B+R'_C+R'_Z \tag{5.4-69}$$

② 损害类型对应的风险分量组合

$$R'=R'_F+R'_O \tag{5.4-70}$$

R'_F:物理损害(D2)产生的风险；

$$R'_F=R'_V+R'_B \tag{5.4-71}$$

R'_O:电气和电子设备失效(D3)产生的风险；

$$R'_O=R'_W+R'_Z+R'_C \tag{5.4-72}$$

5.4.6　风险决策

1. 判定是否需要防护措施

按照 IEC 62305—1,评估一个对象是否需要防雷保护时,应考虑以下风险：

(1) 建筑物的风险 R_1、R_2 和 R_3；

(2) 服务设施的风险 R'_2。

对于上述每一种风险,应当采取以下步骤：

(1) 识别构成该风险和各个分量 R_X；

(2) 计算各风险分量 R_X；

(3) 计算总风险 R；

(4) 确定风险容许值 R_T；

(5) 比较风险 R 和风险容许值 R_T。

如果 $R \leqslant R_T$，防雷保护不作强制要求；

如果 $R > R_T$，应当采取保护措施以减小对象遭受的所有风险，使得 $R \leqslant R_T$。其流程见图 5-41。

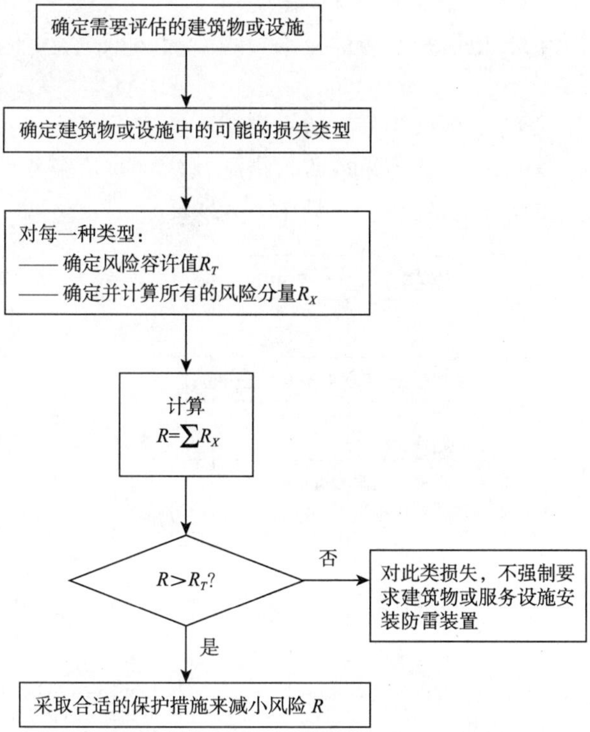

图 5-41　确定是否需要防雷保护的流程

2. 防护措施的选择

(1) 选择依据

——IEC 62305—3；

——IEC 62305—4；

——服务设施防雷标准。

(2) 成本效率评估

① 评估步骤

a. 识别组成建筑物风险 R_4 或服务设施风险 R'_4 的各个风险分量 R_X

或R'_X；

b. 计算未采取防雷措施的情况下各个风险分量R_X或R'_X；

c. 计算各个风险分量 R_X 或 R'_X 造成的年均损失；

d. 计算每年总损失 C_L；

e. 选择某一类型的保护措施；

f. 计算采取了所选择的保护措施后的风险分量 R_X 或 R'_X；

g. 计算采取了保护措施后建筑物或服务设施中各个风险分量造成的年均损失；

h. 计算采取了保护措施后的年均损失总量 C_{RL}；

i. 计算所选择的雷电防护措施的年均费用 C_{PM}；

j. 比较费用：

如果 $C_L < C_{RL} + C_{PM}$，则认为采取防雷措施不经济。

如果 $C_L \geqslant C_{RL} + C_{PM}$，则认为采取防雷措施在建筑物功服务设施的使用寿命期内可节约开支，在经济上是合算的(见图 5-42)。

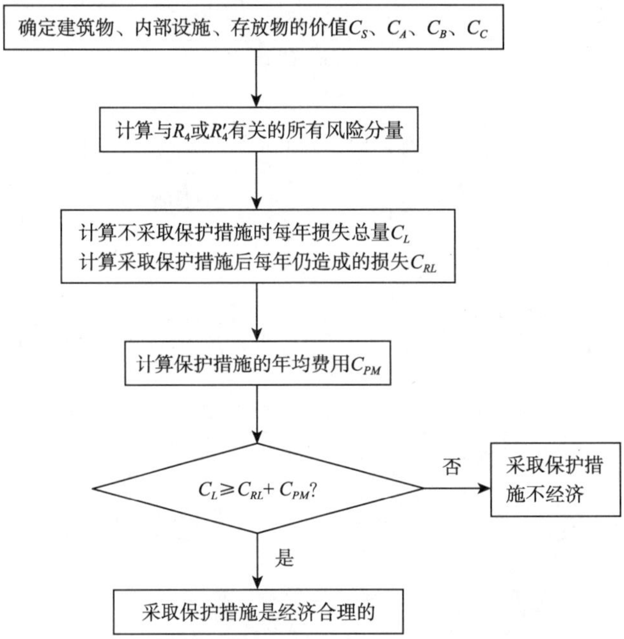

图 5-42 评估采取保护措施的成本效益流程

② 防护措施成本效益估算

a. 确定建筑物有关价值

C_A——牲畜价值；

C_S——建筑物内部系统价值；

C_B——建筑物价值；

C_C——建筑物内存物价值。

b. 计算无防护措施条件下损失价值 C_L

未采取防护措施时，以该状态下的风险值计算建筑物遭受雷击时可能造成的全部损失价值 C_L：

$$C_L=(R_A+R_U)\times C_A+(R_B+R_V)\times(C_A+C_B+C_S+C_C)+(R_C+R_M+R_W+R_Z)\times C_S \tag{5.4-73}$$

式中：

R_A 和 R_U——在没有保护措施情况下，与牲畜损失有关的风险分量；

R_B 和 R_V——在没有保护措施情况下，与物理损害有关的风险分量；

R_C、R_M、R_W、R_Z——在没有保护措施情况下，与内部系统故障有关的风险分量；

c. 计算采取防护措施后损失价值 C_{RL}

$$C_{RL}=(R'_A+R'_U)\times C_A+(R'_B+R'_V)\times(C_A+C_B+C_S+C_C)+(R'_C+R'_M+R'_W+R'_Z)\times C_S \tag{5.4-74}$$

式中：

R'_A 和 R'_U——采取保护措施后与牲畜损失有关的风险分量；

R'_B 和 R'_V——采取保护措施后与物理损害有关的风险分量；

R'_C、R'_M、R'_W、R'_Z——采取保护措施后与内部系统故障有关的风险分量；

D 保护措施年均费用

保护措施的年平均费用 C_{PM} 可以通过以下公式进行计算：

$$C_{PM}=C_P\times(i+a+m) \tag{5.4-75}$$

式中：

C_P——保护措施的成本；

i——利率；

a——防护措施的折旧率；

m——维护费率。

每年减少支出的费用：

$$S=C_L-(C_{PM}+C_{RL}) \tag{5.4-76}$$

如果 $S>0$，则采取保护措施是经济合理的。

(3) 防护措施的选择

① 建筑物防护措施的选择步骤

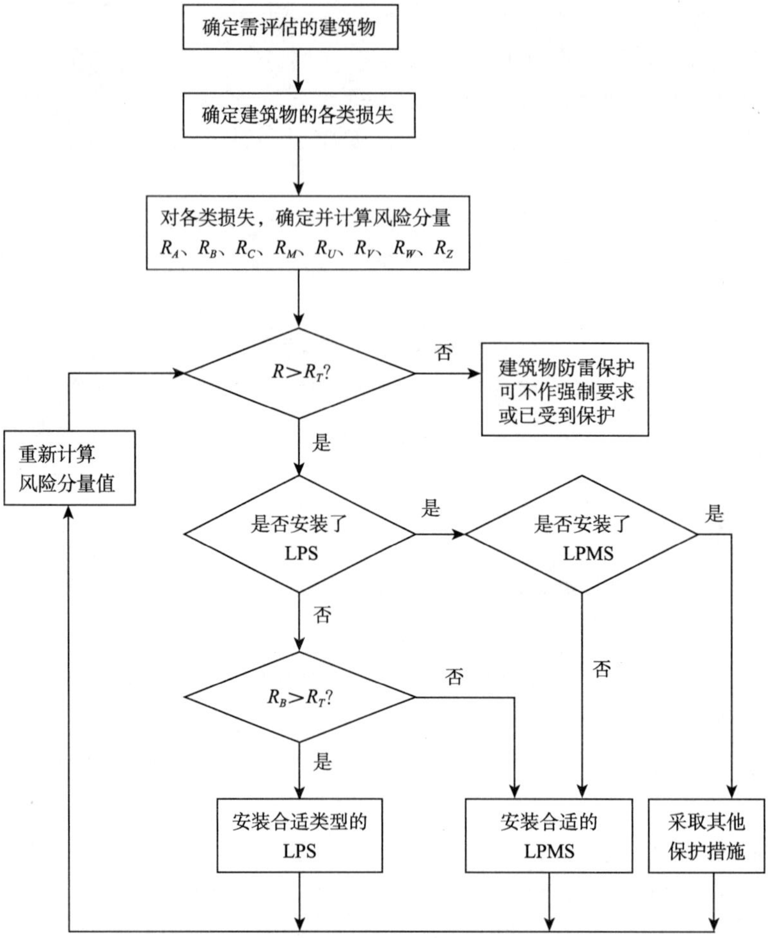

图 5-43　建筑物选择防护措施流程

风险评估中应按照各个风险分量在总风险中所占的比例，并考虑各种不同保护措施的技术可行性及经济合理等方面的情况，选择最合理的保护措施。

应找出最关键的若干参数，以决定减少风险的最有效的防护措施。

对于每种损失类型，有许多有效的防护措施，可以单独采用或组合采用，达到 $R \leqslant R_T$。

图 5-43 示出了为建筑物选择保护措施的简化程序。

② 服务设施防护措施的选择步骤

图 5-44 示出了为服务设施选择保护措施的简化程序（见图 5-44）。

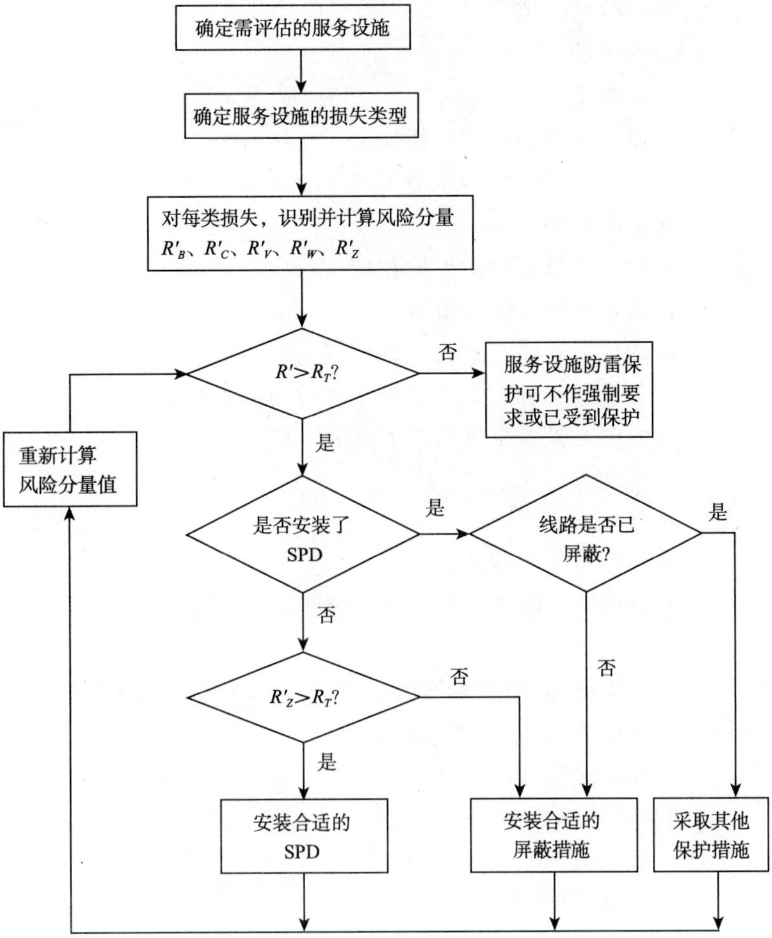

图 5-44　服务设施选择防护措施流程

5.4.7　相关符号

a　折旧率

A_d　孤立建筑物的雷击截收面积

A'_d　屋面突出部分的雷击截收面积

A_i　服务设施附近的雷击截收面积

A_I　服务设施的雷击截收面积

A_m　建筑物附近的雷击截收面积

c　货币表示的建筑物可能损失的平均价值

C_A　牲畜的价值

C_B　建筑物的价值

C_c	存储物的价值
C_d	位置因子
C_e	环境因子
c_L	采取保护措施前的年损失值
C_{RL}	采取保护措施后的年损失值
C_P	保护措施的成本
C_{PM}	采取保护措施后的平均花费
C_S	建筑物内部系统的价值
c_t	用货币表示的建筑物的总价值
C_t	服务设施上有 HV/LV 变压器时的修正因子
D_i	界定服务设施附近雷击的横向距离
D1	人畜伤害
D2	物理损害
D3	电气和电子系统故障
H_z	有特殊危险时增加损失率的因子
H	建筑物高度
H_{a}	服务设施“a”端建筑物的高度
H_{b}	服务设施“b”端建筑物的高度
H_{c}	导线架设的高度
i	利率
I_a	故障电流
K_d	与线路屏蔽层状况有关的因子
K_{MS}	由采用的防护措施决定的因子
K_P	线路屏蔽措施决定的因子
K_{s1}	LPZ0/1 防雷区界面上，建筑物、PLS 等屏蔽效能决定的因子
K_{s2}	内部防雷区界面上屏蔽体屏蔽效能决定的因子
K_{s3}	与内部布线有关的因子
K_{s4}	与内部系统的冲击耐压有关的因子
L	建筑物长度
L_{a}	服务设施“a”端建筑物的长度
L_A	雷击建筑物时，人畜伤害的损失率
L_B	雷击建筑物时，建筑物中物理损害的损失率
L'_B	雷击与服务设施相连建筑物时，服务设施中物理损害的损失率
L_c	服务设施线路段的长度
L_C	雷击建筑物时，建筑物内部系统故障的损失率

L'_C　雷击与服务设施相连建筑物时，服务设施中服务设备故障的损失率

L_f　物理损害引起的建筑物的损失率

L'_f　物理损害引起的服务设施的损失率

L_M　雷击建筑物附近时内部系统故障的损失率

L_o　内部系统故障引起的建筑物的损失率

L'_o　内部系统故障引起的服务设施的损失率

L_t　接触和跨步电压伤害引起的损失率

L_U　雷击入户设施造成建筑物内人畜伤害的损失率

L_V　雷击入户设施，建筑物内物理损害的损失率

L'_V　雷击服务设施，服务设施物理损害的损失率

L_W　雷击入户设施，内部系统故障的损失率

L'_W　雷击服务设施，服务设施故障的损失率

L_x　建筑物中各种损失率的通识符

L'_x　服务设施中各种损失率的通识符

L_z　雷击与建筑物相连服务设施附近时内部系统故障的损失率

L'_Z　雷击服务设施附近时服务设备故障的损失率

L1　建筑物内的人身伤亡损失

L2　建筑物内公众服务中止的损失

$\mathrm{L'_2}$　服务设施中公众服务中止的损失

L3　建筑物中文化遗产的损失

L4　建筑物内经济价值的损失

$\mathrm{L'_4}$　服务设施内经济价值的损失

m　维护费率

n　连接到建筑物的服务设施的数量

N_X　年均危险事件次数的通识符

N_D　雷击建筑物危险事件的次数

N_{Da}　雷击线路“a”端建筑物危险事件的次数

N_g　雷击大地密度

N_I　雷击服务设施附近危险事件的次数

N_L　雷击服务设施危险事件的次数

N_M　雷击建筑物附近危险事件的次数

n_P　可能遭受危害的人员数目(受害者或推动服务的用户数)

n_S　每年操作过电压次数的估算值或测量值

N_S　每年幅值超过 2.5 kV 的操作过电压的次数

n_t 建筑物内预期的总人数(或接受服务的用户数)

P 损害概率

P_A 雷击建筑物造成人畜伤害的概率

P_B 雷击建筑物造成建筑物物理损害的概率

P'_B 雷击与服务设施相连建筑物造成服务设施物理损害的概率

P_C 雷击建筑物造成内部系统故障的概率

P'_C 雷击与服务设施相连建筑物造成服务设备故障的概率

P_{LD} 未采取 SPD 保护的情况下,雷击服务设施造成内部系统故障的概率

P_{LI} 未采取 SPD 保护的情况下,雷击服务设施附近造成内部系统故障的概率

P_M 雷击建筑物附近造成内部系统故障的概率

P_{MS} 未采取 SPD 保护的情况下,雷击建筑物附近造成内部系统故障的概率

P_{SPD} 有 SPD 保护时内部系统或服务设施发生故障的概率

P_U 雷击入户设施造成人畜伤害的概率

P_V 雷击入户设施造成建筑物物理损害的概率

P'_V 雷击服务设施造成服务设施物理损害的概率

P_W 雷击入户设施造成内部系统故障的概率

P'_W 雷击服务设施造成服务设备故障的概率

P_X 建筑物各种损害概率的通识符

P'_X 服务设施中各种损害概率的通识符

P_Z 雷击入户服务设施附近造成内部系统故障的概率

P'_Z 雷击服务设施附近造成服务设备故障的概率

r_a 土壤类型影响人身伤亡损失的缩减因子

r_P 与防火措施有关的缩减因子

r_u 地板类型影响人身伤亡损失的缩减因子

R 风险

R_A 雷击建筑物造成人畜伤害的风险分量

R_B 雷击建筑物造成建筑物物理损害的风险分量

R'_B 雷击服务设施相连建筑物造成服务设施物理损害的风险分量

R_C 雷击建筑物造成内部系统故障的风险分量

R'_C 雷击与服务设施相连建筑物造成服务设备故障的风险分量

R_D 损害成因 S1 引起的建筑物的风险

r_f 取决于火灾危险程度的缩减因子

R_F	各种损害成因造成的建筑物物理损害的风险
R'_F	各种损害成因造成的服务设施物理损害的风险
R_I	除损害成因 S1 外,其余损害成因造成的建筑物的风险
R_M	雷击建筑物附近引起的内部系统故障的风险分量
R_O	各种损害成因造成的建筑物内部系统故障的风险
R'_O	各种损害成因造成的服务设备故障的风险
R_s	单位长度电缆屏蔽层电阻
R_S	各种损害成因造成的人畜伤害的风险
R_T	容许的风险
R_U	雷击入户服务设施造成人畜伤害的风险分量
R_V	雷击入户服务设施造成建筑物物理损害的风险分量
R'_V	雷击服务设施造成服务设施物理损害的风险分量
R_W	雷击入户服务设施造成内部系统故障的风险分量
R'_W	雷击服务设施造成服务设备故障的风险分量
R_X	建筑物各种风险分量通识符
R'_X	服务设施各种风险分量通识符
R_Z	雷击入户服务设施附近造成内部系统故障的风险分量
R'_Z	雷击服务设施附近造成服务设备故障的风险分量
R_1	建筑物中人身伤亡损失的风险
R_2	建筑物中公众服务损失的风险
R'_2	服务设施中公众服务损失的风险
R_3	建筑物中文化遗产损失的风险
R_4	建筑物中经济价值损失的风险
R'_4	服务设施中经济价值损失的风险
S	每年节约费用
S_S	服务设施的线路段
S1	雷击建筑物
S2	雷击建筑物附近
S3	雷击服务设施
S4	雷击服务设施附近
t	每年服务中止的小时数
t_P	受危害人员每年在危险场所停留的小时数
T_d	年雷暴日
T_X	过渡点通识符
U_W	被保护系统的额定冲击耐压

ω 网格宽度

W 建筑物的宽度

W_a 服务设施"a"建筑物的宽度

Z_S 建筑物分区

5.4.8 雷击损坏风险评估案例

某一具有手术室和重症监护室的医院。

人员生命的损失(L1)以及经济价值的损失(L4)是对某医院影响的分量，这样我们将计算风险 R_1 和 R_4。

1. 有关的数据和特性

1)表 5-48 中给出了建筑物本身及其周围环境的数据和特性；

2)表 5-49 中给出了内部电气系统以及有关入户电力线路的数据和特性；

3)表 5-50 中给出了内部电子系统以及有关电信线路的数据和特性。

表 5-48 建筑物特性

参数	说明	符号	数值
尺寸(m)	—	($L_b \times W_b \times H_b$)	116×85×66.4
位置因子	被相同高度的或更矮的对象或树木所包围	C_d	0.5
LPS	无	P_B	1
建筑物边界的屏蔽	无	K_{S1}	1
建筑物内部的屏蔽	无	K_{S2}	1
雷击大地密度	1/km²/年	N_g	4
建筑物内的人员	户内和户外	n_t	800

表 5-49 内部电力系统以及有关入户电力线路的特性

参数	说明	符号	数值
土壤电阻率	(Ω·m)		200
长度(m)	—	L_c	1000
高(m)	埋地	—	—
HV/LV 变压器	在建筑物的入户处	C_t	0.2
线路位置因子	被其他较矮的对象包围	C_d	0.5
线路环境因子	具有高层建筑的市区	C_e	0
线路屏蔽层：连接到等电位连接排，设备也连接到同一个等电位连接排	$R_S \leqslant 1(\Omega/km)$	P_{LD}	0.2
		P_{LI}	0.008
内部的合理布线	无屏蔽电缆—合理布线以避免形成大的环路	K_{S3}	0.2

（续表）

参数	说明	符号	数值
设备耐受电压 U_w	$U_w=2.5$ kV	K_{S4}	0.6
配合的 SPD 保护	无	P_{SPD}	1
位于线路"a"端的建筑物的尺寸(m)	无	$(L_a \times W_a \times H_a)$	—

表 5-50　内部电信系统以及有关入户线路的特性

参数	说明	符号	数值
土壤电阻率	(Ω·m)		200
长度(m)	—	L_c	1000
高度(m)	埋地	—	—
线路位置因子	被其他较矮的对象包围	C_d	0.5
线路环境因子	具有高层建筑的市区	C_e	0
线路屏蔽层：连接到等电位连接排，设备也连接到同一个等电位连接排	$1<R_S\leqslant 5$(Ω/km)	P_{LD}	0.8
		P_{LI}	0.04
内部的合理布线	无屏蔽电缆—合理布线以避免形成大的环路	K_{S3}	0.02
设备耐受电压 U_w	$U_w=1.3$ kV	K_{S4}	1
配合的 SPD 保护	无	P_{SPD}	1
线路"a"端建筑物的尺寸(m)	无	$(L_a \times W_a \times H_a)$	20×30×5
建筑物"a"的位置因子	孤立	C_{da}	1

2. 某医院区域的定义及其特性

考虑到：

建筑物户外和户内的地表类型不同。

建筑物和手术室是防火隔间。

没有空间屏蔽。

重症监护室内部有高度敏感的电子系统，可能采取空间屏蔽作为保护措施。

在重症监护室中的损失 L 假定为比建筑物内其他地方的高。

定义了以下主要的区域：

Z_1（户外）

Z_2（房间区）

Z_3（手术室）

Z_4（重症监护室）

表 5-51 中给出了区域 Z_1 的特性，表 5-52 中给出了区域 Z_2 的特性

表 5-53 中给出了区域 Z_3 的特性，表 5-54 中给出了区域 Z_4 的特性．

在进行评价以后，对于区域 Z_1、Z_2 和 Z_3，与风险 R_1 有关的年平均损失相对

量的典型平均值简化为：

$$L_t=10^{-2}(户外)$$

$$L_t=10^{-4}(户内)$$

$$L_f=10^{-1}$$

$$L_o=10^{-3}$$

对于区域 Z_4，由于该区域具有特殊的性质，假定 $L_o=10^{-3}$。

对于风险 R_4，假定了损失相对量为典型的平均数值：

$$L_f=5\times10^{-1}$$

$$L_o=10^{-2}$$

表 5-51　区域 Z_1(户外)的特性

参数	说明	符号	数值
地表类型	混凝土	r_a	1×10^{-2}
触电保护	无	P_A	1
接触和跨步电压造成的损失	有	L_t	1×10^{-4}
区域中潜在地处于危险的人员			10

表 5-52　区域 Z_2(住房区)的特性

参数	说明	符号	数值
地板类型	油布	r_u	1×10^{-5}
火灾风险	一般	r_f	1×10^{-2}
特殊伤害	疏散困难	h	5
火灾保护	固定的自动灭火装置、自动报警装置	r_p	0.2
空间屏蔽	无	K_{S2}	1
内部电力系统	连接到电力线路	—	—
内部电信系统	连接到电信线路	—	—
接触和跨步电压造成的损失(与 R_1 有关)	有	L_t	5.5×10^{-5}
物理损害造成的损失(与 R_1 有关)	有	L_f	5.5×10^{-2}
内部系统失效造成的损失(与 R_1 有关)	无	L_o	—
物理损害造成的损失(与 R_4 有关)	有	L_f	5×10^{-1}
内部系统失效造成的损失(与 R_4 有关)	有	L_o	1×10^{-2}
区域中潜在地处于危险的人员			550

表 5-53　区域 Z_3(手术室)的特性

参数	说明	符号	数值
地板类型	油布	r_u	1×10^{-5}
火灾风险	低	r_f	1×10^{-3}
特殊伤害	疏散困难	h	5
火灾防护	固定的自动灭火装置、自动报警装置	r_p	0.2
空间屏蔽	无	K_{S2}	1
内部电力系统	连接到电力线路	—	—
内部电信系统	连接到电信线路	—	—
接触和跨步电压造成的损失(与 R_1 有关)	有	L_t	3.0×10^{-6}
物理损害造成的损失(与 R_1 有关)	有	L_f	3.0×10^{-3}
内部系统失效造成的损失(与 R_1 有关)	有	L_o	1×10^{-3}
物理损害造成的损失(与 R_4 有关)	有	L_f	5×10^{-1}
内部系统失效造成的损失(与 R_4 有关)	有	L_o	1×10^{-2}
区域中潜在地处于危险的人员	—	—	30

表 5-54　区域 Z_4(重症监护室)的特性

参数	说明	符号	数值
地板类型	油布	r_u	10^{-5}
火灾风险	低	r_f	10^{-3}
特殊伤害	疏散困难	h	5
火灾防护	固定的自动灭火装置、自动报警装置	r_p	0.2
空间屏蔽	无	K_{S2}	1
内部电力系统	连接到电力线路	—	—
内部电信系统	连接到电信线路	—	—
接触和跨步电压造成的损失(与 R_1 有关)	有	L_t	5×10^{-7}
物理损害造成的损失(与 R_1 有关)	有	L_f	5×10^{-4}
内部系统失效造成的损失(与 R_1 有关)	有	L_o	10^{-3}
物理损害造成的损失(与 R_4 有关)	有	L_f	5×10^{-1}

（续表）

参数	说明	符号	数值
内部系统失效造成的损失（与 R_4 有关）	有	L_o	1×10^{-2}
区域中潜在地处于危险的人员			5

3. 危险事件的预期年平均次数

计算某医院危险事件的年平均次数，数据在表 5-55 中给出。

表 5-55　危险事件的预期年平均次数

符号	数值(1/a)
N_D	4.3×10^{-1}
N_M	7.98×10^{-1}
$N_{L(\text{Power})}$	1.96×10^{-3}
$N_{i(\text{Power})}$	0
$N_{L(\text{telecom})}$	9.78×10^{-3}
$N_{i(\text{telecom})}$	0
$N_{Da(\text{telecom})}$	8.60×10^{-2}

4. 人员生命损失风险的评估：R_1

表 5-48 到表 5-56 中给出了计算风险分量所需要的参数。

表 5-56 中给出了要计算的风险分量。

表 5-57 中给出了概率 P 的数值。

表 5-56　对于风险 R_1，各个区域划分需要考虑的风险分量

	Z_1	Z_2	Z_3	Z_4
R_A	x			
R_B		x	x	x
R_C			x	x
R_M			x	x
$R_{U(\text{power line})}$		x	x	x
$R_{V(\text{power line})}$		x	x	x
$R_{W(\text{power line})}$			x	x
$R_{Z(\text{power line})}$			x	x
$R_{U(\text{telecom line})}$		x	x	x
$R_{V(\text{telecom line})}$		x	x	x
$R_{W(\text{telecom line})}$			x	x
$R_{Z(\text{telecom line})}$			x	x

表 5-57　对于风险 R_1—未采取防护措施时各种损害概率 P

概率	Z_1	Z_2	Z_3	Z_4
P_A	1		—	
P_B	—		1	
$P_{C(\text{power system})}$	—		1	
$P_{C(\text{telecom system})}$	—		1	
P_C	—		1	
$P_{M(\text{power system})}$	—		0.75	
$P_{M(\text{telecom system})}$	—		0.009	
P_M	—		0.752	
$P_{U(\text{power line})}$	—		0.2	
$P_{V(\text{power line})}$	—		0.2	
$P_{W(\text{power line})}$	—		0.2	
$P_{Z(\text{power line})}$	—		0.008	
$P_{U(\text{telecom line})}$	—		0.8	
$P_{V(\text{telecom line})}$	—		0.8	
$P_{W(\text{telecom line})}$	—		0.8	
$P_{Z(\text{telecom line})}$	—		0.04	

表 5-58 中给出了无保护建筑物的风险分量的数值。

表 5-58　对于风险 R_1，无保护建筑物的各个区域的风险分量的数值(数值$\times 10^{-5}$)

	Z_1	Z_2	Z_3	Z_4	建筑物
R_A	0.043				0.043
R_B		23.65	0.129	0.0215	23.8005
R_C			4.30	4.30	8.60
R_M			10	10	20
$R_{U(\text{power line})}$		0	0	0	0
$R_{V(\text{power line})}$		0.968	0.00528	0	0.973
$R_{W(\text{power line})}$			1.76	1.76	3.52
$R_{Z(\text{power line})}$			0	0	0
$R_{U(\text{telecom line})}$		0	0	0	0
$R_{V(\text{telecom line})}$		4.214	0.02299	0.0211	4.258
$R_{W(\text{telecom line})}$			7.662	7.662	15.324
$R_{Z(\text{telecom line})}$				0	0
合计	0.043	28.832	23.879	23.765	76.519

因为 $R_1 = 76.519 \times 10^{-5}$ 高于容许值 $R_T = 10^{-5}$，需要对建筑物进行防雷保护。

表 5-59 中给出了风险分量的组成部分：

表 5-59 各个区域的风险分量 R_1 的组成部分(数值×10^{-5})

	Z_1	Z_2	Z_3	Z_4	建筑物
R_D	0.043	23.65	4.43	4.32	32.443
R_I	0	5.182	19.45	19.42	44.05
合计	0.043	28.832	23.88	23.74	76.495
R_S	0.043	0	≈0	≈0	0.043
R_F	0	23.65	0.157	0.043	23.85
R_0	0	0	19.422	19.422	38.844
合计	0.043	23.65	19.579	19.465	62.737

即：

$$R_D=R_A+R_B+R_C$$

$$R_I=R_M+R_U+R_V+R_W+R_Z$$

$$R_S=R_A+R_U$$

$$R_F=R_B+R_V$$

$$R_0=R_M+R_C+R_W+R_Z$$

其中：

R_D 是雷击建筑物造成的风险(损害源 $S1$)；

R_I 是雷电没有直接击中建筑物，但对其造成影响所引起的风险(损害源：$S2$,$S3$ 和 $S4$)；

R_S 是生物伤害引起的风险；

R_F 是物理损害引起的伤害；

R_0 是内部系统失效引起的风险。

这个组成部分表明建筑物风险 R_1 主要是雷击建筑物造成区域的 Z_2 风险和雷击建筑物附近区域 Z_3、Z_4 中内部系统失效引起的。

风险 R_1 受到以下因素的影响：

区域 Z_2 中的物理损害(分量 R_B 约占 31.91%以及 R_V 约占 6.77%总风险)；

区域 Z_3 中内部系统的失效(分量 R_M 约占 13.07%以及 R_W 约占 10.01%总风险)；

区域 Z_4 中内部系统的失效(分量 R_M 约占 13.07%以及 R_W 约占 10.01%总风险)。

区域 Z_2 中的分量 R_B 和 R_M 可以通过以下措施来减少：

分量 R_B 也可以通过对某医院整幢建筑物加装符合 IEC 62305-3 的 LPS；

分量 R_M 和 R_V 可以通过为内部电力和电信系统提供符合 IEC 62305-4 要求的配合的 SPD 保护来减少；

区域 Z_3 中的分量 R_M 可以通过以下措施来减少：

——为内部电力和电信系统提供符合 IEC 62305-4 要求的配合的 SPD 保护；

区域 Z_4 中的分量 R_M 可以通过以下措施来减少：

——为内部电力和电信系统提供符合 IEC 62305-4 要求的配合的 SPD 保护；

——为区域 Z_4 提供符合 IEC 62305-4 要求的充分的空间格栅形屏蔽。

所以应该采用Ⅱ类的 LPS 对建筑物进行保护：

为电力和电信系统安装 LPS 为Ⅰ级的配合的 SPD 保护；

为区域 Z_4 提供格眼宽度为 1 m 的网格状屏蔽。

应用这种方案时，表 5-52 中的参数将发生改变，从而得到表 5-60 中的概率值。

表 5-60　对于风险 R_1，按照方案得到的受保护建筑物的概率 P 的值(数值×10^{-5})

概率	Z_1	Z_2	Z_3	Z_4
P_A	1		—	
P_B	—		0.02	
$P_{C(\text{power system})}$	—		0.01	
$P_{C(\text{telecom system})}$	—		0.01	
$P_{M(\text{power system})}$	—		0.0001	
$P_{M(\text{telecom system})}$	—		0.0001	
$P_{U(\text{power line})}$	—		0.01	
$P_{V(\text{power line})}$	—		0.01	
$P_{W(\text{power line})}$	—		0.01	
$P_{Z(\text{power line})}$	—		0.008	
$P_{U(\text{telecom line})}$	—		0.01	
$P_{V(\text{telecom line})}$	—		0.01	
$P_{W(\text{telecom line})}$	—		0.01	
$P_{Z(\text{telecom line})}$	—		0.01	

表 5-61　按照方案采取了保护措施后各个区域的风险分量 R_1 的组成部分(数值×10^{-5})

	Z_1	Z_2	Z_3	Z_4	建筑物
R_A	0.043				0.043
R_B		0.473	0.00258645	0.00043	0.476
R_C			0.043	0.043	0.086
R_M			0.001	0.001	0.002
$R_{U(\text{power line})}$		0	0	0	0

（续表）

	Z_1	Z_2	Z_3	Z_4	建筑物
$R_{V(power\ line)}$		0.00968	0	0	0.00968
$R_{W(power\ line)}$			0.0176	0.0176	0.0352
$R_{Z(power\ line)}$			0	0	0
$R_{U(telecom\ line)}$		0	0	0	0
$R_{V(telecom\ line)}$		0.04214	0	0	0.04214
$R_{W(telecom\ line)}$			0.07662	0.07662	0.15324
$R_{Z(telecom\ line)}$			0	0	0
合计	0.043	0.52482	0.1408	0.13865	0.84727

在此情况下 $R_1=0.84727\times10^{-5}$，小于容许值 $R_T=10^{-5}$，从而实现了对某医院人员生命损失的保护。

5. 经济损失风险的评估：R_4

表 5-48 至表 5-56 中给出了计算风险分量所需要的参数。

表 5-62 中给出了在上述方案保护下建筑物的风险分量值。

表 5-62 风险 R_4 在方案保护下建筑物各个区域的风险分量值(数值 $\times10^{-5}$)

	Z_2	Z_3	Z_4	建筑物
R_B	0.43	0.00645	0.001075	0.437525
R_C		0.43	0.43	0.86
R_M		0.01	0.01	0.02
$R_{V(\text{power line})}$	0.4398	0.04398	0.04398	0.52776
$R_{W(\text{power line})}$		0.04398	0.04398	0.08796
$R_{Z(\text{power line})}$		0	0	0
$R_{V(\text{telecom line})}$	0.4398	0.04398	0.04398	0.52776
$R_{W(\text{telecom line})}$		0.04398	0.04398	0.52776
$R_{Z(\text{telecom line})}$		0	0	0
合计	1.3096	0.62237	0.616995	2.548965

在此情况下 $R_1=2.548965\times10^{-5}$，小于容许值 $R_T=10^{-3}$，从而实现了对某医院经济价值损失的保护。

§5.5 雷击危害影响环境风险评估

众所周知，雷电灾害风险评估一方面可以了解项目自身风险，对指导该项目选址和功能布局起着重要作用；另一方面可以确定对周边环境影响，对相邻建筑或设施是否应当采取更加有效防雷措施提供理论依据；最后通过评估可以达到采取经济合理的防雷技术措施。在雷电灾害风险评估中，对灾情损失的评估包括雷击损坏风险评估和雷击危害范围影响评估，本书下面重点针对爆炸危险场所遭受雷击对其周边危害影响范围进行评估和其他重点工程项目建设对其周边范围影响评估进行介绍。

5.5.1　预计雷击次数影响评估

1. 高耸建筑物

众所周知，高耸建(构)筑物易使地表的电场分布发生了严重的畸变，容易构成雷电发展条件，加上离放电云层近，易遭受雷击，通常年雷击次数和当地年均雷暴日成正比，和建(构)筑物高度的平方成正比。根据美国学者统计得出的经验公式，年平均雷击次数 N 可用下面公式算出：

$$N=0.015(I_{KZ})10^{-4}\cdot k_1\cdot k_2\cdot H^2 \tag{5.5-1}$$

式中：I_{KZ}——年平均雷暴日(d/a)。

k_1——落雷不均系数。对发电厂变电所 $k_1=8\sim12$；一般易受雷击的建筑物，$k_1=1.5\sim2.0$。

k_2——建筑材料影响系数。金属材料 $k_2=1.5$，非金属材料 $k_2=0.15$。

H——建(构)筑物高度(m)。

在《雷电灾害典型案例分析》一书中提到：学校频遭雷击 致灾原因何在？提到学校附近有一移动通信基站建设后，该校频遭雷击，经分析发现，移动通信基站的建设，大大增加了学校遭受雷击的概率。而移动通信基站铁塔的建设相对于城南中学来说，类似于在其附近安装了一根高 15 m 的独立避雷针，但其保护半径仅为 39.69 m，而城南中学的占地近 100 亩，距离移动通信基站最近处约 15 m，因此该移动通信基站铁塔不足以完全保护城南中学。根据雷电学理论和《建筑物防雷设计规范》(GB 50057—94)的条文说明中第五章给定了电气—几何模型(即：$I=\left(\frac{h_r}{10}\right)^{1.54}$，其中 h_r 就是指的闪击距离)，对于不同防雷类别的一、二、三类建筑物，h_r 分别对应的值为 30 m、45 m、60 m，其对应的雷电流分别为 5.4 kA、10.1 kA、15.8 kA。当雷电流小于上述数值时，闪电通道的能量就不足以击穿雷云与避雷针之间的通道，而是绕过避雷针随机地闪落在附近的建筑物或大地上；而只有在雷电流等于和大于上述数值时雷闪才会闪落在接闪器上。当闪电成功击于避雷针上的时候称之为接闪成功，反之我们称之为接闪失败。无论是接闪成功还是接闪失败这都与避雷针的引雷作用密切相关。

综上所述，移动通信基站的建设增加了城南中学遭受雷击的概率，却不能有效地接闪，导致该校雷电灾害事故频发。

案例：如有一座高度为 42 m 的高砖混烟囱在某建筑物旁建设(其中年平均雷暴日数为48.9 d/a，$H=42$ m)，则取 $k_1=1.5$，$k_2=0.15$，

该烟囱年预计雷击次数 N

$$N=0.015T_d \cdot k_1 \cdot k_2 \cdot H^2 \cdot 10^{-4}(\text{次/a})=0.015\times 48.9\times 1.5\times 0.15\times 42^2\times 10^{-4}=2.91\times 10^{-2}$$

即：该烟囱每 100 a 可能遭受约 3 次直接雷击。

2. 普通建筑物

普通建筑物年预计雷击次数可通过下式计算：

$$N=k \cdot N_g \cdot A_e(\text{次/a}) \tag{5.5-2}$$

式中：k——校正系数，在一般情况下取 1，在下列情况下取相应数值：位于旷野孤立的建筑物取 2；金属屋面的砖木结构的建筑物取 1.7；位于河边、湖边、山坡下或山地中土壤电阻率较小处，地下水露头处、土山顶部、山谷风口等处的建筑物，以及特别潮湿地带的建筑物取 1.5。

其中，建筑物截收相同雷击次数的等效面积

$$A_e=[L_W+2\ H(L+W)H(200-H)+\pi H(200-H)]\times 10^{-6}$$

3. 电子信息系统

建筑物及入户设施年预计雷击次数（N）可通过下式计算：

$$N=N_1+N_2(\text{次/a}) \tag{5.5-3}$$

可接受的最大年平均雷击次数 N_C 的计算因雷电引起电子信息系统设备损坏的可接受的最大年平均雷击次数 N_C 按下式确定：

$$N_C=5.8\times 10^{-1.5}/C \tag{5.5-4}$$

式中：C——各类因子，$C=C_1+C_2+C_3+C_4+C_5+C_6$

C_1 为信息系统所在建筑物材料结构因子。当建筑物屋顶和主体结构均为金属材料时，C_1 取 0.5；当建筑物屋顶和主体结构均为钢筋混凝土材料时，C_1 取 1.0；当建筑物为砖混结构时，C_1 取 1.5；当建筑物为砖木结构时 C_1 取 2.0；当建筑物为木结构时，C_1 取 2.5。

C_2 信息系统重要程度因子，等电位连接和接地以及屏蔽措施较完善的设备 C_2 取 2.5；使用架空线缆的设备 C_2 取 1.0；集成化程度较高的低电压微电流的设备 C_2 取 3.0。

C_3 信息系统设备耐冲击类型和抗冲击过电压能力因子，一般，C_3 取 0.5；较弱，取 1.0；相当弱，取 3.0。

C_4 电子信息系统设备所在雷电防护区（LPZ）的因子，设备在 LPZ2 或更高层雷电防护区内时，C_4 取 0.5；设备在 LPZ1 区内时，C_4 取 1.0；设备在 $LPZ0_B$ 区内时，C_4 取 1.5～2.0。

C_5 为电子信息系统发生雷击事故的后果因子，信息系统业务中断不会产生不良后果时，C_5 取 0.5；信息系统业务原则上不允许中断，但在中断后无严重后果时，C_5 取 1.0；信息系统业务不允许中断，中断后会产生严重后果时，C_5 取 1.5～2.0。

C_6 区域雷暴等级因子，少雷区 C_6 取 0.8；多雷区 C_6 取 1；高雷区 C_6 取 1.2；强雷区 C_6 取 1.4。

5.5.2　电磁环境影响

雷电击中建筑物防雷装置接闪器或建筑物附近地面时，雷电流会在建筑物内部或附近地区产生瞬变磁场，它会对建筑物内对磁场环境有要求的设备产生影响；同时会对处于建筑物内形成开路的金属环路感应出电压，而对短路的环路感应出电流，从而造成对整个电子信息系统正常运行的影响。对可能出现的雷电电磁强度的计算，有利于对建筑物内设施可能遭受的雷电损坏进行预先评价，找出减小或避免雷电危害的方法。

1. 户外磁场强度评估

户外距离雷击点 S_a 处的磁场强度评估公式可按下式评估：

$$H_0=i_0/(2\pi S_a)(\mathrm{A/m}) \tag{5.5-5}$$

式中：

i_0——雷电流(A)；

S_a——雷击点至所考虑点的距离(见图 5-45)(m)。

2. 建筑物内磁场强度的评估

(1) 建筑物发生邻近雷击情况下的建筑物内磁场强度

① LPZ0 区中入射磁场强度 H_o 可按下式计算：

$$H_o=i_o/(2\cdot\pi\cdot S_a)(\mathrm{A/m}) \tag{5.5-6}$$

式中：

i_o——雷电流(A)；

S_a——雷击点至所考虑的被屏蔽空间的平均距离(见图 5-45)(m)。

② 首次雷击所致的磁场强度最大值为：

$$H_{o/f/\max}=i_{f/\max}/(2\cdot\pi\cdot S_a)(\mathrm{A/m}) \tag{5.5-7}$$

③ 后续雷击所致的磁场强度最大值为：

$$H_{o/s/\max}=i_{s/\max}/(2\cdot\pi\cdot S_a)(\mathrm{A/m}) \tag{5.5-8}$$

式中：

$i_{f/\max}$——首次雷击电流最大值，按保护级别选定(A)；

$i_{s/\max}$——后续雷击电流最大值，按保护级别选定(A)。

④ LPZ1 区内的安全空间 V_s 有效，V_s 是以与屏蔽体保持一安全距离 $d_{s/1}$ 而确定的空间(见图 5-45)。

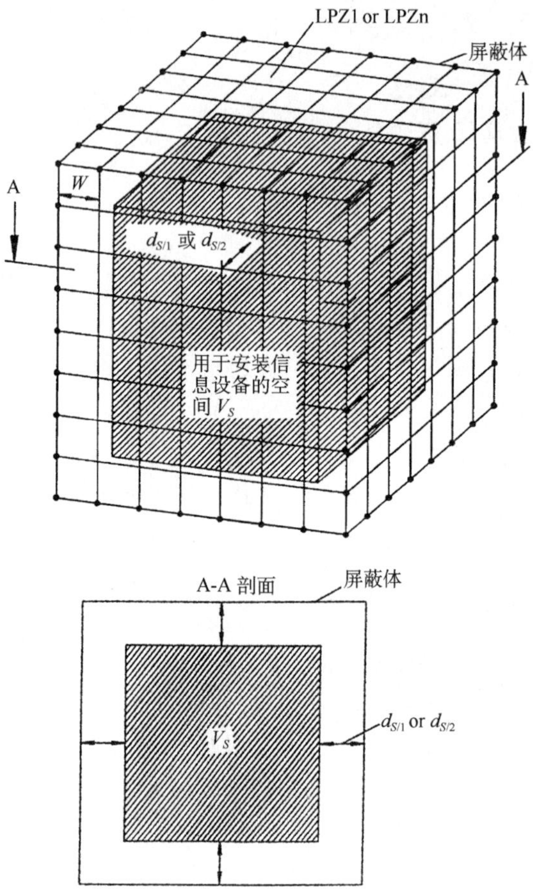

图 5-45　LPZ1 或 LPZn 内部用于安装信息设备的空间

注：用于安装信息设备的空间 V_s 与 LPZ1 或 LPZn 的屏蔽层保持一个安全距离 $d_{s/1}$ 或 $d_{s/2}$。

$$d_{s/1}=w\cdot SF/10(\mathrm{m}) \tag{5.5-9}$$

式中：

SF——由表 5-63 的公式估算出的屏蔽系数(dB)；

w——该格栅形屏蔽体的网格宽度(m)。

⑤ LPZ1 区中空间体 V_s 内的磁场强度 H_1：

$$H_1=H_o/10^{SF/20}(\mathrm{A/m}) \tag{5.5-10}$$

式中：

SF——由表 5-63 的公式估算出的屏蔽系数(dB)；

H_o——LPZ0 区的磁场强度(A/m)，分别等于 $H_{o/\mathrm{f/max}}$、$H_{o/\mathrm{s/max}}$。

(2) 建筑物发生直接雷击情况下的建筑物内磁场强度

① 在 LPZ1 区内空间 V_s 的内部任意一点由首次雷击产生的磁场强度 H_1 为：

$$H_1 = K_H \cdot i_o \cdot w/(d_w \cdot \sqrt{d_r})(\mathrm{A/m}) \tag{5.5-11}$$

② LPZ1 区内空间 V_s 内部任意一点由首次雷击所致的磁场强度最大值为：

$$H_{1/f/\max} = K_H \cdot i_{f/\max} \cdot w/(d_w \cdot \sqrt{d_r})(\mathrm{A/m}) \tag{5.5-12}$$

③ LPZ1 区内空间 V_s 内部任意一点由后续雷击所致的磁场强度最大值为：

$$H_{1/s/\max} = K_H \cdot i_{s/\max} \cdot w/(d_w \cdot \sqrt{d_r})(\mathrm{A/m}) \tag{5.5-13}$$

式中：

d_r——所考虑点至 LPZ1 屏蔽体顶部的最短距离(m)；

d_w——所考虑点至 LPZ1 屏蔽体侧面的最短距离(m)；

$i_{f/\max}$——首次雷击电流的最大值，按保护级别选定(A)；

$i_{s/\max}$——后续雷击电流的最大值，按保护级别选定(A)；

K_H——形状系数$(1/\sqrt{m})$，取 $K_H = 0.01(1/\sqrt{m})$；

w——LPZ1 格栅形屏蔽体的网格宽度(m)。

④ 格栅形屏蔽内部体的空间 V_s 以与屏蔽体保持一安全距离 $d_{s/2}$ 而确定的空间(见图 5-45)。

$$d_{s/2} = w(\mathrm{m}) \tag{5.5-14}$$

(电子)信息设备只应安装在空间 V_s 内。因此，在紧挨着格栅处的特高磁场值不应再当做信息设备的干扰源来考虑。

⑤ 对 LPZ(n+1)区内的某一空间是以与屏蔽体(指该区屏蔽体)保持一安全距离 $d_{s/1}$ 而确定的空间。

$$d_{s/1} = w \cdot SF/10(\mathrm{m}) \tag{5.5-15}$$

式中：

SF——由表 5-63 的公式计算出的屏蔽系数(dB)；

w——该格栅形屏蔽体的网格宽度(m)。

⑥ LPZ(n+1)区内部的磁场强度 H_{n+1}。

$$H_{n+1} = H_n/10^{SF/20}(\mathrm{A/m}) \tag{5.5-16}$$

式中：

SF——由表 5-63 的公式计算出的屏蔽系数(dB)；

H_n——LPZn 区内部的磁场强度(A/m)。

表 5-63　邻近雷击产生的平面波情况下，格栅形空间屏蔽体的磁场衰减

材料	SF(dB)	
	25 kHz1)	1 MHz2)
铜/铝	$20 \cdot \lg(8.5/w)$	$20 \cdot \lg(8.5/w)$
钢3)	$20 \cdot \lg[(8.5/w)\sqrt{1+18\times10^{-6}/r^2}]$	$20 \cdot \lg(8.5/w)$

注：1)适用于首次雷击磁场强度 H_f；

2)适用于后续雷击磁场强度 H_s；

3)导磁率 $\mu_r \approx 200$。

w：格栅形屏蔽网格宽度(m)，适用于 $w \leqslant 5$ m；r：格栅形屏蔽网格导体的半径(m)。

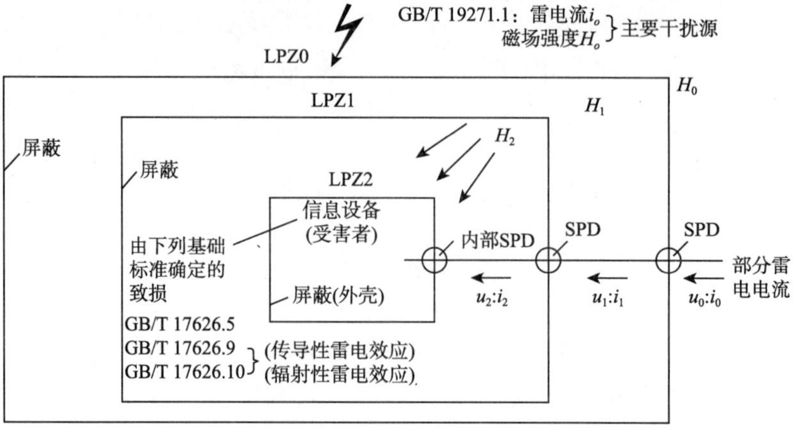

图 5-46　雷击时 EMC 的状况

注：i_o 及 H_o：10/350 μs 及 0.25/100 μs 两种冲击；

GB/T 17626.5：U：1.2/50 μs 冲击电压；I：8/20 μs 冲击电流；

GB/T 17626.9：H：8/20 μs 冲击磁场(25 kHz 阻尼振荡)；T_P＝10 μs；

GB/T 17626.10：H：0.2/0.5 μs 冲击磁场(1 MHz 阻尼振荡)；T_P＝0.25 μs。

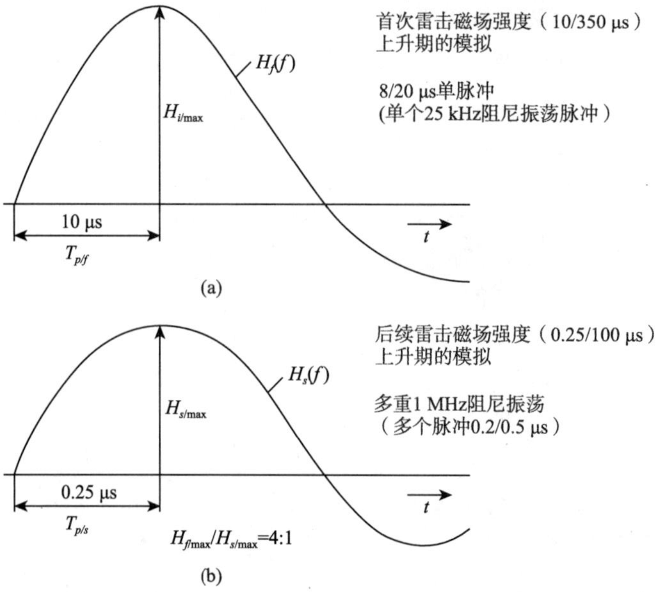

图 5-47　用阻尼振荡描述上升期的磁场强度波形

注：虽然达到最大值的时间 T_p 与波前时间 T_1 定义不同，但为了适当逼近，它们的数值这里可视为相等。

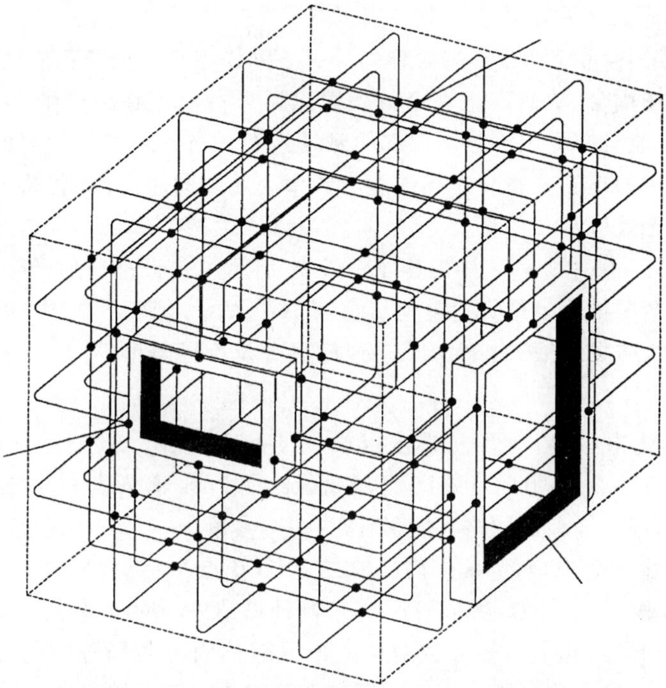

图 5-48　用钢筋和金属框架构成的大空间屏蔽体

注:对大型建筑物来说,在每一点上焊接或夹接是不可能的。但是通过直接接触或用铁丝绑扎,绝大多数的点可做到自然互连。因此,每隔大约 1 m 作一连接,将是实际可行的方法。

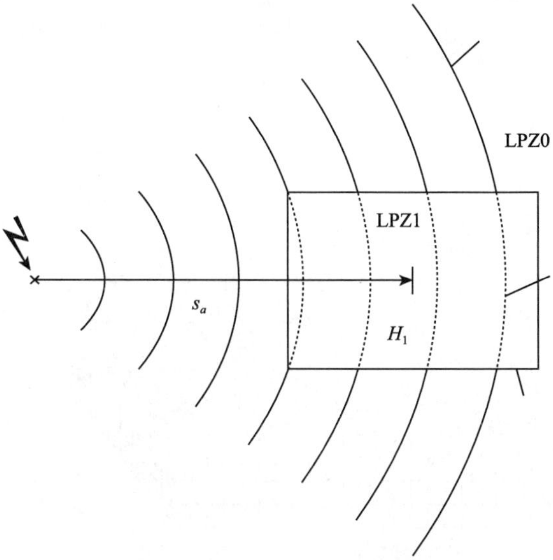

图 5-49　邻近雷击的情况

S_a:雷击点与被屏蔽空间的平均距离

3. 格栅形磁场屏蔽体内部磁场强度

(1) 计算中，考虑格栅形屏蔽体的每一条钢筋与其他钢筋包括模拟的雷电通道之间的磁场耦合，从而产生一个方程组以计算雷电流在格栅形屏蔽体中的分布，并由该电流分布导出屏蔽体内部的磁场强度。当忽略各条钢筋的电阻时，格栅形屏蔽体中的电流分布和磁场强度与频率无关。同时，如果忽略电容性耦合，可不考虑瞬态效应。

(2) 在图 5-51、图 5-52 中给出了图 5-50 所示第一类格栅形屏蔽的若干计算结果。所有情况都假定最大雷电流 $i_{o/\max}=100$ kA。在图 5-51、图 5-52 中，H 是某一点的最大磁场强度，由 H_x、H_y 及 H_z 各分量推导得出。

$$H=\sqrt{H_x^2+H_y^2+H_z^2} \tag{5.5-17}$$

在图 5-51 中，沿着一条从雷击点($x=y=0$，$z=10$ m)至立方体的中心点($x=y=5$ m，$z=5$ m)上的直线计算 H 值。绘制 H 随这条线上各点的 X 坐标的变化曲线，格栅形屏蔽的网格宽度 W 作为一个参量。

(3) 在图 5-52 中，对屏蔽体内部的二个点(A 点：$x=y=5$ m，$z=5$ m；B 点：$x=y=3$ m，$z=7$ m)计算磁场强度 H，绘制计算结果随网格宽度 w 变化的曲线。

两个图均说明几个主要参数对格栅形屏蔽体内部磁场分布的影响，这几个主要参数是：离屏蔽体顶部或侧面的距离以及网格宽度。应注意，在图 5-51 中若沿着其他穿过屏蔽空间的直线计算，这些直线可能与零轴相交，磁场强度 H 的分量会改变符号。因此，式(5.5-17)只是对格栅形屏蔽体内部真实且远为复杂的磁场分布的一种一级近似。

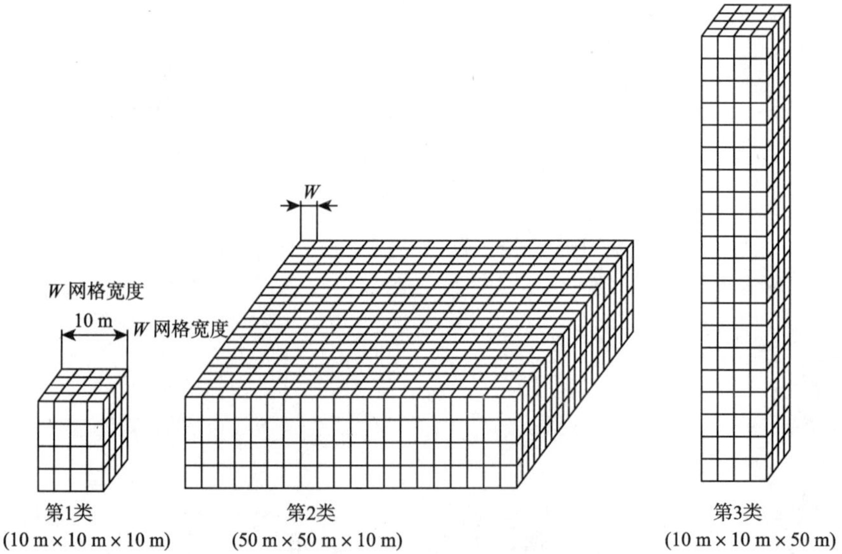

图 5-50 几类大空间格栅形屏蔽体

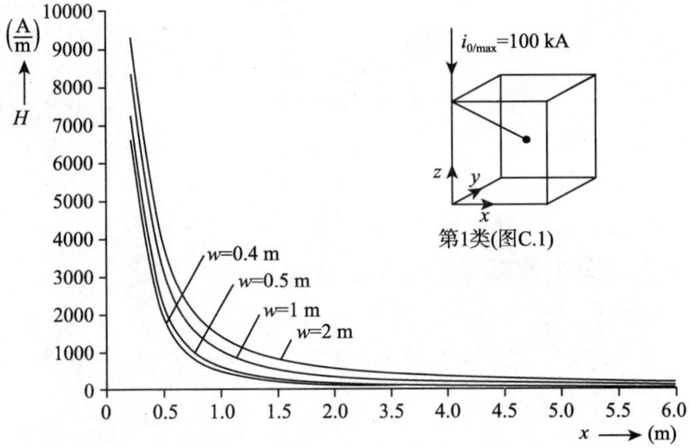

图 5-51 第1类格栅形屏蔽体内部的磁场强度(H)

4. 户外环路中的感应电压评估

(1) 雷击架空线路

雷击架空线路导线产生的直击雷过电压可按下式计算：

$$U_S \approx 100\ I \tag{5.5-18}$$

式中：U_S——雷击点过电压最大值(V)；

I——雷电流幅值(A)。

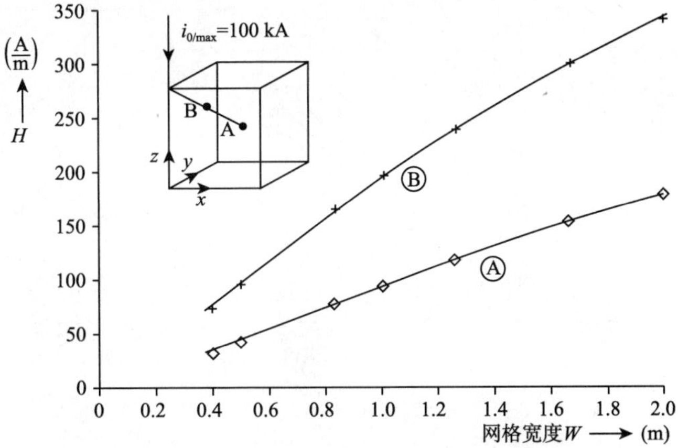

图 5-52 第1类格栅形屏蔽体内部的磁场强度(H)

(2) 雷击架空线路附近

雷云在起电、移动和先导放电的过程中，对架空线会产生静电感应，使之产生异号静电位，一旦雷云对地放电导线中的束缚电荷成为自由电荷，以冲击波的形式对称地向线路两端移动，电荷移动所形成的电流(I)乘以导线的波阻(Z)，即为雷电感应电压。架空线路(无屏蔽)雷电感应过电压幅值，可用下列公式表示：

$$U_g = 25\,\frac{I \cdot h_d}{S} \tag{5.5-19}$$

式中：U_g——感应过电压幅值(V)；

I——雷电流幅值(A)；

h_d——导线距地高度(m)；

S——雷击点与导线垂直距离(m)。

5. 建筑物内环路中的感应电压及电流

(1) 由各种装置构成的环路中感应电压及电流的计算

此处考虑图 5-53 所示的矩型环路，如果是其他形状的环路，应将其转换为具有相同环路面积的矩形环路。

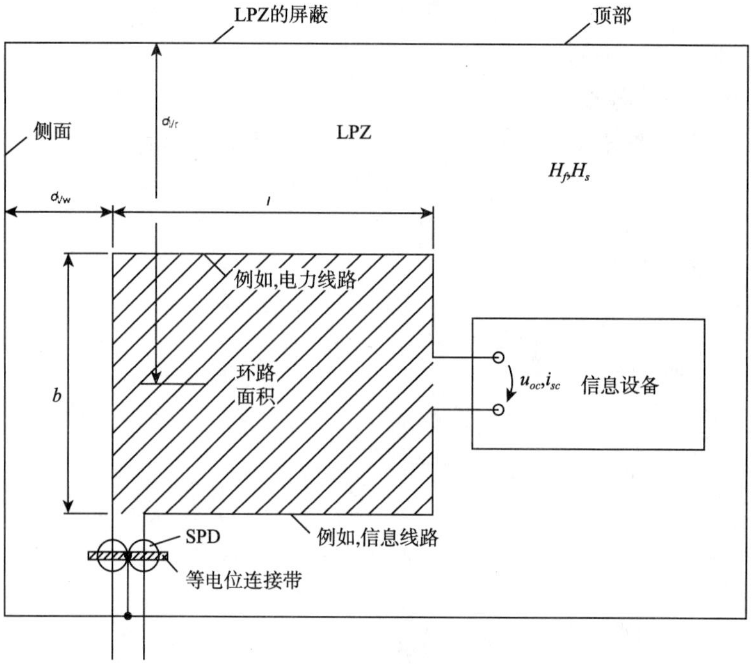

图 5-53　环路中的感应电压及电流

(2) 邻近雷击下，环路在 LPZ1 内部时的感应电压及电流

假设 LPZ1 内部 V_s 空间内的磁场强度 H_1 是均匀的。

开路电压 U_{oc}：

$$U_{oc} = \mu_o \cdot b \cdot l \cdot \mathrm{d}H_1/\mathrm{d}t \tag{5.5-20}$$

在波前时间 T_1 期间，U_{oc} 的最大值 $U_{oc/\max}$ 为：

$$U_{oc/\max} = \mu_o \cdot b \cdot l \cdot \mathrm{d}H_{1/\max}/T_1 \tag{5.5-21}$$

式中：

μ_o——真空磁导率,其值等于 $4\pi \cdot 10^{-7}$[V·S/(A·m)];

b——环路的宽度(m);

H_1——LPZ1 内部随时间而变的磁场强度(A/m);

$H_{1/max}$——LPZ1 内部磁场强度的最大值(A/m);

l——环路的长度(m);

T_1——磁场强度波形的波前时间(s),与雷击电流波形的波头时间相同。

如果忽略导线的欧姆电阻(最坏情况),则短路电流 i_{sc} 为:

$$i_{sc}=\mu_o \cdot b \cdot l \cdot H_1/L \quad (5.5\text{-}22)$$

i_{sc} 的最大值 $I_{sc/max}$ 为:

$$i_{sc/max}=\mu_o \cdot b \cdot l \cdot H_{1/max}/L \quad (5.5\text{-}23)$$

式中:L——环路自感(H)。

对于矩形环路:

$$L=\left\{0.8 \cdot \sqrt{l^2+b^2}-0.8 \cdot (l+b)+0.4 \cdot l \cdot \ln\left[\left(\frac{2b}{r}\right)\Big/\left(1+\sqrt{1+\left(\frac{b}{l}\right)^2}\right)\right]+0.4 \cdot b \cdot \ln\left[\left(\frac{2l}{r}\right)\Big/\left(1+\sqrt{1+\left(\frac{l}{b}\right)^2}\right)\right]\right\} \cdot 10^{-6} \quad (5.5\text{-}24)$$

式中:r——环路导线的半径(m)。

首次雷击($T_1=10\ \mu s$)磁场强度 $H_{1/f}$ 感应的最大电压和电流分别为:

$$U_{oc/f/max}=0.126 \cdot b \cdot l \cdot H_{1/f/max} \quad (5.5\text{-}25)$$

$$i_{sc/f/max}=1.26 \cdot 10^{-6} \cdot b \cdot l \cdot H_{1/f/max}/L \quad (5.5\text{-}26)$$

后续雷击($T_1=0.25\ \mu s$)磁场强度 $H_{1/s}$ 感应的最大电压和电流为:

$$U_{oc/s/max}=5.04 \cdot b \cdot l \cdot H_{1/s/max} \quad (5.5\text{-}27)$$

$$i_{sc/s/max}=1.26 \cdot 10^{-6} \cdot b \cdot l \cdot H_{1/s/max}/L \quad (5.5\text{-}28)$$

式中:

$H_{1/f/max}$——LPZ1 内部首次雷击的磁场强度最大值(A/m);

$H_{1/s/max}$——LPZ1 内部后续雷击的磁场强度最大值(A/m)。

(3) 建筑物遭直接雷击下,环路在 LPZ1 内部时的感应电压及电流

LPZ1 内部 V_s 空间内的磁场强度 H_1 为:

$$H_1=K_H \cdot i_o \cdot W/(d_w \cdot \sqrt{d_r}) \quad (5.5\text{-}29)$$

对于开路电压 U_{oc},按下式计算:

$$U_{oc}=\mu_o \cdot b \cdot \ln(1+l/d_{l/w}) \cdot K_H \cdot (w/\sqrt{d_{l/r}}) \cdot \mathrm{d} \cdot i_o \cdot \mathrm{d} \cdot t \quad (5.5\text{-}30)$$

在波前时间 T_1 期间,U_{oc} 的最大值 $U_{oc/max}$:

$$U_{oc/max}=\mu_o \cdot b \cdot \ln(1+l/d_{l/w}) \cdot K_H \cdot (w/\sqrt{d_{l/r}}) \cdot i_{o/max}/T_1 \quad (5.5\text{-}31)$$

式中:

μ_o——真空磁导率,其值为 $4\pi \cdot 10^{-7}$[V·S/(A·m)];

b——环路的宽度(m)；

$d_{l/w}$——环路与屏蔽体侧面的距离(m)，$d_{l/w} \geqslant d_{s/2}$；

$d_{l/r}$——环路与屏蔽体顶部的平均距离(m)；

i_o——$LPZ0_A$ 中的雷击电流(A)；

$i_{o/\max}$——$LPZ0_A$ 中雷击电流的最大值(A)；

K_H——形状系数$(1/\sqrt{m})$，取 $K_H=0.01(1/\sqrt{m})$；

l——环路的长度(m)；

T_1——$LPZ0_A$ 中雷击电流的波头时间(s)；

w——格栅形屏蔽网格宽度(m)。

如果忽略导线的欧姆电阻(最坏情况)，短路电流 i_{sc} 为：

$$i_{sc}=\mu_o \cdot b \cdot \ln(1+l/d_{l/w}) \cdot K_H \cdot (w/\sqrt{d_{l/r}}) \cdot i_o/L \qquad (5.5\text{-}32)$$

I_{sc} 的最大值 $I_{sc/\max}$ 由下式得出：

$$i_{sc/\max}=\mu_o \cdot b \cdot \ln(1+l/d_{l/w}) \cdot K_H \cdot (w/\sqrt{d_{l/r}}) \cdot i_{o/\max}/L \qquad (5.5\text{-}33)$$

式中：L——环路的自感(H)。

首次雷击($T_1=10\ \mu s$)中，磁场强度 $H_{l/f/\max}$ 感应的电压和电流分别为：

$$U_{oc/f/\max}=1.26 \cdot b \cdot \ln(1+l/d_{l/w}) \cdot (w/\sqrt{d_{l/r}}) \cdot i_{f/\max} \qquad (5.5\text{-}34)$$

$$i_{sc/f/\max}=12.6 \cdot 10^{-6} \cdot b \cdot \ln(1+l/d_{l/w}) \cdot (w/\sqrt{d_{l/r}}) \cdot i_{f/\max}/\mathrm{L} \qquad (5.5\text{-}35)$$

后续雷击($T_1=0.25\ \mu s$)中，磁场强度 $H_{1/s/\max}$ 感应的电压和电流分别为：

$$U_{oc/s/\max}=50.4 \cdot b \cdot \ln(1+l/d_{l/w}) \cdot (w/\sqrt{d_{l/r}}) \cdot i_{s/\max} \qquad (5.5\text{-}36)$$

$$i_{sc/s/\max}=12.6 \cdot 10^{-6} \cdot b \cdot \ln(1+l/d_{l/w}) \cdot (w/\sqrt{d_{l/r}}) \cdot i_{s/\max}/L \qquad (5.5\text{-}37)$$

式中：

$i_{f/\max}$——首次雷击电流的最大值(kA)；

$i_{s/\max}$——后续雷击电流的最大值(kA)。

(4) 环路在 LPZn($n \geqslant 2$)内部的感应电压及电流

假定 LPZn 中的磁场强度 H_n 是均匀的，式中，H_1 用 H_n 代替。

5.5.3 燃烧爆炸影响

在引起火灾的自然火源中，首先是雷击(闪电)。雷击是积雨云中，云对云或云对地的火花放电，在正负电荷区间电场的电位差可达几百万伏，温度可达18000℃。在一定条件下这种闪电能直接引起火灾，对易燃易爆场所会造成严重的破坏和危害。

1. 易燃场所雷击火灾范围影响评估

对于物质燃烧必须要具备三个必要条件：(1) 有氧；(2) 达燃点；(3) 可燃物

质。易燃物品发生雷击引起火灾时，对周围的危害主要是由于辐射热产生的，辐射热量足够时，会使辐射物体达到燃点。而一般辐射热量小于 4000 kcal*/(h·m²)不会引起火灾，辐射热量达到 4000～7000 kcal/(h·m²)，则会引起杉木板起火，达到 5000 kcal/(h·m²)时，会引起钢材变形。根据有关部门的研究成果，易燃物品(如储油品罐)燃烧火焰的辐射热可用下列公式计算：

$$E=R_t\cdot\varphi$$
$$R_t=0.02\,V\cdot\rho\cdot H_c \qquad (5.5\text{-}38)$$

式中：

R_t——危害半径，相对距离(m/kg)；

E——受到的辐射热强度(kJ/(h·m²))；

φ——与火焰倾角有关的系数；

V——燃烧速度(mm/min)；

ρ——易燃、可燃液体密度(kg/m³)；

H_c——油品最大发热量(kJ/kg)。

由上式可得：

$$\varphi=\frac{E}{R_t}=\frac{E}{0.02\,V\cdot\rho\cdot H_c} \qquad (5.5\text{-}39)$$

表 5-64　角系数 φ 值

间距 S/D	角系数 φ 值	间距 S/D	角系数 φ 值
0	0.5	3.0	0.035
0.5	0.22	3.5	0.030
1.0	0.14	4.0	0.025
1.5	0.078	4.5	0.015
2.0	0.055	5.0	0.010
2.5	0.045	5.5	0.005

(注：S/D：从罐边沿算起与罐直径比值)

表 5-65　汽油罐及柴油罐雷击火灾的影响范围

对周围影响	距汽油罐壁的距离 a(m)	距柴油罐壁的距离 b(m)
钢材变形	$a\leqslant 48$	$b\leqslant 12$
杉木起火	$a\leqslant 150$;165	$b\leqslant 83$;105
不会引起火灾	$a>165$	$b>105$

查有关资料可得 V、ρ、H_c 的值(如 $V_{汽油}=4.8$ mm/min，$\rho_{汽油}=745$ kg/m³，$H_{c汽油}=11250$ kcal/kg)代入公式可求出 φ，查表 5-64 可计算出油品罐雷击引起

* 1 kcal=4.1855 kJ

的火灾范围($S=\varphi D$)得到表 5-65。根据表中数据，我们可以确定其安全距离以确保防雷安全。

2. 易爆场所雷击火灾范围影响评估

易爆场所雷击火灾范围影响评估主要是针对爆炸场所因雷击影响造成火灾事故范围估算，进而确定其周边的安全距离。因此外部安全距离即是爆炸危害半径。

(1) 爆炸危险品工厂

对于爆炸危险品工厂的生产工房，遭到雷击发生爆炸事故，其危害范围可按下式计算

$$r=25\ W^{1/2.8} \tag{5.5-40}$$

式中：r——炸药库到可能影响到建筑物的距离(m)；

W——库存炸药的重量(kg)，以 TNT 当量计。

(2) 地面式炸药库

根据 300 kg～100 t TNT 爆炸试验及事故资料分析计算得到，砖混结构的爆炸品地面仓库雷击爆炸影响范围半径公式如下

$$r=21\ W^{1/2.8} \tag{5.5-41}$$

地面式雷管库与雷管库之间的影响的距离 r 按下式计算

$$r=K\times n^{1/2} \tag{5.5-42}$$

式中：n——雷管库内存放的雷管个数；

K——雷管殉爆安全距离系数。根据表 5-66 选择。

表 5-66　雷管殉爆安全距离系数 K

仓库关系	双方均无防护土堤	单方有防护土堤	双方均有防护土堤
雷管库与雷管库	0.10	0.067	0.05
雷管库与炸药库	0.06	0.04	0.03

(3) 覆土式炸药库

通过爆炸试验得出了覆土式炸药库的冲击波超压 ΔP 与对比距离 R 之间的关系式

当 $R=3\sim60$ 时，

0 度方向，$\Delta P=4.86R—1.648$；

45 度方向，$\Delta P=3.18R—1.391$；

90 度方向，$\Delta P=5.88R—1.522$。

当 $R\geqslant60$ 时，

0 度、45 度、90 度方向，$\Delta P=3.873R—1.522$。

以上公式中，ΔP 的单位为 kg/cm^2，R 的单位为 m/kg。

(4) 岩洞式炸药库

我国通过爆炸试验得出的岩洞式炸药库(花岗岩洞库)的雷击引发其冲击波

超压与对比距离之间的关系式为

0 度方向，　$\Delta P=3.0/R+185/R^2$　(5.5-43)

单位与前面相同。

(5) 爆炸飞散物影响范围

炸药库爆炸时，除了冲击波、地震波的影响外．还有爆炸飞散物如碎砖石瓦块、混凝土块、金属构件的残段等，它们有的会被抛射到很远的地方，对建筑物和人员安全造成威胁。目前尚无计算防护爆炸飞散物安全距离的准确方法，这里介绍的是仅适用于工程爆破中防护飞石的安全距离计算公式，比较粗略，仅供参考。

$$D=k200\ n^2h \tag{5.5-44}$$

式中：D——防护飞石的安全距离(m)；

k——随介质性质及被保护物而定的系数，其值如表 5-67。

表 5-67　随介质性质及被保护物而定的系数

介质 / 被保护物	岩石	土壤
建筑物、机械设备	1.0	0.5
人员、牲畜	1.5	1.0

n——爆破作用指数，是爆破作用漏斗(见图 5-54)的口圆半径 r 与最小抵抗线 h 之比，即 $n=r/h$；

h——最大药包的最小抵抗线(m)，即药包埋 h 深度。

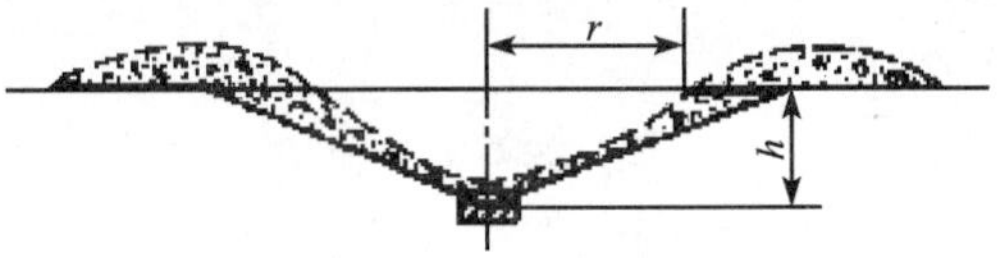

图 5-54　爆破作用漏斗示意图

(6) 易爆物品(溶液或气体)

易爆物品(如液化气等)发生雷击爆炸时，内部液体几乎全部烧净，并形成巨大的高温燃气团，爆炸时的圆形区域直径可用下式计算：

$$D=7.83\sqrt[3]{W} \tag{5.5-45}$$

式中：

D——爆炸圆形区域直径(m)；

W——易爆物品的重量(kg)。

(7) 其他影响范围计算公式

关于雷击影响范围公式，由于影响因素很多．如建筑物的危险等级(其中爆炸品的威力、数量和敏感度)、防护情况(有无防护土堤)、建筑结构(结构强度、有无泄爆面)；被保护建筑物的危险等级(其中的爆炸品是否容易殉爆、数量)、安全设防标准(即允许破坏限度)、建筑结构和防护情况，以及地形条件等，所以计算安全距离的公式有多种形式，并有许多附加条件，使用时须全面考虑。

易燃易爆场所的雷击火灾范围是防雷安全的决策服务和消防的重要依据，但是上述对于雷击火灾所造成的危害范围的确定，仅考虑了一个源的情况下。对于同时存在几个源的情况，我们应该将每个火源所危害范围进行叠加后，才是雷击火灾的危害范围。

案例：

某加油站雷击危害范围影响评估

受某加油站委托，我单位组织评估技术人员于 2009 年 3 月至 4 月对该站现场进行勘察并结合该地雷电活动资料，根据 GB 50057—94、QX/T 85—2007 和 QX/T 106—2009，针对邻近雷击和直接雷击情况下，做出的影响加油站内部的磁场强度变化的评估报告。

该工程位于某县城，总占地面积 987 m^2，设计储油量 90＃汽油 15 m^3，93＃汽油 15 m^3，柴油 30 m^3；加油机三台，共三支加油枪；加油棚为单层，辅助用房为 2 层(图略)。项目建筑防雷按三级防雷建筑物设计。防雷分区：钢筋混凝土外部为防雷分区的 LPZ0 区，其中处于接闪器保护范围以外的为 $LPZ0_A$ 区，处于接闪器保护范围以内的为 $LPZ0_B$ 区；铝合金窗、钢筋混凝土构成格珊形大空间屏蔽体内部为防雷分区的 LPZ1 区；如果内部在房间或设备外加装屏蔽体，屏蔽体内部构成防雷分区的 LPZ2 区。

1. 建筑物发生邻近雷击情况下的建筑物内磁场强度

1.1　LPZ0 区磁场强度的计算

邻近雷击情况下，入射磁场可近似看作一个平面波。LPZ0 区中入射磁场强度 H_0 可按下列公式估算：

$$H_0 = i_0/(2 \cdot \pi \cdot S_a)$$

式中：

H_0——LPZ0 区中入射磁场强度(A/m)；

i_0——雷电流(A)；

S_a——雷击点至所考虑的被屏蔽空间的水平距离(m)，见图 5-55。

雷击所致的磁场强度最大值由首次雷击产生。根据重庆市雷电监测网实测数据统计，以项目所在地为圆心，10 km 范围内 2007、2008 两年雷电最大值的平均值为 i_0＝206 kA，因此雷电流选择 i_0＝206 kA。表 5-68 分别列出了雷击点与建筑物距离为 100 m，200 m，500 m，1000 m，1500 m，1800 m，2000 m，3000 m 时，建筑物处无衰减的磁场强度 H_0。

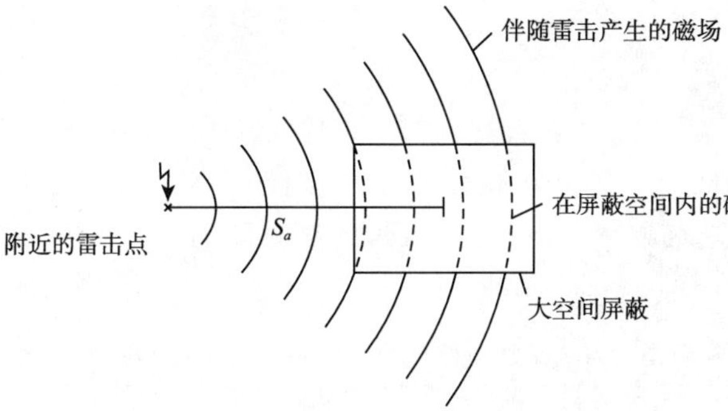

图 5-55　邻近雷击的环境情况

表 5-68　不同雷击点在某加油站处产生的无衰减磁场强度

雷击点距离 S_a(m)	雷电流强度 i_0(kA)	H_0(A/m)
100	206	327.86
200	206	163.93
500	206	65.57
1000	206	32.79
1500	206	21.86
1800	206	18.21
2000	206	16.39
3000	206	10.93

邻近雷击时建筑物处无衰减磁场强度 H_0 均小于 800(A/m)。

1.2　LPZ1 区内磁场强度的计算

LPZ1 区中入射磁场强度 H_1 可按下列公式估算：

$$H_1 = H_0 / 10^{SF/20}$$

式中：

H_1——LPZ1 区中空间体 V_s 内的磁场强度(A/m)；

SF——由表 5-69 的公式估算出的屏蔽系数(dB)；

H_0——LPZ0 区的磁场强度(A/m)。

表 5-69　格栅形大空间屏蔽的屏蔽系数

材料	SF(dB)	
	25 kHz[1)]	1 MHz[2)]
铜/铝	$20 \cdot \lg(8.5/w)$	$20 \cdot \lg(8.5/w)$
钢	$20 \cdot \lg[(8.5/w)]/[\sqrt{1+18\times10^{-6}/r^2}]$	$20 \cdot \lg(8.5/w)$

注：1)适用于首次雷击的磁场；2)适用于后续雷击的磁场；

w——格栅形屏蔽的网格宽(m)，适用于 $w \leqslant 5$ m；r——格栅形屏蔽网格导体的半径(m)。

该加油站如采用的屏蔽材料为钢，且雷电流强度均为首次雷击的雷电流强度，所以 SF 表示为

$$SF=20\cdot\lg[(8.5/w)]/[\sqrt{1+18\times10^{-6}/r^2}]。$$

表 5-70 分别列出了格栅形屏蔽网格导体的宽为 1 m，2 m，3 m，4 m，5 m 时，华兴加油站 LPZ1 区中空间体 V_s 内的磁场强度 H_1（当格栅形屏蔽网格导体的半径取 10 mm 时）。

表 5-70 不同雷击点在某加油站 LPZ1 区中空间体 V_s 内产生的磁场强度

S_a(m)	H_0 (A/m)	SF(dB)					H_1(A/m)				
		w=1 m	w=2 m	w=3 m	w=4 m	w=5 m	w=1 m	w=2 m	w=3 m	w=4 m	w=5 m
100	327.86	15.75	10.65	7.67	5.55	3.91	53.48	48.10	135.59	173.06	209.02
200	163.93	15.75	10.65	7.67	5.55	3.91	26.74	48.10	67.80	86.53	104.51
500	65.57	15.75	10.65	7.67	5.55	3.91	10.70	19.24	27.12	34.61	41.80
1000	32.79	15.75	10.65	7.67	5.55	3.91	5.35	9.62	13.56	17.31	20.90
1500	21.86	15.75	10.65	7.67	5.55	3.91	3.57	6.41	9.04	11.54	13.94
1800	18.21	15.75	10.65	7.67	5.55	3.91	2.97	5.34	7.53	9.61	11.61
2000	16.39	15.75	10.65	7.67	5.55	3.91	2.67	4.81	6.78	8.65	10.45
3000	10.93	15.75	10.65	7.67	5.55	3.91	1.78	3.21	4.52	5.77	6.97

经过钢筋混凝土屏蔽衰减后，建筑物内部磁场强度对于其机房设备的影响更加小，可以忽略不计，因此邻近雷击在建筑物内引起的磁场强度可以不予考虑。

2. 直接雷击时内部磁场强度的估算

某加油站当遭受直接雷击时，依据 GB 50057—94 和 QX/T 106—2009 可按如下方法计算建筑物内磁场强度。

首次雷击时，雷电流强度远大于后续雷击时的雷电流强度，因此，以下估算均讨论首次雷击的情形。

2.1 LPZ1 区内磁场强度的计算

在 LPZ1 区内空间 V_s 的内部任意一点由首次雷击产生的磁场强度 H_1 为：

$$H_1 = K_H\cdot i_o\cdot w/(d_w\cdot\sqrt{d_r})$$

式中：

H_1——首次雷击产生的磁场强度，单位为安每米(A/m)；

K_H——形状系数$(1/\sqrt{m})$，取 $K_H=0.01(1/\sqrt{m})$；

i_o——雷电流，单位为安(A)；

w——LPZ1 区格栅形屏蔽的网格宽(m)；

d_w——被考虑的点距 LPZ1 区屏蔽壁的最短距离(m)；

d_r——被考虑的点距 LPZ1 区屏蔽顶的最短距离(m)。

表 5-71 分别列出了中心点、点 a、点 b（三点均处于地面）在加油站 LPZ1 区格栅形屏蔽网格宽取典型值 1 m，2 m，3 m，4 m，5 m 时的磁场强度 H_1。

表 5-71　直接雷击在华兴加油站 LPZ1 区中空间体 V_s 内产生的磁场强度

w(m)	i_0(kA/m)	H_1(A/m)		
		中心点	点 a[1)]	点 b[2)]
1	206	77.56	651.43	130.29
2	206	155.12	1302.86	260.58
3	206	232.68	1954.29	390.87
4	206	310.24	2605.72	521.16
5	206	387.80	3257.15	651.45

注:1)距离 LPZ1 区屏蔽体 1 m

2)距离 LPZ1 区屏蔽体 5 m

计算表格中雷电流强度均为首次雷击的雷电流强度,根据《电子计算机场地通用规范》(GB/T 2887—2000),要求机房内磁场干扰场强不大于 800 A/m。从表格中可以看出,随着网格宽度的增大 H_1 也逐渐增大,随着到屏蔽体距离的减少 H_1 也逐渐增大。因此,加油站机房的屏蔽网格应当选用小于 5 m 的屏蔽网格宽度,且加油站机房内的电子设备应尽量远离屏蔽体,距离屏蔽体的距离不得小于 5 m,最好放置在 LPZ1 区的中心位置。

2.2　LPZ2 区内磁场强度的计算

LPZ2 区中入射磁场强度 H_2 可按下列公式估算:

$$H_2 = H_1 / 10^{SF/20}$$

式中:

H_2——LPZ2 区内部的磁场强度(A/m);

SF——由表 5-69 的公式估算出的屏蔽系数(dB);

H_1——LPZ1 区的磁场强度(A/m)。

该加油站如采用的屏蔽材料为钢,且雷电流强度均为首次雷击的雷电流强度,所以 SF 为

$$SF = 20 \cdot \lg[(8.5/w)]/[\sqrt{1+18\times 10^{-6}/r^2}]。$$

表 5-72 分别列出了格栅形屏蔽网格宽为 1 m,2 m,3 m,4 m,5 m 时,某加油站 LPZ2 区内部的磁场强度 H_2。(当格栅形屏蔽网格导体的半径取 10 mm 时)

表 5-72　不同雷击点在某加油站 LPZ1 区内中心点处产生的磁场强度

w(m)	SF(dB)	H_1(A/m)	H_2(A/m)
1	15.75	77.56	12.65
2	10.65	155.12	45.67
3	7.67	232.68	108.32
4	5.55	310.24	163.76
5	3.91	387.80	247.23

从上表中可以看出，LPZ2 区内部的磁场强度 H_2 明显的小于 LPZ1 区内部的磁场强度，磁场强度得到了衰减。当无法满足电子设备到屏蔽体的距离小于 5 m时，可以通过加设屏蔽体对电子设备进行保护。

3. 雷击火灾燃烧影响范围评估

雷击是积雨云中，云对云或云对地的火花放电，在正负电荷区间电场的电位差可达几百万伏，温度可达 18000℃。在一定条件下这种闪电能直接引起火灾，对易燃易爆场所会造成严重的破坏和危害。储油品罐燃烧火焰的辐射热可用下列公式计算：

$$E=R_t \cdot \varphi$$

$$R_t=0.02V \cdot \rho \cdot H_c$$

式中：

R_t——危害半径，相对距离(m/kg)；

E——受到的辐射热强度(kJ/(h · m^2))；

φ——与火焰倾角有关的系数；

V——燃烧速度(mm/min)；

ρ——易燃、可燃液体密度(kg/m^3)；

H_c——油品最大发热量(kJ/kg)。

该加油站灌区埋设了 3 个油罐，每个油罐的直径 D 约为 3.6 m，罐间距为 2 m，罐内均装有汽油。

当油罐遭受雷击引起火灾时，对周围的危害主要是由于辐射热产生的，辐射热量足够时，会使辐射物体达到燃点。而一般辐射热量小于 4000 kcal/(h · m^2)不会引起火灾，辐射热量达到 4000～7000 kcal/(h · m^2)，则会引起杉木板起火，达到5000 kcal/(h · m^2)时，会引起钢材变形。

当油罐产生的辐射热量达到 4000 kcal/(h · m^2)时，对比距离 $R=482.76$ m，$\varphi=4.97$，因此油罐遭雷击引起的火灾范围 $S=\varphi D=17.89$ m。因此，距离油罐的安全距离必须大于 17.89 m 时才能确保防雷安全。

而此加油站辅助用房距离其最近的油罐仅为 5 m，加油棚内的加油机距离最近的油罐也只有 15 m，均达不到安全距离 17.89 m 的要求，如图 5-56 所示(图中阴影范围即为油罐遭雷击引起的火灾范围)。

4. 雷击爆炸影响范围评估

易爆场所发生雷击爆炸时，内部液体几乎全部烧净，并形成巨大的高温燃气团，爆炸时的圆形区域直径可用下式计算；

$$D=7.83\sqrt[3]{W}$$

式中：

D——爆炸圆形区域直径(m)；

W——易爆物品的重量(kg)。

此加油站的圆形区域直径为 $D=39.15$ m，因此，加油站发生雷击爆炸时形成的高温燃气团圆形区域见图 5-57。

5. 结论(略)。

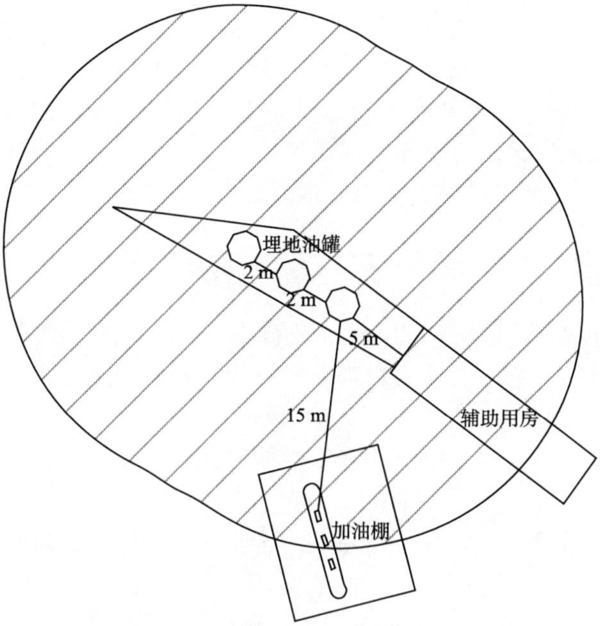

图 5-56　油罐遭雷击引起的火灾范围

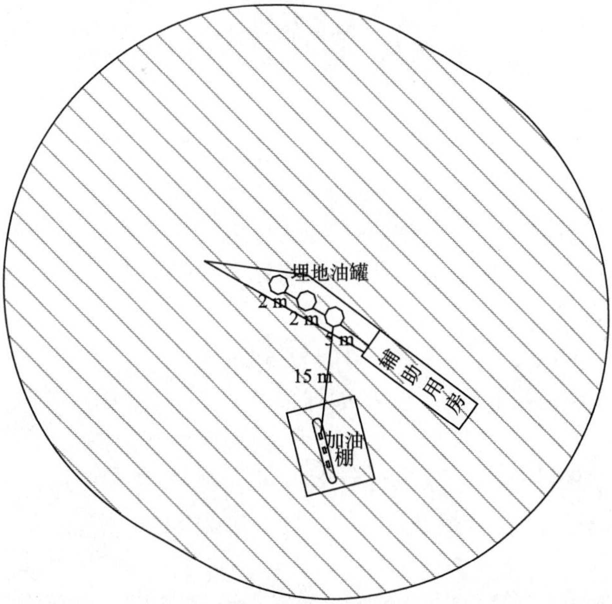

图 5-57　加油站发生雷击爆炸时形成的高温燃气团圆形区域

§5.6 雷电灾害风险评估报告

雷电灾害风险评估报告是风险评估过程的高度概括与总结，是风险评估机构按合同要求提交的文本产品，风险评估报告应真实、科学、公正地反映被评估单位的防雷安全状况、雷电危险因素的识别及危险程度、为被评估单位提出可行的整改对策和措施。风险评估报告的质量反映了风险评估人员业务技能和工作能力的优劣，标志风险评估结构的市场信誉和诚信度。

5.6.1 风险评估报告的编制、审查、应用过程

风险评估机构按照以下工作程序进行操作：确立合作意向—了解企业情况—签订风险评估合同—企业提供基础资料—现场风险评估勘察—完成风险评估报告—通过风险评估报告审查。为此，风险评估报告的质量是衡量风险评估机构优劣的重要指标。而风险评估报告的编制、审查、应用过程如下。

1. 调研过程

评估机构在接到评估对象要求签订安全评估合同后，必须开展现场调研工作。企业应指派专人负责配合、协调，给调研人员详细介绍评估对象的基本情况，生产装置的工艺流程、关键部位、设备、物料、运行参数、安全组织机构、作业人员基本素质等情况，以及历次或同类生产装置已发生各类事故的情况。同时，为评估单位提供相应的书面资料及相关复印件等。调研阶段是否能够充分、详细地了解项目的基本情况是做好安全评估的基础。

2. 评估过程

评估人员在收集了一定的资料后，按照评估标准规范要求进行分析研究、报告编写阶段。对于评估单位编写的评估报告可能会由于现场调研不详细、现场出现变更、资料准备不准确等多种因素，出现报告与现场不符的情况。为了最真实地反映现场情况，企业应与评估机构充分沟通，将问题彻底解决在报告完成之前。

3. 评估报告的内部审查过程

报告审核的重点是评估依据资料的完整性、雷电危险因素识别的充分性、评估方法的适用性、对策措施的针对性和评估结论的正确性等。

(1) 内部审核。内部审核时由风险评估机构内非项目组成员进行的审核。主要内容包括：评估依据是否充分、有效，雷电危险因素识别是否全面，评估方法选择是否适当，对策措施是否可行，结论是否正确，格式是否符合要求，文字是否准确等。

(2) 技术负责人审核。技术负责人审核时在评估报告内部审核完成后，由技术负责人重点对现场收集的有关资料是否齐全、有效和风险因素识别充分性、评

估方法合理性、对策措施针对性、结论正确性、文字等内容进行的审核。

(3) 过程控制负责人审核。过程控制负责人审核是在内部审核和技术负责人审核完成后，由过程控制负责人重点对评估项目的整个过程是否符合过程控制文件要求而进行的审核。主要内容包括：是否进行了风险分析，是否编制了项目实施计划，是否进行了报告审核，记录是否完整，是否满足过程控制要求等。

4. 评估报告的外部审查过程

报告的外部审核不仅是生产企业对评估机构的工作作出的综合评估，也是企业掌握评估对象的防雷安全现状，或在初步设计、投入运行后应重点关注的防雷安全问题。报告的审核阶段尽管时间比较短，但却是最重要的一个环节。而评估机构通常比较关心的是报告是否能够通过。因此，企业和评估机构双方在既合作又制约的基础上，应把握以下几点：

(1) 确定专家组，专家组的确定对产生企业来说至关重要。一般情况下，专家组由气象主管部门组织，应至少包括三方面的专家：来自企业或建设单位的防雷技术类专家、来自企业或建设内部的防雷安全管理类专家和来自企业外的防雷安全专家。

(2) 报告的评审是要对报告的针对性、可信性进行评审，强调重点是否突出，内容是否翔实，关键数据引用是否正确。更多的是关注两头，特别是风险识别、对策措施、建议和结论等章节，这是报告的核心，也是评审的重点。作为评估机构则应简明扼要地介绍评估报告的内容，突出重点即可，点明关键。

5. 风险评估结果的应用

风险评估结果的应用是整个风险评估过程的最终行为，是否能够贯彻好评估结果是企业能否保障防雷安全和员工生命安全的重点所在。有的企业将报告中所提的措施应用到现场，强化防雷安全；而部分企业对风险评估的意见和建议视而不见，忽视报告的科学性和实用性。这里有多方面的因素，但若最终评估建议措施不能得以实现，风险评估也就失去了自身的价值。

对于风险预评估的结论，通常是作为指导初步设计的依据，完善可行性研究报告的防雷安全措施，把它作为初步设计的重要参考依据。不仅设计部门要进行论证、参考，企业也应将报告中的建议、措施仔细商讨，结合自身特点，判断是否符合实际情况，更好地将问题消灭在设计阶段；方案评估主要是针对方案设计或初步设计的雷电风险评估，查找设计中不完善地方，为施工图设计和施工技术交底提供技术依据；现状评估处于建设项目竣工或者投入使用后的评估，可以发现实际使用中涉及的防雷安全问题，通过现状评估可以了解到预评估报告中的措施是否落实到初步设计中去，初步设计的方案是否落实到现场中去，为日后正常开工提供保障。现状评估还在于现场防雷安全隐患和问题的查找，并结合隐患类型和性质给出危险等级，特别是对于危险度高且难于整改的问题，一般是根据报告中的评估内容,分步骤采取措施,将风险进行分解、转移。

隐患整改势必涉及资金投入,企业要把花钱买来的防雷安全措施付诸行动,应将评估结果向企业管理层、生产技术和安全主管部门、被评估对象基层单位讲清楚,做到心中有数,加强薄弱环节的预防措施,积极整改存在的问题,这对落实安全责任必将起到积极的作用。

在风险评估过程中企业与评估机构必须相互配合。企业委托的专业雷电风险评估机构必须对被评估企业的防雷安全现状有一个全面、系统的了解掌握,而评估机构又要比较客观、真实地反映对象的防雷安全状况,二者之间既存在利益关系,又相辅相成。企业具有熟悉生产工艺、流程的一批专业技术人员,而雷电风险评估机构又拥有一批掌握最新防雷安全知识的评估师资源,因此,只有双方共同配合,才能作出既符合实际,又满足企业防雷安全管理需要的风险评估报告。

为获取高质量的风险评估报告,必须控制风险评估的全过程。雷电灾害风险评估过程控制是从风险评估内在规律出发,充分吸收了质量管理体系的精髓,也是风险评估机构在实践中不断探索和创新的结果,是保证风险评估事业健康发展的重要管理手段之一。为此,国家质量技术监督局颁布了《雷电灾害风险评估技术规范》。风险评估过程控制能够强化风险评估质量管理,提高风险评估水平,树立为企业防雷安全服务的思想;有利于风险评估规范化和风险评估健康有序发展;可以提高风险评估质量,使风险评估在防雷安全中发挥更有效的作用;有利于风险评估机构运用科学的管理思想和方法,对风险评估实施系统化管理,规避从事风险评估活动风险;能够促进风险评估有序进行,使风险评估人员在评估过程中做到各负其责,提高工作效率和社会责任意识;有利于提高风险评估人员的业务技能和工作能力;有利于提高风险评估机构的市场信誉。

5.6.2 风险评估报告的主要内容与编制

1. 风险评估报告的编制

风险评估报告是风险评估工作的阶段总结,是风险评估工作的文本表现形式,是带有执法性质的技术文件。风险评估报告是根据《中华人民共和国行政许可法》(中华人民共和国主席令第七号,自 2004 年 7 月 1 日起施行)的第十二条第四款规定(直接关系公共安全、人身健康、生命财产安全的重要设备、设施、产品、物品,需要按照技术标准、技术规范,通过检验、检疫等方式进行审定的事项)设定的防雷行政许可所需提供技术文件。风险评估机构及其所从事的活动和产品(风险评估报告)均属于行政许可范围,需要承担一定的法律责任。风险评估人员在编制风险评估报告时必须坚持"客观、公正、科学、规范"的原则,为被评估单位保守商业秘密,并对评估结果负责。

(1) 风险评估报告的客观性和公正性

《中华人民共和国行政许可法》的第三十一条规定，申请人申请行政许可，应当如实向行政机关提交有关材料和反映真实情况，并对其申请材料实质内容的真实性负责。风险评估报告作为申请行政许可的材料之一，必须真实地客观地描述主体的风险状况，保证风险评估报告的客观性。风险评估报告是否客观、真实、公正，对于能否保障防雷安全，保障人民群众的生命财产安全，具有直接的影响。

由于风险评估工作事关重大，又具有很强的专业性、技术性，因此，保证风险评估报告的客观、真实、公正，一个重要的前提条件是承担风险评估的机构必须具备相应的资质条件。

(2) 风险评估报告的科学性

在风险评估报告中，要预测、评估系统的危险性，认为危险不超过可接受的危险水平时，系统就是安全的。这种“可接受的危险水平”必须得到全社会的公认，即系统的危险性应达到社会认可的危险水平。“社会允许危险标准”取决于政治、经济和技术情况，许多防雷专家都在研究这个问题。风险评估报告包括危险性确认和危险性评估两个方面，而危险性评估中的允许范围，就是社会允许的危险标准，所以风险评估报告一定要保证其科学性。

(3) 风险评估报告的规范性

风险评估的基本原则是具备国家规定资质的风险评估机构科学、公正和合法地自主开展风险评估。风险评估目的是查找、分析和预测工程、系统存在的雷电风险，提出合理可行的防雷安全对策措施，以达到降低或减少雷电灾害损失。为了规范风险评估报告的编制过程，必须按照《雷电灾害风险评估技术规范》要求编制。

2. 风险评估报告的主要内容

风险评估报告应内容全面，重点突出，条理清楚，数据完整，取值合理，评估结论客观公正，风险评估报告的主要内容与风险评估的种类有关，并应按《雷电灾害风险技术规范》的要求编写。主要包括如下几个部分内容：

(1) 风险评估依据；

(2) 被评估单位基本情况；

(3) 主要雷电风险因素识别；

(4) 定性、定量评估；

(5) 提出合理可行的对策措施及建议补充的防雷安全对策措施；

(6) 评估结论。

第6章　雷电灾害风险的预防和控制

风险控制是利用工程技术和管理手段消除、控制风险源，防止风险源导致事故、造成人员伤害和财产损失的工作。

控制风险主要通过工程技术手段来实现。风险控制技术包括防止事故发生的安全技术和减少或避免事故损失的安全技术。前者在于约束、限制系统防雷安全隐患，防止发生意外雷击事故；后者在于避免或减轻意外事故对人或物的作用。显然，在采取风险控制措施时，我们应该着眼于前者，做到防患于未然。另一方面也应做好充分准备，一旦发生事故时防止事故扩大或引起其他事故（二次事故），把事故造成的损失限制在尽可能小的范围内。

管理也是风险源控制的重要手段。管理的基本功能是计划、组织、指挥、协调、控制。通过一系列有计划、有组织的系统安全管理活动，控制系统中人的因素、物的因素和环境因素，以有效地控制风险。

§6.1　雷电监测预警与预报措施

雷电监测预警与预报措施是有效预防和控制雷电灾害的首要措施。通过对闪电的监测，及时了解雷电活动的路径、方向以及影响范围，可以有针对性地采取雷电防护技术措施，避免或减少雷电灾害的发生。

6.1.1　雷电监测预警

1. 雷电活动的卫星监测

近年来，全球气候变暖及 El Nino 和 La Nina 活动对雷电频数及区域分布的影响以及全球雷电活动能否作为地球温室效应的一个灵敏指示因子的问题，引起了学者的重视，并提出了加强和改善对雷电进行全球监测的要求；而全球化学传输模式需要痕量气体、氮氧化物及臭氧变化的信息，也需要准确了解全球雷电活动的时空分布。在地面上监测全球的雷电有很多局限性，而在卫星上装载光学仪器能有效探测全球的雷电活动。装有光瞬变信号探测器 OTD（Optical Transient Detector）的卫星 1995 年 4 月起一直在近似圆形的轨道上运行。卫星离地高度 740 km，OTD 仪器视野 1300 km×1300 km，空间分辨率 10 km，探测效率优于 50%。一年中地球大部分地区会被 OTD 经过 400 次，累计观测时间达 14 小时。地球被分成 2.5°(纬度)×2.5°(经度)共 10368 个区，每个区的闪电频数为探测到的闪电数除以该区的有效观测时间，全球每年的闪电频数是各区闪电数的总和。一年(1995.9—1996.8)的观测资料表明，全球发生了 12 亿个闪电，即每秒有 37 个，比过去估计的 100 次/秒要少；75%的闪电出现于北纬 30 度和南纬 30 度之间，陆地与海洋的比例为 11/1。OTD 得出的全球闪电数的不确定性估计不大于 25%。1997 年 11 月美国和日本联合发射了 TRMM(Tropical Rainfall Measuring Mission)卫星，星上装有雷达和闪电图像传感器 LIS(Lightning Imaging Sensor)及其他一些测量仪器。LIS 和 OTD 一样，很像一个电视摄像机，但灵敏度提高了三倍，并采用了多种特殊的'滤波'技术将闪电信号从白天很强的背景光中检测出来。此外因轨道降低(降到 350 km)也提高了空间分辨率(到4 km)和探测效率(达 90%)，但视野降为 650 km×650 km。LIS 的资料正在分析中，并将其和美国地面国家雷电监测网 NLDN(National Lightning Detection Network)的资料进行相关对比。初步分析结果表明，MLDN 记录到的闪电(90%以上为地闪)大多和 LIS 符合，但 LIS 还可以探测到大部分云闪放电。

1997 年 8 月美国 Los Alamos 国家实验室发射了 FORTE(Fast on-Orbit Recording of Transient)卫星，星上载有 VHF 接收机(在 20～300 MHz 范围可调，带宽 20 MHz)和闪电光学观测系统 OLS(Optical Lightning System)。OLS 有两个光学仪器，即宽带硅光电二极管检测器(PDD)及窄带 CCD 阵列闪电定位系统 LLS(Lightning Location System)，可分辨 10 km×10 km 范围内的光信号，取样周期 2.38 ms。VHF 和光信号的相关分析可提高从卫星上识别闪电的能力，如首次回击、继后回击及云内放电等，可信度超过 90%。分析表明，FORTE 探测到的闪电信号多来自雷暴的强对流区。

2. 闪电放电地面监测

目前，在闪电放电的地面监测技术方面已经取得了较快发展。一是交叉环和时差(TOA)法相结合提高了地闪定位精度，并已应用到商业化的雷电监测系统中。二是发展了基于 GPS 同步的闪电三维 TOA 定位技术，称为 LMA(Lightning Mapping Array)或 LDAR 系统(Lightning Detection and Ranging System)。LMA 是美国 New Mexico Tech 研制的闪电多站定位系统(主要作研究用)，LDAR 原是美国 NASA 开发的，现已被 GAI(Global Atmospherics Inc.)公司商业化(LDAR-1 型)，其主要特点是可以实时处理显示观测结果。目前 GAI 正和 New Mexico Tech 合作开发商业化的 LDAR-2 型系统。LMA 接收闪电的 VHF 辐射(中心频率 63 MHz，带宽 6 MHz)，采样精度为 50 ns，一次放电过程可记录数百到数千个辐射源点，多站(6 站以上)定位精度可达 50～100 m。在 2000

年的STEPS(Severe Thunderstorm Electrification and Precipitation Study)计划中,LMA在美国中西部(Kansas和Colorado)共设有13个测站,探测范围达200 km。观测进行了三个月,取得了大量的资料,初步分析已揭示了许多有意义的新结果,如反极性的雷暴电结构及云内放电过程等。三是闪电的VHF干涉仪定位技术。单站干涉仪可以提供闪电VHF辐射源的二维(方位角和仰角)图像信息,已大大丰富了我们对云闪及地闪放电过程的了解。多站闪电干涉仪网可以对VHF辐射源进行高时间分辨率的三维定位,并已被商业化。特别值得指出的是,新近发展起来的闪电宽带干涉仪技术在同时有多个辐射源发生的情况下仍具有一定程度的定位能力,将在雷电研究中发挥重要作用。四是利用VLF/LF宽带地闪定位方法也对云闪进行了探测实验,结果表明,这种系统对远区雷暴的云闪活动也可以进行定位。因为雷暴的云闪频数一般多于地闪(在某些强风暴对流天气系统如雹暴中,云闪放电占绝对优势),而且首次放电往往从云闪开始,云闪和地闪的同时监测对了解雷电活动和雷暴天气系统发展演变的关系以及中小尺度灾害性天气的监测预警都很有意义。

3. 雷电预警

雷电活动往往引起地面电场的变化,由于大气电场仪可以测量大气平均电场以及极性的连续变化,所以它能够监测近距离静电电场的慢变化,甚至是比较弱的变化,因而对雷暴过顶时的大气电场很敏感,可以用于局地的雷暴预警。闪电定位系统是测量闪电回击的电磁脉冲波形,可以测量较远距离的雷电活动,大气电场仪和闪电定位系统两者有机结合使用,可以组成整个区域内对雷电活动的监测网。一些特殊场所,如:旅游景点、体育场所、高尔夫球场等,它更关心雷电在这些特殊场所发生的时间、强度等信息,以便及时采取措施,保护人身安全。所以,近年来,以大气电场强度仪为主要探测手段的近距离、小范围雷电监测仪器已在我国上述地点安装上百套,该系统探测距离约为30 km,可提前半小时发出雷电预警信号。

6.1.2 雷电预报

1. 雷电临近预报

闪电定位仪是远距离、大范围雷电监测的主要仪器。它的有效监测范围是150～200 km,精度为1 km。我国已安装近2000个探测点,不少省已在省内实现全省组网,今后要实现全国性联网。利用闪电定位仪的探测,结合卫星云图、气象雷达资料,可以较准确地预报预警当地雷电发生的时间、强度、移向、变化趋势等。闪电定位系统是用于闪电监测和预警的新型探测设备,可以自动、连续、实时监测闪电发生时间、方位、强度、极性等特征参数,在短时天气预报,尤其是对流性天气超短时预报的新手段之一。

雷电临近预报可以根据雷达、卫星、闪电定位仪、大气电场仪等观测实时资料，提供 0～2 h 的雷电预报产品。

2. 雷电潜势预报

目前国家气象中心在强对流与强降水潜势预报业务平台上，增加雷电潜势预报客观方法研究和业务平台建设，完善雷暴分析预测手段，并指导全国雷电天气预报业务开展，实现对雷电及其相关的强对流性天气的移向、移速、强度、影响范围以及持续时间等的预报，形成天气潜势预报产品包括以 0～3 h 的间隔，给出未来 0～12 h 内雷电天气落区预报；6 h 间隔，未来 0～12 h 雷电天气出现的概率的预报；3 h 间隔，未来 6～24 h 目标区域雷电落区集合预报。

雷电监测和预警预报系统可以有效地实时地提供一定时间和区域内雷电发生概率，可以应用于各行业。特别是在一些特殊的场所，如高尔夫球场、爆炸物储存仓库、运动场、户外游乐场等。为在空旷地活动公众提供雷电预警信号，以便在雷电发生之前能及时撤离到安全的、有完善的直击雷防护措施的建筑物中；为公众日常活动及运动员特殊比赛提供雷电预警信息，如球场、运动场、公园、游泳池、马术中心和学校，以及海滩、码头等大面积且较为密集空旷场地，以便保护人身安全；为露天作业人员以及易燃易爆物品的装卸和运送操作人员提供雷电预警信号，以确保这些人员的生命安全。

§6.2　工程建筑措施

控制事故的重要手段是采用工程技术防范措施，提高本质安全化水平，这在很大程度上能防止人为失误造成的事故，有效控制雷电灾害风险带来的损失。工程技术防范措施主要包括工程建筑措施和防雷技术措施。

6.2.1　工程规划选址

工程规划选址是一项政策性和技术性都很强的工作。既要贯彻执行国家有关政策，如不占良田好土，尽量节约占地，不迁民或少迁民等，又要根据原料、地质、交通、电力、水源等建设条件注意经济合理，还要综合考虑安全生产、环境保护、职工生活福利等方面的问题，有的还要与当地经济建设规划结合起来考虑。所以这项工作需要多方面配合，在进行广泛调查研究的基础上才能确定。这里仅从防雷安全技术方面谈一点应该注意的问题。

1. 选址的基本原则

雷电灾害作为联合国“国际减灾十年”公布的最严重的十种自然灾害之一，有着明显的地域性和季节性特点，闪电极易对地面突出物的电阻率较低的地方放电，对人、畜、树木以及建筑物造成直接损害。在规划时，应充分考虑当地的地质、水文、生态环境、防火防涝和交通等条件，同时要了解当地的雷电地理分布情况，尽量避开以下易遭雷击的地点：

(1) 风口和顺风的河谷及迎风坡。因为当雷暴路径与风向一致时这些地方落雷几率较高。

(2) 地下金属矿藏以及地下出水口处。因为这些区域与周围的大片土壤电阻率相对比局部电阻率较小，是雷电流对地泄放的首选位置。

(3) 通信、电力等高耸铁塔附近。由于高耸的铁塔是雷击的重点目标。其接闪过程中产生的强大的电磁脉冲将对建筑物内的人和电气设备造成危害。

(4) 土壤电阻率突变和水汽容易抬升之处。如岩石与土壤，山坡与稻田的交界处，陆地和河流、湖泊的交界处易遭受雷击。

(5) 岩石山的山脚，土山的山顶。这些地方都容易遭到雷击。

2. 燃烧爆炸危险场所的选址

对于有燃烧爆炸危险的工厂在厂址选择方面还应注意以下安全问题。一方面，火炸药及其制品的生产与储运企业，在建厂之初就要充分考虑其燃烧爆炸危险性及其可能因雷击给周围环境带来的危害，所以在厂址选择上应从防雷安全角度出发加以缜密研究，要符合国家有关安全规范的规定，尽量做到“以防为主”。否则，选址工作中的失误所造成的先天隐患往往是不可弥补的。另一方面，爆炸危险品工厂应避开滚雷区和雷暴区，危险的工房及周围都要设置防雷装置。

6.2.2 功能分区布局

1. 爆炸危险品工厂的功能分区布局

特别是生产爆炸危险品工厂的总平面布置是关系到工厂今后生产和发展的百年大计，若不从安全角度严格要求，将给工厂今后生产带来难以克服的隐患，因此，必须认真对待。

总平面布置是由许多因素决定的，如贯彻国家基本建设方针，节约占地；符合当地城镇建设规划要求，有利于生产，方便生活；符合生产工艺流程要求，保证各个环节具有良好的生产联系和工作环境；要结合地形、地质、水文、气象等自然条件，合理布置，减少开挖土石方量；方便原材料、燃料、半成品、成品的流通和运输，以及合理布置厂区生活服务设施等。总之，要根据生产特点、建筑物危险等级、防火防爆要求、动力需要及物料流通条件，结合地形地质统筹考虑布置。

火炸药及其制品的工厂，要根据具体生产情况、安全距离要求和地形条件，划分为危险生产区、辅助生产区、总仓库区以及其他小区，进行分区集中布置。危险品生产区和仓库区应尽可能布置在厂区边缘。界区内建筑物、构筑物、露天生产设备设施等，互相之间应留有足够的防火间距和安全距离。区域之间也要满足安全距离的要求。

2. 易燃油库的功能分区布局

油库分为两类：商业、贮运和管理部门独立经营的油库属于一类油库；工业企业内部的油库属于二类油库。

工业企业内易燃油库用来贮存汽油、煤油，亦可同时兼存柴油。由于汽油和煤油的蒸气能与空气形成燃爆性混合物，且燃爆下限很低；易燃油品在管道中流动和装卸时容易产生静电，静电放电火花能引起燃烧爆炸事故，所以油库的火爆危险性很大，应布置在运输方便的单独区域内，并设置良好的防火防爆措施。

甲苯、酒精等易燃液体贮存库在安全要求上与易燃油库相类似。

易燃油库对总平面布置的要求如下：

(1) 工厂燃油库应形成独立的库区，布置在运输比较方便的地段。轻质燃油库宜建成地下或半地下形式，存量不多时也可建成地上式。油库应远离有燃烧作用的装置（如高炉、化铁炉、锅炉等）以及工艺过程中有火灾危险（如使用金属钠、钾，制备煤末，使用气体燃烧等）的车间，并应在明火车间的上风方向，其他建筑物、构筑物的下风向。并不应接近可能蔓延火灾的地区（如煤场、木材库等）和易燃、自燃材料的仓库。

(2) 油库应尽量布置在低洼地区，以免发生燃烧爆炸时燃油四处溢流使火灾蔓延的危险。油库如设在河岸边时，应布置在住宅区、厂区、码头及桥梁的下游；若与风向有矛盾则可放在上游。但应适当加大距离。

(3) 油库外面应留出完全空旷的安全地带，其宽度不小于5 m。油库附近应留有足够的场地，以便于消防车活动和存放空油桶。油桶垛高不超过3层。

(4) 贮油罐多为卧式的，它能承受较大的工作压力；此外也有桶装式的。贮油量的多少根据用量确定。一般用于汽车库区加油站的油罐总容量不应大于200 m^3，每个油罐的容量大于25 m^3。对于易燃油品库，地下油库总容量应不超过2000 m^3，半地下和地上油库总容量应不超过1000 m^3；对于可燃液体，贮量可增加至易燃油品的五倍。库容量小于200 m^3 的加油站可以布置在汽车库近侧。

(5)易燃、可燃液体贮罐区至其他建筑物及露天堆场的最小间距如表6-1所示。

表6-1　易燃、可燃液体的贮罐、堆场与建筑物的防火间距(m)

名称	一个罐区、堆场的总贮量(m^3)	耐火等级		
		一、二级	三级	四级
易燃液体	1～50	12	15	20
	51～200	15	20	25
	201～1000	20	25	30
	1001～5000	25	30	40

（续表）

名称	一个罐区、堆场的总贮量（m³）	耐火等级		
		一、二级	三级	四级
可燃液体	5～250	12	15	20
	251～1000	15	20	25
	1001～5000	20	25	30
	5001～25000	25	30	40

(6) 易燃、可燃液体贮罐及所属建、构筑物与铁路、道路的最小间距如表 6-2 所示。

表 6-2　易燃、可燃液体贮罐及所属建、构筑物与铁路、道路的距离

自	至	最小间距（m）	
		易燃液体	可燃液体
桶装库、泵房、罐桶间和注卸油装置	国家铁路和其他企业专用铁路中心线	50	30
	本企业专用铁路和厂内铁路中心线	30	20
	国家公路和专用道路路面边缘	15	10
	厂内道路路面边缘	10	5
桶间和注卸油装置	贮罐区装卸设备的铁路中心线	20	12
泵房和桶装库	贮罐区装卸设备的铁路中心线	10	8
贮罐区装卸设备、桶装库及闪点大于 120℃的桶装、罐装混合库	专为其服务的铁路	按铁路建筑界线	

(7) 易燃、可燃液体贮罐至其装卸构筑物及铁路、道路的最小间距如表 6-3 所示。

表 6-3　易燃、可燃液体贮罐至其装罐建、构筑物及铁路、道路的间距

建、构筑物名称	至最近贮罐罐壁的最小间距（m）					
	易燃液体			可燃液体		
	地上	半地下	地下	地上	半地下	地下
国家铁路和其他企业的专用铁路中心线	50/50	22.5/37.5	15/25	30	22.5	15
本企业专用铁路和厂内铁路中心线	20/30	15/22.5	10/15	20	15	10
易燃、可燃液体贮罐区的铁路中心线	20	15	10	12	9	6
国家公路和专用道路路面边缘	20/30	15/22.5	10/15	10	7.5	5
厂内道路路面边缘	10/15	7.5/11.5	5/7.5	5	4	2.5
易燃、可燃液体泵房及罐桶间	15	12	7.5	10	7.5	5
易燃、可燃液体桶装库	20	15	10	12	9	6
铁路装卸油设备	20	15	10	12	9	6
汽车槽车装卸场、桶装油装卸场及磅秤间	15	11.5	7.5	10	7.5	5
高压电力架空线	电杆高度的 1.5 倍					

注：表中有两个数值时，分子适用于容量小于 50 m³ 的贮罐，分母适用于容量等于或大于 50 m³ 的贮罐。

注：① 防火间距应从距建筑最近的贮罐外壁算起。但防火堤外侧基脚线至建筑物的距离不应小于 10 m。

② 易燃、可燃液体的贮灌区、堆场与甲类生产厂房、甲类物品库房以及民用建筑的防火间距应按本表的规定增加 25%。但易燃液体贮罐区、半露天堆场与上述建筑物的防火间距不应小于 25 m；与明火或散发火花地区的防火间距，应按本表四级建筑的规定增加 25%。

③ 浮顶油罐或闪点大于 120 的可燃液体贮罐与建筑物的防火间距，可按本表的规定减少 25%。

④ 一个贮罐区总贮量如超过本表规定的最大限量时，可按有关专门规定执行；小于本表规定的最小限量时，应与建筑物的防火间距可根据具体情况确定。

⑤ 一个单位如有几十贮罐区时，贮罐区之间的防火间距不应小于本表相应贮量四级建筑的较大值，但贮灌区的火堤外侧基脚线之间的距离不应小于 10 m。

⑥ 计算一个贮罐区的总贮量时。1 m^3 的易燃液体按 5 m^3 的可燃液体折算。

(8) 易燃、可燃液体贮罐之间的防火间距如表 6-4 所示。

表 6-4　易燃、可燃液体贮罐之间的防火间距

防火间距 / 贮罐形式 / 贮罐名称	地上	半地下	地下
易燃液体	D	$0.75D$	$0.5D$
可燃液体	$0.75D$	$0.5D$	$0.4D$

注：① D 为两相邻贮罐中较大罐的直径(m)。

② 不同液体，不同形式贮罐之间的防火间距，应采用本表规定的较大值。

③ 浮顶油罐之间或闪点大于 120℃可燃液体贮罐之间的防火间距，可按本表的规定减少 25%。

④ 直径大于 30 m 的地下易燃液体贮罐之间的防火间距可为 15 m；直径大于 25 m 的地下可燃液体贮罐之间的防火间距可为 10 m。

(9) 汽车加油柱与建、构筑物之间的防火间距如表 6-5 所示。

表 6-5　汽车加油柱与建筑物、铁路、道路的防火间距

名称			防火间距(m)
明火或散发火花的地点			30
民用建筑			25
独立的加油柱管理室			不限
其他建筑(本规范另有较大间距规定者除外)	耐火等级	一、二级	10
		三级	12
		四级	14

（续表）

名称	防火间距(m)
厂外铁路线(中心线)	30
厂内铁路线(中心线)	20
厂外道路(路边)	10
厂内道路(路边)	5

注：① 汽车加油柱与民用建筑之间如有实体围墙隔开，其防火间距可适当减少，但不应小于本表其他建筑一栏的规定。

② 汽车加油柱的地下油罐与独立的加油柱管理室之间的防火间距不应小于 5 m，但靠油罐一面的管理室墙上无门窗时不限。

3. 烟花爆竹生产工作间和仓库的危险场所类别和防雷等级关系

烟花爆竹生产厂房和仓库建筑物的危险场所分为三类：Ⅰ类危险场所为经常存在大量能形成爆炸危险烟火药、黑火药及其粉尘的工作间；Ⅱ类危险场所为经常存在少量能形成燃爆危险的烟火药、黑火药及其粉尘的工作间；Ⅲ类危险场所为经常存在能形成火灾危险而爆炸危险性小的危险品及粉尘的工作间。根据不同危险类别场所采取不同等级的防雷措施(见表 6-6)。

表 6-6　工作间和仓库的危险场所类别和防雷等级关系

名称	危险等级	工作间和仓库名称	危险场所类别	防雷等级
黑火药	A_3	三成分混合，造粒，干燥、凉药，筛选，包装	Ⅰ	一
	C	硫、炭二成分混合，硝酸钾干燥、粉碎和筛选，硫、炭粉碎和筛选	Ⅲ	三
烟火药	A_2	含氯酸盐或高氯酸盐的烟火药、摩擦类药剂、爆炸音剂、笛音剂等的混合或配制、造粒、干燥、凉药	Ⅰ	一
	A_3	不含氯酸盐或高氯酸盐的烟火药的混合或配制、造粒、干燥、凉药		
	C	称原料、氯酸钾和过氯酸钾粉碎、筛选	Ⅱ	三
爆竹	A_3	含氯酸盐或高氯酸盐的爆竹药的混合或配制、装药	Ⅰ	一
	A_3	不含氯酸盐或高氯酸盐的爆竹药的混合、装药	Ⅰ	
		已装药的钻孔、切引、机械压药	Ⅱ	二
	C	称原料，不含氯酸盐或高氯酸盐的爆竹药的筑药，插引，挤引，结鞭，包装	Ⅲ	三
烟花	A_2	筒子并装药装珠，上引线，干燥	Ⅰ	一
	A_3	筒子单发装药，筑药，机械压药，钻孔，切引	Ⅱ	二
	C	蘸药，按引，组装包装	Ⅲ	三
礼花弹	A_2	称量，装药，装珠，干燥	Ⅰ	一
	A_3	上发射药，上引线	Ⅱ	二
	C	油球，打皮，皮色，包装	Ⅲ	三

（续表）

名称	危险等级	工作间和仓库名称	危险场所类别	防雷等级
引火线	A_2	含氯酸盐的引药的混合、干燥、凉药，制引、浆引、晾干、包装	Ⅰ	一
	A_3	黑药的三成分混合、干燥、凉药，制引、浆引、晾干、包装		
	C	硫、炭二成分混合，硝酸钾干燥、粉碎和筛选、硫、炭粉碎和筛选	Ⅲ	三
	C	氯酸钾粉碎和筛选	Ⅱ	二
仓库	A_2	引火线，含氯酸盐或高氯酸盐的烟花药、爆竹药、爆炸音剂，笛音剂	Ⅰ	一
	A_3	黑火药，不含氯酸盐或高氯酸盐的烟火药、爆竹药，大爆竹，单个产品装药在 40 g 以上的烟花或礼花弹，已装药的半成品，黑药引火线		
	C	中、小爆竹，单个产品装药在 40 g 以下的烟花或礼花弹	Ⅱ	二

4. 民用爆破器材仓库和火炸药仓库危险级别与防雷要求

爆破安全规程规定："使用年限超过半年的民用爆破器材地面库、埋入式库及覆盖岩层厚度小于 10 m 的峒室式库，均应设防雷装置，以防遭受雷击而燃烧爆炸。库区的防雷装置是重要的安全设施，从建库到整个使用期间都要十分重视。

民用爆破器材库的防雷装置分为三类。各种雷管库、高威力炸药库、油井射孔弹、爆炸筒库、导爆索库、各种火药库、炸药加工房和解冻房应按一类防雷等级进行设计，即必须有防直击雷、雷电感应和防雷电波侵入的措施。各类硝铵炸药库应按二类防雷等级设计防雷装置。二类防雷与一类防雷的不同点是，前者避雷针的安设位置可以放在屋顶上，也可设在库房周围，而一类防雷的避雷针只准安设在库房周围。油井附近的炸药加工房的防雷设计，因为建筑物内炸药量较少，硝铵类炸药感度较低，搬运较安全，所以避雷针可设在屋顶上。只贮存导火索、点火索、点火绳和硝酸铵的库房，按三类防雷等级设计防雷装置，即必须有防直击雷和防雷电波侵入的措施。

表 6-7 某些典型的火炸药和弹药仓库的防雷等级

序号	库存危险品名称	危险区类别	防雷等级
1	黑索今、奥克托今、含黑索今或奥克托今的混合炸药	F0	一
2	梯恩梯及其药柱(块)，含梯恩梯的混合炸药		一
3	太安及含太安的混合炸药、特屈儿		一
4	硝基瓢、苦味酸、胶质炸药		一
5	装有 1.1 级推进剂的发动机		一
6	黑火药粉、黑火药粒、装黑火药的发射药管、药包、抛射药包等		一
7	中口径及其以上主用炮弹(杀伤、爆破、杀伤爆破、穿甲、破甲、碎甲、子母弹、混凝土破障弹等)、地雷、鱼雷、水雷、航空炸弹、火箭弹、导弹、特种炮弹、特种抗弹、爆破筒	F1	一
8	火帽、枪弹底火、雷管、导爆索	F1	一

（续表）

序号	库存危险品名称	危险区类别	防雷等级
9	护爆管	F1	一
10	烟火药及其制品	F0	一
11	三硝基甲苯(TNT)	F2	二
12	特种手榴弹、信号弹、枪弹、炮弹、航空炸弹	F1	一
13	小口径主用炸弹	F1	一
14	手榴弹	F1	一
15	引信、发火竹、曳光管、底火、控火管、传火具、点火具、电爆管	F1	一
16	单基、双基、二基火药	F0	一
17	装填 1.3 级推进剂的发动机、双基火药用的吸收药(含水少于 20%)	F1	一
18	装发射药的药筒、或药管、药包等制品、可燃、半可燃药筒、普通枪弹、不装填炸药的特种弹(穿甲、曳光等)	F1	一
19	二硝基苯	F2	二
20	硝化纤维素(含水不小于 25%)	F2	二
21	高氧酸铵	F2	二
22	硝酸铵等氧化剂	F2	二
23	导火索	F2	二
24	覆土式仓库	F0	一
25	汽油库、乙醇库、丙醇库、乙醛库	Q0	一
26	甲苯库	Q0	二

§6.3 雷电防护技术措施

6.3.1 雷电防护基本理论

所谓雷电防护就是通过合理、有效的手段将雷电流的能量尽可能地引入到大地，是疏导，而不是堵雷或消雷。由于雷电的危害包括直接雷击的危害和雷击电磁脉冲的危害（如图 6-2），那么，一个完整的防雷系统包括两个方面：直击雷的防护和感应雷的防护。缺少任何一方面都是不完整的、有缺陷的和有潜在危险的。当今时代的防雷工作的重要性、迫切性、复杂性大大增加了，所以，我们必须站在历史时代的新高度来研究和应用现代防雷技术，提高人类对雷灾防御的综合能力。

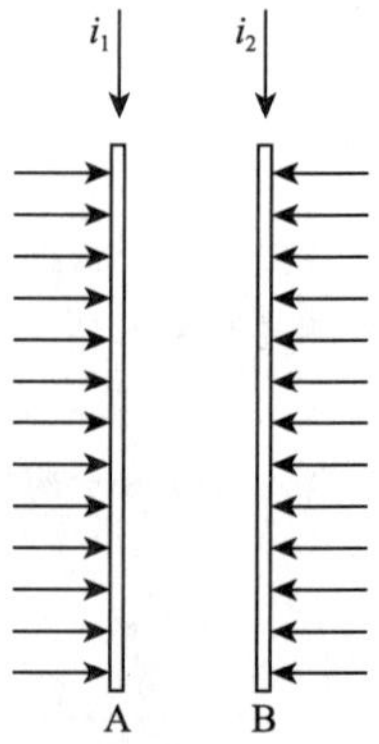

图 6-2　雷电流的电效应

1. 直击雷防护理论

直击雷是指雷电直接击在建筑物、其他物体、大地或防雷装置上，产生电效应、热效应和机械力者。

(1) 直击雷危害机理

① 雷电流的热效应

在雷云对地放电时，强大的雷电流从雷击点注入被击物体，由于雷电流幅值高达数十至数百千安，其热效应可以在雷击点局部范围内产生高达 6000～10000℃，甚至更高的温度，能够使金属熔化，树木、草堆引燃；当雷电波侵入建筑物内低压供配电线路时，可以将线路熔断。这些由雷电流的巨大能量使被击物体燃烧或金属材料熔化的现象都属于典型的雷电流的热效应破坏作用，如果防护不当，就会造成灾害。

② 雷电流的电效应

由电磁学可知，在载流导体周围的空间存在着磁场，而在磁场中的载流导体又会受到电磁力的作用。图 6-2 给出两根载有相同方向雷电流的长直导体，导体 A 上的电流在其周围空间产生磁场，而导体 B 在这一磁场中将受到一个电磁力的作用，其方向垂直指向导体 A。同样，导体 B 上的电流也会在其周围空间产生磁场，使得处在该磁场中的载流导体 A 也受到一个电磁力的作用，其方向垂直指向导体 B。于是，在这两根平行载流导体之间就存在电磁力的相互作用力。

雷击产生的机械力。雷电的机械效应所产生的破坏作用主要表现为两种形式：一是雷电流注入树木或建筑构件时在它们内部产生的内压力；二是雷电流的冲击波效应。

(2) 直击雷防护原理

直击雷防护主要是安装直击雷防护装置，该装置由三个基本部分组成：位于建筑物屋面较高位置或容易遭受雷击部位的接闪器、接地装置、连接接闪器和接地装置的引下线。发生闪电时，接闪器接闪后，迅速将雷电流通过引下线和接地装置导入大地，从而保护建筑物。

2. 雷电反击理论

(1) 雷电反击产生机理

雷电的反击通常指建筑物遭受直击雷后，雷电流通过接闪器接闪、引下线泄流和接地装置散流或流经金属管道等导体时，会产生非常高的电压，由于雷电流持续时间很短，这种电位升高现象所持续的时间也很短，称为暂态高电位。由电路原理可知，雷电流作为暂态电流流过电阻与电感串联支路时，将会在该支路上产生压降，支路的总压降中含电阻上压降分量和电感上压降分量。在建筑物遭受雷击时，雷电流沿防雷装置中各分支导体流动，经接地体汇入大地。从工程近似的角度，可以把分支导体看成是具有分布电感和电阻的电路，把接地体等值地看做是集中电阻，即接地电阻。于是雷电流流过防雷装置中各分支导体和接地体时，将会在分支导体的电感、电阻和接地电阻上产生压降，使防雷装置中各个部位的对地电位都有不同程度的升高。而没有雷电流流过的设备、线路、管道等仍保持与大地等电位。根据《雷电》一书下卷的研究数据，土壤的冲击击穿场强为 200～1000 kV/m，其平均值为 600 kV/m，取与空气击穿场强一样的数值，即为 500 kV/m，则地中距离 $S_{e2}=k_c IR_i/500$（R_i 为接地装置的冲击接地电阻，I 为雷电流幅值 kA，k_c 为分流系数），当人员或设备的距离小于 S_{e2} 时，就会发生空气间隙被击穿的现象。在发生反击后，被反击的金属体带上高电位，它又有可能继续对其周围的其他金属体反击，从而可能引发多个金属体之间的一系列反击，导致严重的设备损坏和人员伤亡。

此外，暂态高电位还可以从雷击处通过一定的渠道传递到较远的地方，然后再引起反击，损坏设备。例如，两座建筑物有金属管道相连，当其中一座建筑物遭受雷击后，雷电流在该建筑物的接地体上将产生暂态电压降，并使该建筑物内接地母线的暂态电位升高。由于金属管道与该接地母线相连，它也将带上高电位，于是它将作为传递渠道将高电位传递到另一座建筑物内，使得该处的接地母线（与金属管道相连）也带上高电位，导致与接地母线相连的线路很容易对其邻近的电源线或通信线发生反击，造成用电设备和通信设备损坏。

暂态电位的抬高也会对一些进出屏蔽室的电源线或信号线发生反击，在现在规模较大或较精密的电子信息机房，出于抗电磁干扰的目的，将某些重要电子设备安置在由致密金属网编制的封闭的屏蔽室内，屏蔽室与建筑物接地系统可靠连接，为了让室内电子设备信号线与远处电子设备进行信号传输，在屏蔽体上开出小孔，供信号线进出。在发生直接雷击时，雷电流流过屏蔽室接地线的寄生电感和接地电阻后，将产生很高的暂态压降，使屏蔽室的暂态电位被抬高，而来自远处的信号线此时处于零电位，在小孔处，屏蔽体与信号线之间就会出现很高的电位差，这种电位差是流过冲击接地电阻和屏蔽体的雷电流造成的。由于普通信号线仅能耐受数百伏的冲击电压，这一高电压很容易将两者间空气间隙击穿，使信号线上也带上高电位，该电位将会直接损坏室内的电子设备。同时，它也可能将沿信号线传输到远处线路终端，侵害终端处的电子设备。

(2) 雷电反击防护原理

防止雷电流流经引下线和接地网时产生的高电位对附近金属物体、电气线路、电气设备和电子信息设备的反击的措施应采取下面的措施：

① 当实际情况允许时，应将防雷装置的接闪器和引下线与建筑物内的金属物体隔开。以第二类防雷建筑物为例，金属物体至引下线的距离应符合公式(6.3-2)至(6.3-3)的要求，地下各种金属管道及其他各种接地网距防雷接地网的距离应符合公式(6.3-4)的要求，且不应小于 2 m。如果达不到上述条件时，各金

属构件应相互等电位连接。

当 $l_x \geqslant 5R_i$ 时　　$Sa_1 \geqslant 0.075k_c(R_i + L_x)$　　(6.3-1)

当 $L_x < 5R_i$ 时　　$Sa_1 \geqslant 0.3k_c(R_i + 0.1L_x)$　　(6.3-2)

$$Sa_2 \geqslant 0.075k_cL_x \quad (6.3\text{-}3)$$

$$Se_d \geqslant 0.3k_cR_i \quad (6.3\text{-}4)$$

式中：Sa_1——当金属管道的埋地部分未与防雷接地网连接时，引下线与金属物体之间的空气中距离(m)；

Sa_2——当金属管道的埋地部分已与防雷接地网连接时，引下线与金属物体之间的空气中距离(m)；

R_i——防雷接地网的冲击接地电阻(Ω)；

L_x——引下线计算点到地面长度(m)；

Se_d——防雷接地网与各种接地网或埋地各种电缆和金属管道间的地下距离(m)；

k_c——分流系数，单根引下线应为 1，两根引下线及接闪器不成闭合环到多根引下线应为 0.66，接闪器成闭合环或网状的多根引下线为 0.44。

② 当利用建筑物的钢筋体或钢结构作为引下线，同时建筑物的大部分钢筋、钢结构等金属物与被利用的部分连成整体时，或者当引下线与金属物或线路之间有自然接地或人工接地的钢筋混凝土构件、金属板、金属网等静电屏蔽物隔开时，其距离可不受限制。

③ 对于设有大量电子信息设备的建筑物，其电气、电信竖井内地接地干线应与每层楼板钢筋作等电位联结。一般建筑物的电气、电信竖井内地接地干线应每三层与楼板钢筋作等电位联结。

3. 雷电感应防护理论

(1) 雷电感应产生机理

雷云放电时，在雷电流的强大电场和磁场变化产生的静电感应和电磁感应作用下，如果金属体、导线等未采取相应的防雷电感应措施，导体上的感应电荷得不到释放，就会使导体与地面之间形成很高的电位差。或者导体感应产生极大的电动势，若有回路则产生的感应电流不能迅速泄入大地，在金属物体上发生电火花放电，遇到可燃物就容易引发火灾。

感应雷虽然没有直击雷猛烈，但其发生的几率比直击雷高得多。直击雷只发生在雷云对地闪击时才会对地面造成危害，而感应雷在雷云对地闪击或者云间闪时，都可能发生并造成危害。此外，一次直击雷作用范围较小，而一次闪击却可以在较大的范围内的金属物体、设备产生雷电感应。感应过电压可以通过电力线、信号线等传输，使电气、弱电设备损坏，使遭受雷击的范围扩大，损失增大。

① 雷电的静电感应

i）金属屋面建筑物上的静电感应

当这种建筑物上空有雷云生成并向下发展下行先导时，由于雷云和先导通道中电荷的感应作用，在建筑物顶部的金属体上将出现反极性的感应电荷。这些感应电荷在屋顶上的聚集速度取决于先导发展的速度，因为先导发展的速度约比回击速度小100倍，所以在先导发展阶段，金属屋顶上有足够的时间来聚集大量感应电荷。这些正电荷受到先导通道中负电荷的束缚，不能自由运动。当先导发展到附近地面时，回击过程便开始，先导通道中携带的电荷将被地面上的电荷自上而下地迅速中和，伴随着负电荷的消失，金属屋顶上的电荷将失去束缚，变为自由电荷。如果建筑物金属屋顶或顶部金属对地绝缘，则在静电感应所引起的高电压作用下，金属体对其下方的某些物体将会造成火花放电，导致设备损坏和人员伤亡，甚至可能引发火灾。如果顶部金属体的引下线在某个部位断开或电阻过大，则在这些部位也将出现高电压，造成局部火花放电，危及建筑物内设备与人员的安全。

ii）架空线路上的静电感应

现以常见的负雷云对地放电为例来说明架空线路上感应电荷和高电压的产生机理。当雷云下行负先导向地面发展时，先导通道携带的负电荷将在最靠近其前端的一段导线上感应出正电荷，在先导尚未到达地面，即回击尚未发生时，这些正电荷将受到先导通道中负电荷的束缚，成为不能自由运动的束缚电荷。而此时导线上与正束缚电荷相应的负电荷则被排斥向两侧运动，经线路的泄漏电导和电网的中性点进入大地。先导到达地面时，回击就发生，原先导通道中的负电荷被迅速中和，这就消除了对导线上正电荷的束缚，这些失去束缚的正电荷将向两侧运动，形成过电压波，其波速接近于光速。由于回击的平均速度很快，导线上正电荷被释放的时间也很短，所以过电压波的幅值是很高的。

② 雷电的电磁感应

雷电通道和防雷装置上的雷电流，会在接地系统上产生电压降，同时也会在建筑物内部导线形成的环路感应出浪涌电压和电流。特别是由于雷击的磁干扰辐射，周围区域雷击在设备环路上感应出浪涌电压和电流。如果雷击架空电线时，在电源进线上就有传导的出浪涌电压和电流。由于电磁干扰的辐射，云间闪电在电力线和其他大范围的导线系统上也会产生传导的浪涌电压和电流。

防雷装置即使采取了分流，在每一分支导体或导线上雷电流减小。但雷电流具有很大的幅值和波头上升陡度，能在所流过的路径周围产生很强的暂态脉冲磁场。根据电磁感应定律，这种快速变化的脉冲磁场交链导体回路时，能在回路中感应出电动势，产生过电压和过电流。

（2）雷电感应防护原理

根据《建筑物防雷设计规范》(GB 50057—94)，需要对制造、使用或贮存爆炸物质的建筑物和爆炸危险环境采取防雷电感应措施，即只对第一类防雷建筑物和第二类防雷建筑物中具有爆炸危险环境部分采取防雷电感应措施。

① 屏蔽

i）建筑物屏蔽

对于建筑物的屋面避雷网、金属屋面、立面金属表面、混凝土内钢筋及外墙上大尺寸金属门窗等自然构件，均应进行等电位连接并接地，这样就构成了法拉第笼，可以减少雷电感应的影响。用下面的式子可以很好地看到屏蔽后的磁场强度的衰减情况。

当闪电击于格栅形大空间屏蔽以外附近的情况时，在格栅形大空间屏蔽内，即在 LPZ1 区内的磁场强度从 H_0 减为 H_1，其值应按下式计算：

$$H_1 = H_0 / 10^{SF/20} \tag{6.3-5}$$

式中：H_1——有屏蔽时所产生的衰减磁场强度(V)；

H_0——无屏蔽时所产生的无衰减磁场强度(V)；

SF——屏蔽系数(dB)。

当闪电直接击在位于 $LPZ0_A$ 区的格栅形大空间屏蔽上时，内部 LPZ_1 区内 V_s 空间内某点的磁场强度 H_1 应按下式计算：

$$H_1 = k_H \cdot i_0 \cdot w / (d_w \cdot \sqrt{d_r}) \tag{6.3-6}$$

式中：H_1——有屏蔽时所产生的衰减磁场强度(V)；

k_H——形状系数$(1/\sqrt{m})$，取 $k_H = 0.01(1/\sqrt{m})$；

i_0——雷电流(A)，按 GB 50057—94 中的规定选取；

w——LPZ1 区格栅形屏蔽的网格宽(m)；

d_w——被考虑的点距 LPZ1 区屏蔽壁的最短距离(m)；

d_r——被考虑的点距 LPZ1 区屏蔽顶的最短距离(m)。

ii）线路屏蔽

从雷电脉冲电磁场防护的角度来看，进入建筑物的户外线路(供电线或通信线)应采用带金属屏蔽的电缆，对于没有屏蔽的线路，应设置金属管道，让线路从管道中穿过，在进入建筑物的入户处，金属管应与建筑物的防雷装置作可靠电气连接。

在建筑物需要集中布设大量线路的地方，应修建电气或弱电井。在建筑物内分支布线和室内布线的路径上可架设金属布线槽或金属管对线路进行屏蔽，且应就近通过接地线接地，各段金属布线槽或金属管的连接部位应可靠跨接。

iii）设备屏蔽

对电磁脉冲干扰敏感的电子设备，特别是含有大规模集成电路的微电子设备，都应采用连续完整的金属将它们封闭起来，进出设备的信号线和电源线屏蔽层在其进出口处应与设备的金属外壳保持良好的电气接触。

② 等电位连接和接地

i）常规等电位连接、接地

为减少或消除雷电感应的影响，应对电子设备本身结构采取等电位连接并接地；对于进入建筑物的电源线、信号线宜采用屏蔽电缆，并在屏蔽层两端和雷电防护区交界处做等电位连接并接地。当采用非屏蔽电缆时，应敷设在金属管道内，金属管道在雷电防护区交界处做等电位连接并接地。

ii）暂态等电位连接

在一些特殊场合，各金属体之间不允许作永久性的常规等电位连接，只有在它们之间出现短暂的高电位差时才能进行暂时的等电位连接，而在暂态高电位差消失后，彼此之间又需恢复不连接的断开隔离状态。暂态等电位连接可以设置在信号线或电源线进入建筑物的入口处。

4. 雷电波侵入防护理论

（1）雷电波侵入危害机理

雷电波侵入是指直击雷或雷电感应电流从输电线、通信电缆、无线电天线、金属管道等引入建筑物内，而现在的设备集成化程度高，耐过电压能力较弱，雷电过电压导致设备损坏而造成的雷击事故。

① 直击雷引起的雷电波侵入

雷电直接击中了架空电线或埋地电缆，雷电流以 1/20～1/2 的光速以波的形式向线路两端移动，对电力设备及用电设施构成危害。雷击时电流高达几十千安，最高达 200～300 kA，一般在 20～40 kA，其时间甚短，一般为 10～100 μs。

雷击架空线路导线产生的直击雷过电压：

$$U_S = 100I \tag{6.3-7}$$

其中，U_S——雷击点过电压最大值；I——雷电流幅值。

实践证明，在埋有电缆的地方，沿电缆埋设的线路落雷概率要比其他地方高，在土壤电阻率高的地方尤其明显，这是因为在土壤中埋下一条电缆就相当于土壤中有一条土壤电阻率特别低的带。同理，在土壤电阻率高的地方，如果中间存在一块低土壤电阻率的地区，该地区遭雷击概率特别高。据有关资料报道，雷电直击点的地面会出现大的孔洞，洞深可直达电缆。

② 感应过电压引起的雷电波侵入

雷电在各种金属管线上感应出的高电压脉冲，即由于雷云对大地放电或雷云之间迅速放电形成的静电感应和电磁感应，它们在各种金属管线中感应出几 kV到几十 kV 的高电位，以波的形式沿着导线传播而引入室内。

③ 雷电反击引起的雷电波侵入

由于直击雷在建筑物或建筑物附近入地，因其通过地网入地时，在地网上会发生数十 kV 到数百 kV 的高电位，这高电位通过电力线的零线、保安接地线和通信系统的地线，也是以波的形式传入室内，或沿着导线传播到远处，殃及更大范围。

(2) 雷电波侵入防护原理

本节重点介绍电源线路的雷电防护措施，而通信线路和其他金属管线可参照采取相应措施。

① 进线方式

电源线路进入建筑物通常有两种方式：架空线路和埋地引入。为防止雷电波沿电源线路侵入，低压电源线路应全线采取埋地敷设电缆或距建筑物 15 m 处采用一段金属铠装电缆或无金属铠装电缆穿钢管埋地引入；对于确实无法采取埋地引入的，可采取架空引入。

以一栋二类防雷建筑物为例，雷电流幅值分别为 150 kA 和 37.5 kA，当三相四线（$TN-C$）无屏蔽电源线路架空引入时，沿电源线路引入建筑物内的最大雷电流为：$i_1=150/2/3=25$ kA 和 $i_2=37.5/2/3=6.25$ kA；当线路有屏蔽且屏蔽层两端接地时，70%的雷电流沿屏蔽层流走，雷电流最大值为：$i_3=25\times(1-0.7)=7.5$ kA，$i_4=6.25\times(1-0.7)=1.875$ kA。由计算出的数值可以明显地看出，线路屏蔽、接地的重要。

② 安装电涌保护器 SPD

低压电源线路埋地引入时，进入建筑物时电缆的金属外皮、钢管应采取接地措施，同时在电源线路引入的总配电箱处安装电涌保护器。当架空线路直接引入时，入户处应装设电涌保护器。若第一级电涌保护装置的电压保护水平加上其两端引线的感应电压不能保护后续的设备，则应在分配电箱处加装 SPD 进行多级防护，在 LPZ0 区至 LPZ1 区界面宜选用经 10/350 μs。波形最大冲击电流Ⅰ级分类试验的 SPD。在后续的雷电防护区的界面上宜选用经 8/20 μs 波形的最大放电电流Ⅱ级分类试验或混合波Ⅲ三级分类试验的 SPD。Ⅰ级分类试验的 SPD 可安装在建筑物的入户配电柜(箱)，Ⅱ、Ⅲ级分类试验的 SPD 一般应靠近被保护设备安装。以便逐级泄放雷电能量，逐步降低所钳制的雷电压值。

③ 等电位连接与接地

对于进入室内的电源线，其金属屏蔽层或保护层均要进行等电位连接并接地，以减少它们之间的暂态电压差，可限制能量较低的感应雷电波侵入。

6.3.2　建筑防雷技术

现代防雷技术是在人与雷电灾害不断斗争的过程中逐渐发展起来的高新技

术。理论和实践说明，采取综合防雷技术最为有效，即将建筑物外部防雷措施和内部防雷措施作为整体来统一考虑，它包括防护直接雷击，防止和抑制雷电电磁脉冲干扰的各种传输形式造成的危害等环节。归纳起来有六项措施：直击雷防护技术、共用接地系统、等电位连接技术、屏蔽技术、安装电涌保护器 SPD、综合布线技术。

1. 直击雷防护技术

直击雷的防护是任何区域的防雷中都不可缺少的。目前直击雷防护的主要手段仍然是避雷针、避雷带等传统方法，其保护半径按滚球法确定。按照滚球法计算可知，60 m 以上的建筑物存在雷电侧击的可能，这时往往采用笼式结构的避雷网作为防直击雷的装置，即利用建筑物内在钢筋结构的焊接形成避雷的法拉第笼，这比避雷针、避雷带更能提供有效的防直击雷保护。忽略这一点，将造成建筑物防雷的“先天不足”。

传统的避雷方法对于一般性的建筑物直击雷的防护是完全胜任的，但对于易燃易爆场所和大量电子设备集中使用的场所而言，避雷针或避雷带在防止直击雷的同时，其伴随产生的二次雷击效应是十分有害的。这就需要用其他的防二次雷击效应的措施去弥补。

国内目前已出现了很多新型的防直击雷装置，其中有代表性的有消雷器、预放电避雷针、优化避雷针等。实践表明，消雷器并不能达到消雷的目的。预放电避雷针可以扩大避雷针保护范围和增加接闪率，其实质仍然是“引雷入地”的避雷机理，但造价较普通避雷针昂贵。优化避雷针则是利用阻抗限流的原理，在吸引雷电入地的同时抑制二次雷击的产生，这无疑是较为理想的弱电系统和爆炸危险环境直击雷防护装置，具有很高的实际应用价值，目前在通信领域已广泛应用。采取直击雷防护措施应该注意以下几点：

(1) 选取合适的接闪器

接闪器通常包括避雷针、避雷带(网)、架空避雷线和混合接闪器。接闪器的选择应该根据不同场所及其保护效率来确定，针对第一类防雷场所的直击雷防护通常选用独立避雷针或架空避雷线，同时其材型规格必须符合要求，如架空避雷线应采用截面不小于 35 mm^2 的镀锌钢绞线。避雷带宜采用圆钢或扁钢，优先采用圆钢。

除第一类建筑物外，金属屋面的建筑物宜利用其屋面作为接闪器，金属体与闪击通道接触处的热过程极为复杂，对这一现象用简化的模型可进行假定，接触区的热分配与固定的电弧类同。使金属加热的能量 w 为：

$$w=U_e \cdot Q \tag{6.3-8}$$

式中：U_e——电压降(V)；

Q——流经雷击点的电荷(As)。

考虑全部能量用于加热金属体时，雷击每库仑(As)电荷能熔化以下的金属体积：铁：$V/Q \approx 4.4\ mm^3/As$，铜：$V/Q \approx 5.4\ mm^3/As$，铝：$V/Q \approx 12\ mm^3/As$。雷击点加热面积的直径取 50～100 mm，对第二类、第三类防雷建筑物一次闪击的总电荷量分别为 225 As、150 As，计算出其厚度，铁板不应小于 4 mm，铜板不应小于5 mm，铝板不应小于 7 mm。同时，施工过程中要注意金属板之间的搭接长度。

(2) 安装位置与高度

接闪器的保护范围应根据滚球法确定。如建筑物屋面采用避雷网保护方法布置后，保护突出避雷网物体的方法之一是采用避雷针。此时，可以将屋面作为地面看待，合理设置避雷针的位置和高度，以保护屋面的金属物体、设备及建筑物易遭受雷击的屋脊、屋角、女儿墙等。另外，为使雷电流能够迅速分流，避雷针引下线与避雷带的连接点不应少于 2 处。

避雷带宜沿女儿墙、帽厅、构架等的外缘敷设，在转角处应随建筑造型弯曲，根据安培定理和左手定则，要施雷击引起避雷带的相互排斥力较小，弯曲角度不应小于 120°。

当避雷带采用暗装时，其最后的抹灰层或其他保护层厚度不应大于 2 cm。女儿墙上暗敷避雷带必须固定，不能无固定地敷设在女儿墙、屋面构架等易遭受雷击的部位。雷击点的电流假定为 i，向两侧分流各为 $i/2$。女儿墙上压顶钢筋有箍筋互相连接，若它们与屋面钢筋或圈梁钢筋有连接，将形成一些闭合环路，$i/2$ 的分流会在这些环路感应出电流，其在压顶钢筋的流动方向与 $i/2$ 的方向相反。暗敷避雷带与压顶钢筋之间产生的推斥力，会把不加固定的暗敷避雷带从抹灰层或其他保护层中脱开，造成二次雷击事故。

架空避雷线的高度时应考虑弧垂的影响，在无法确定弧垂的情况下，当等高支柱间的距离小于 120 m 时，架空避雷线中点的弧垂宜采用 2 m，距离为 120～150 m 时宜采用 3 m。

(3) 合理分流和接地

无论引下线与接地装置，一方面保证材料必须符合规范，另一方面必须考虑分流问题和接地问题。分流就是保证接闪器接闪后，能通过足够多的引下线快速传导到接地装置散流。

单根引下线时，$k_c=1$；2 根引下线及接闪器不成闭合环的多根引下线时；$k_c=0.66$，成闭合环的多根引下线时，$k_c=0.44$。可见，引下线根数与分流系数成反比关系。

此外，引下线应选择最短路径接地，其接地电阻值也要根据设备设施的要求确定，确保防雷响应时间满足要求。

2. 共用接地系统

接地是一切防雷工程的基础，是目前疏导雷电流能量的唯一途径。因此，接地是防雷技术最重要的环节，不管是直击雷、感应雷或是其他形式的雷，最终都是把雷电流送入大地，没有良好的接地系统，再好的防雷设施都不能发挥应有的作用。当然避雷接地电阻值应该有一定要求，我国有关的防雷规范对各类接地的接地电阻都有明确的规定。接地电阻越小，散流越快，被雷击物体高电位保持时间越短。危险性越小，其跨步电压、接触电压也越小。但是，近十几年来理论和实践证明，与其说接地电阻值重要不如说地网的结构更重要。许多单位，尤其在高土壤电阻率地区，为取得较小的地网接地电阻值，不惜大量投入，但并不一定能够取得好的防雷效果，其问题是地网结构和连接形式不合理。日本已作过这方面实地调查，认为单纯追求较小的接地电阻是不合理的。由此看来，合理安排地网的结构和连接形式比单纯追求较小的接地电阻值更有意义，对防雷更有价值。

现代建筑，其内部往往有许多不同性质的电气设备，需要多个接地装置，比如交流工作地、直流工作地、设备保护地、防雷接地等。那么多系统的接地是采用共用接地系统还是各自独立接地呢？独立接地（如图 6-4a）在 20 世纪六七十年代以前比较多用。它的好处是各系统之间不会造成互相干扰，这点对通信系统尤为重要。但近年发现这种独立接地方式在计算机通信网络和有线电视网络中特别容易被雷击。故除在特别危险的有防爆炸要求的环境必须要采用独立避雷针（线、网）的地方外，一般不主张采用独立接地的方法而被共用接地取代。共用接地（图 6-4b，c，d）是把需要接地的各系统统一接到一个地网上，或者把各系统原来的接地网通过地下或者地上用金属连接起来，使它们之间成为电气相通的统一接地网。

由于通信系统和交流电源系统的接地是为了获得一个零电位点，如果系统分别接地，当发生雷击时各系统的接地点的电位可能相差很大。假定图 6-4a 中 1 为交流工作接地，2 为直流工作接地（信号逻辑地），3 为机壳的保护接地，如果雷电波从 1 即交流电源送进来，由于雷电的瞬时电压往往是几万伏乃至几十万伏，那么在同一台计算机电路板上分别与电源、信号线或和外壳相接的各部分就承担各地网间的高电压而被击穿。如果采用共用接地，雷电流在接地电阻上产生的高电压，将同时存在各系统的接地线上，图 6-4 中 b，c，d 各系统地线间不存在高电位差，也不存在同一台设备的各接地系统之间的击穿问题。在一座楼房要分别做几个互相没有电气联系的地网是很困难的，尤其在现代的大城市更是如此。根据规范，各地网间最小要有 20 m 的距离，同时与各种地下的金属管线和大金属构件都要保持足够的距离，这很难做到。事实上，在微机网络中，独立接地系统被雷击损坏的几率远远高于共用接地系统。基于这些原因，独立接地系统已不适应现代通讯技术迅猛发展的形式，将会被共用接地所取代。我国近年颁布的《电子计算机机房安全设计规范》中已明确推荐使用共用接地方式。在

IEC 的有关规范中认为，接地装置的形状和尺寸比接地体电阻的规定值更重要，从防雷观点出发，建筑物设一共用接地装置较好，适用于供所有接地之用。

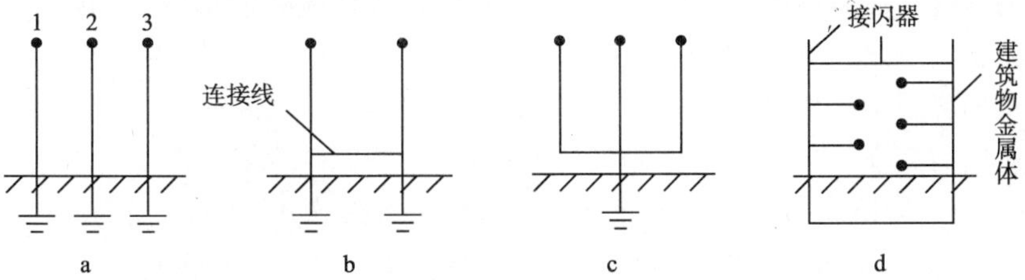

图 6-4　接地的形式

需要注意的是，为避免共用接地中出现的各系统间的电磁干扰，尤其是低频干扰，应尽量避免如图 6-5 所示的共阻抗耦合。而是应该采用图 6-6 所示的一点接地法。因此共用接地的基本原则是“共地不共线”，即不同系统和不同用途的接地母线应单独敷设，切忌在中途随意互相连接，并在入地处统一连接后与地网相连。

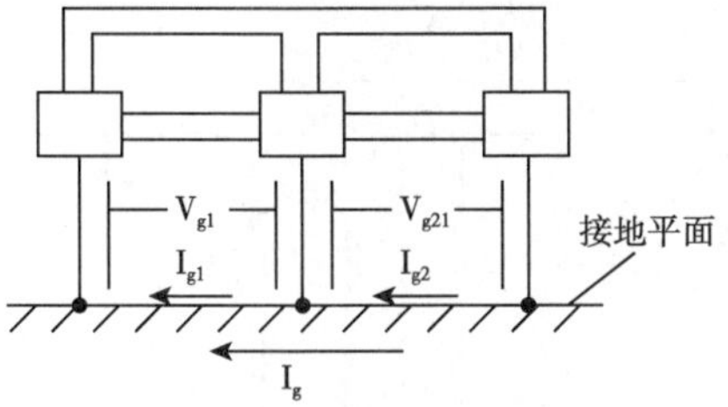

图 6-5　多点接地

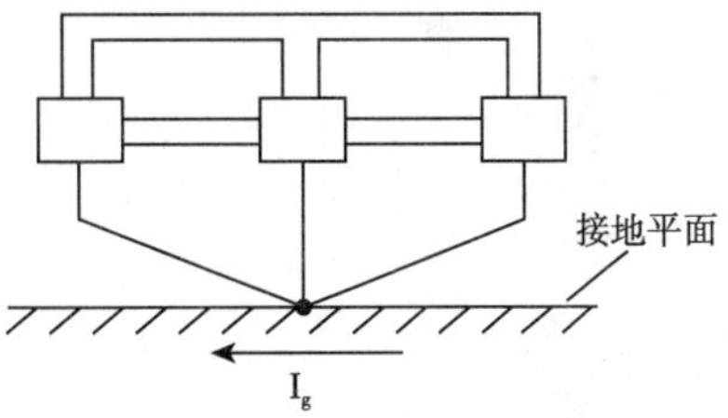

图 6-6　一点接地

3. 等电位连接技术

等电位连接是防止雷电反击的重要技术手段，它不仅可以消除不同金属部件及导线间的雷电流引起的高电位差，而且可以很好地起到对雷电流分流的作用。在 IEC 的规范中非常强调等电位连接的重要性，等电位连接的根本目的是均压，它基本上可以解决雷电反击的问题，以达到减少防雷空间内火灾、爆炸及生命危险。在实际防雷工程当中，等电位连接的应用几乎无处不在。从某种意义上讲，共用接地就是接地系统间的等电位连接，而各种过电压保护器即避雷器(SPD)的安装，就是为了实现当雷电流侵入导线时与接地系统暂时的连接，以均衡导线和接地系统间的电位，其实质仍然是等电位连接，而 IEC 对等电位连接的定义是用连接导线或过电压保护器将处于需要防雷的空间内防雷装置、建筑物的金属构架、金属装置、外来导体、电气装置、电信装置等连接起来。

IEC 规范中将防雷分为外部防雷和内部防雷，并把建筑物分为 $LPZ0_A$、$LPZ0_B$，LPZ1，LPZ2 等若干防雷区。其中 $LPZ0_A$、$LPZ0_B$ 均为建筑物的外部，$LPZ0_A$ 处于外部防雷装置保护范围之外，有遭受直击雷的危险；LPZ 如处于外部防雷装置保护范围之内，但处于建筑物之外，这一区域没有遭受直击雷的危险，但有很强的雷电电磁脉冲。LPZ1 处于建筑物内，在这一区域雷电电磁脉冲有可能减弱，这取决于屏蔽的措施。LPZ2 处于建筑物有屏蔽的房间之内，雷电电磁脉冲较弱。总之，防雷区数越多，电磁环境的参数就越低。IEC 强调应在各防雷区相交的界面上采取等电位连接措施，如图 6-7 所示。

一般而言下列情况需要做等电位连接：

① 独立的防直击雷装置须在地平面处作等电位连接。

② 需要防雷的空间内但处于室外的金属装置。

③ 对于建筑物内的机房或有重要设备的楼层应设置局部等电位连接带(PAS)，并将屏蔽网或建筑物的金属构件作等电位连接。

④ 自然连接不能保证电气贯通的地方用连接导线连接，不允许连接导线的地方，采用过电压保护器，例如有绝缘段的金属管道必须跨接过电压保护器。

⑤ 外来导体必须尽可能在进户点作等电位连接，不允许直接连接的应通过过电压保护器连接，比如电源线，通信线缆屏蔽层以内的导线，如图 6-7 所示。

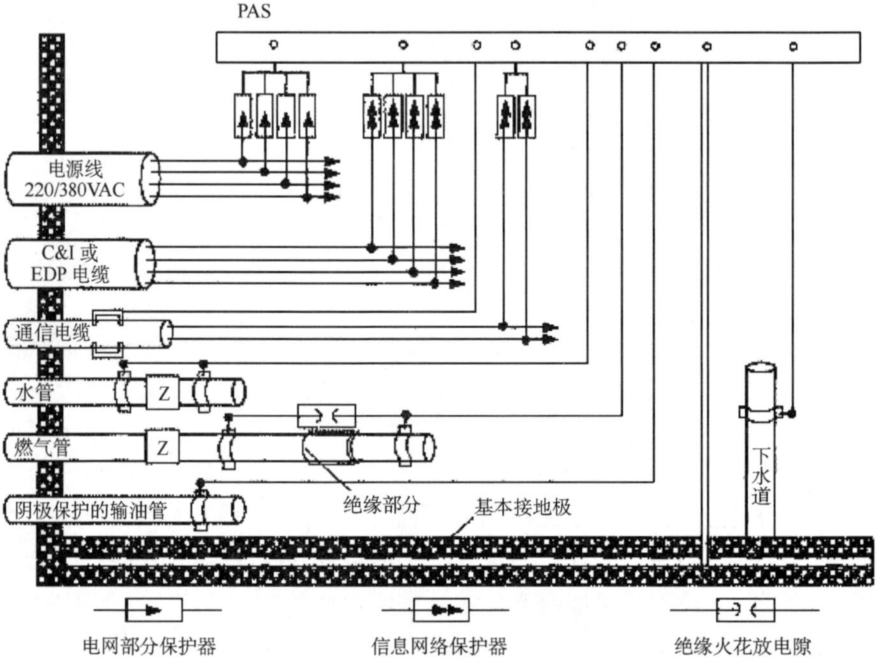

图 6-7　内部防雷的等电位连接实例

4. 屏蔽技术

对付雷电电磁脉冲，屏蔽是最为有效的防护措施。对这一点 IEC1312《雷电电磁脉冲防护》作了大量的论述，详细分析了雷击时屏蔽物内外的电磁场特性，如图 6-8 所示。对重要的机房采取六面屏蔽,或者把特别敏感的仪器放入特别建造的屏蔽室内工作,在实践中已经取得了很好的防雷保护效果。现代建筑很多为钢筋混凝土结构,已经非常接近法拉第笼的结构,而法拉第笼就具有屏蔽作用,因此许多建筑本身就有一定的屏蔽作用,假如钢筋之间各连接点是焊接而不是绑扎,屏蔽效果将更为明显。注意到这一点,如果在建筑物设计规划时考虑建筑物某一局部(例如机房)的用途和防雷需要,在土建施工中即有意识的将钢筋进行焊接并增加钢筋密度,将为以后建筑物内设备的防雷打下良好的基础。

各种传输线缆的屏蔽层本身就是很好的屏蔽物,对于一些敏感设备,应尽量选用带有屏蔽层的传输线,这可以减少雷电电磁脉冲对传输线内部的辐射。如果没有屏蔽层或线缆的屏蔽效果不佳,则应考虑将线缆尽量穿金属管并埋地敷设。值得注意的是,即使是完全屏蔽的房间也不能避免因各种穿越其间的线缆所引入的雷电入侵波。事实上,在信息网络日渐发达、各种线缆纵横交错相互连结的今天,是很难确定传输线是否全程屏蔽的,而屏蔽网的造价一般较高,也应视其具体情况而定。因此,配合安装一些电子避雷器来弥补屏蔽的不足和减少经费投入,从而取得较高的防雷保护可靠性,是完全必要和有益的。图 6-9 为电缆的屏蔽层和避雷器配合使用防雷的例子。

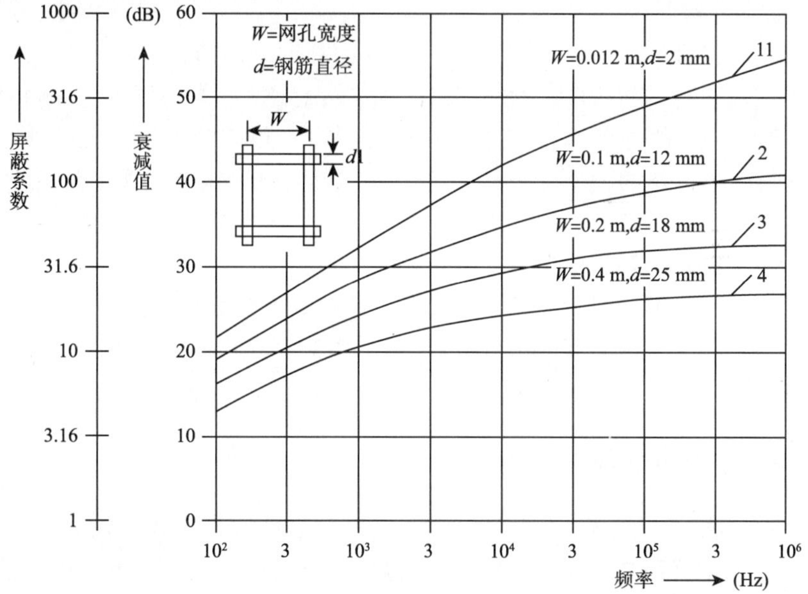

图 6-8　一个邻近雷区造成的平面波情况下钢筋的磁衰减特性

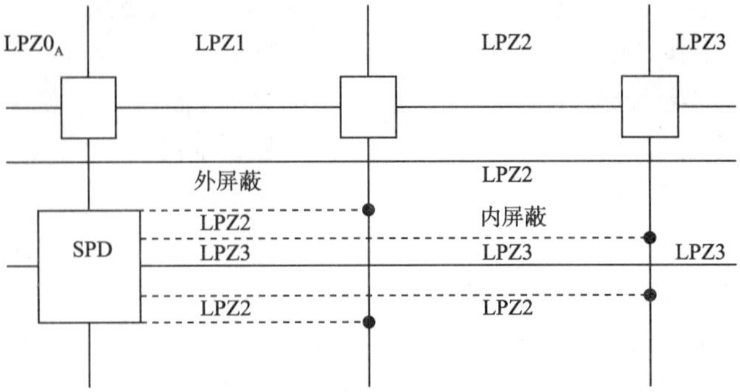

图 6-9　单一 SPD 和一根双层屏蔽电缆用于多个防雷区的设计例子

5. 安装电涌保护器 SPD

避雷器是随着现代科技的发展而发展起来的一种防雷设备。为满足高技术设备的防雷需要，出现了一些高新技术的系列产品，品种规格很多，是现代防雷的主角。安装电子避雷器可以将无法直接进行等电位连接的传输线内部的雷电流通过接地线泄放至大地，对雷电入侵波有很好的抵御效果，因此，是其他防雷措施有力的补充，可以大大提升防雷工程保护的成功率。

6. 综合布线技术

合理布线可以大大改善电磁环境，同时也有助于防雷。各种传输线混杂布放，不仅相互干扰，而且当雷电波进入其中一条通道时，其他的线缆会同时受到感应。因此，应将强电线缆和弱电线缆分开敷设。很多建筑物的电缆井内挤满了各种电缆，这样是很不利于防雷安全的。尤其是智能建筑，线缆众多，相互纠缠，危险性更大。设计时，在建筑物分别设立了强电竖井和弱电竖井，不仅利于维护管理，也有利于防雷安全。

另外，各种电缆应尽量避免架空敷设，而应尽量穿管埋地，远离防直击雷装置包括引下线，尽量远离其他有可能接闪的金属物，这可以大大减少感应雷对传输线的影响。

6.3.3　输电线路防雷技术

输电线路是电力系统的大动脉，它将巨大的电能输送到四面八方，是连接各个变电站、各重要用户的纽带。输电线路的安全运行，直接影响到了电网的稳定和向用户的可靠供电。因此，输电线路的安全运行在电网中占据举足轻重的地位，是实现“强电强网”的需要，也是向工农业生产、广大人民生活提供不间断电力的需要。

由于我国地处温带（部分地区属于亚热带气候），所以雷电活动比较强烈。漫长的输电线路穿过平原、山区、跨越江河湖泊，遇到的地理条件和气象条件各不相同，所以遭受雷击的机会较多。据统计，我国电力系统各类事故、障碍统计中，输、配电线路的雷害事故占有很大的比例。由于输电线路对于保“网”的重要地位，如何减少输电线路的雷害事故成为电力系统安全稳定运行的一项重要课题。

输电线路雷害事故引起的跳闸，不但影响电力系统的的正常供电，增加输电线路及开关设备的维修工作量，而且由于输电线路上落雷，雷电波还会沿线路侵入变电所。而在电力系统中，线路的绝缘最强，变电所次之，发电机最弱，若发电厂、变电所的设备保护不完善，往往会引起其设备绝缘损坏，影响安全供电。由此可见，输电线路的防雷是减少电力系统雷害事故及其所引起电量损失的关键。做好输电线路的防雷设计工作，不仅可以提高输电线路本身的供电可靠性，而且可以使变电所、发电厂安全运行得到保障。目前，我国输电线路在雷电防护方面除了合理选择线路的路径外，还重点采取如下技术措施。

(1) 架设避雷线

架设避雷线是输电线路防雷保护的最基本和最有效的措施。避雷线的主要作用是防止雷直击导线，同时还具有以下作用：

① 拦截雷电，防止导线遭受雷电直击；

② 当雷击线路杆塔时，分流雷电流，增大线路的耦合系数，提高杆塔绝缘的耐流水平，以减小流经杆塔的雷电流，从而降低塔顶电位；

③ 通过对导线的耦合作用可以减小线路绝缘子的电压；

④ 对线路杆塔的接地装置逐塔电气连接起来，为各杆塔接地装置所收集的大地表面被雷云感应的与雷云感应的与雷云相反的异性电荷随着雷云的移动而流动提供一条空中低阻通道，从而防止杆塔顶部和杆塔附近的地面突出物的雷电场强发生畸变。在地面感应电荷难以随雷云的移动而流动的高土壤电阻率地区，这是架设避雷线可以明显减少线路落雷的原因。

但是，架设避雷线同时也给输电线路带来了三大问题；

① 避雷线架设在导线上方，太细的避雷线容易断线，构成对线路安全运行的潜在威胁；

② 避雷线的载荷使杆塔力学结构复杂化，增加了杆塔钢材，避雷线等的投资费用，也增加了线路施工、运行维护的工作量；

③ 提高了线路的平均高度，突出了线路杆塔的引雷特性。

因此，无避雷线输电线路也有一定的优点，在我国，一般 10 kV 及其以下电压等级的输电线路全线不架设避雷线，甚至一些 35 kV 的输电线路也不架设避雷线。

通常来说，线路电压愈高采用避雷线的效果愈好，而且避雷线在线路造价中所占的比重也愈低。因此规程规定，220 kV 及其以上电压等级的输电线路应全线架设避雷线，110 kV 线路一般也应全线架设避雷线。

同时，为了提高避雷线对导线的屏蔽效果，减少绕击率。避雷线对边导线的保护角应做得小一些，一般采用20°～30°。220 kV及330 kV双避雷线线路应做到20°左右，500 kV及其以上的超高压、特高压线路都架设双避雷线，保护角在15°及以下。

为了起到保护作用，避雷线应在每基杆塔处接地。在双避雷线的超高压输电线路上，正常的工作电流将在每个档距中两根避雷线所组成的闭合回路里感应出电流并引起功率损耗。为了减小这一损耗，同时为了把避雷线兼作通信及继电保护的信道，可将避雷线经过一个小间隙对地(杆塔)绝缘。雷击时，间隙被击穿，使避雷线接地。

35 kV线路不宜在全线架设避雷线，一般在变电所的进线段架设1～2 km的避雷线，同时在雷电活动强烈的地段架设避雷线，或者安装线路金属氧化物避雷器。110 kV线路应全线架设避雷线，山区应采用双避雷线；但在年平均雷暴日不超过15日或运行经验证明雷电活动轻微的地区，可不架设避雷线。220 kV线路应全线架设避雷线，同时应采用双避雷线。

(2) 降低杆塔接地电阻

降低杆塔接地电阻可以减小雷击杆塔时的电位升高，这是配合架设避雷线所采取的一项有效措施。规程要求，有避雷线的线路，每基杆塔的工频接地电阻在雷季干燥时不宜超过表6-8所列数值。对于架设避雷线的线路，应注意杆塔上避雷线对边导线的保护角，一般采用20°～30°的保护角，同时做好杆塔的接地。根据土壤电阻率的不同，杆塔的工频接地电阻不宜大于表6-8所列数值。杆塔的工频接地电阻测量周期及要求见表6-9。

表6-8　有避雷线输电线路杆塔的工频接地电阻

土壤电阻率(Ω·m)	100及其以下	100～500	500～1000	1000～2000	2000以上
接地电阻(Ω)	10	15	20	25	30

地线对雷电过电压的降压作用，是依靠低的接地电阻来实现的，而且接近于成比例关系。对一般高度的杆塔，降低线路杆塔地网接地电阻是提高线路耐雷水平，以防止反击的有效措施，也是最经济、最有效降低线路雷击跳闸率的措施之一。

因此，要做好接地装置的全过程技术管理工作，需不断加强输电线路杆塔地网的检查维护，按有关规程规定定期对线路杆塔接地网进行检查测试，并及时对线路中杆塔接地电阻值偏高的杆塔地网进行技术改造处理。同时加强曾发生雷击跳闸线路杆塔的接地电阻测试工作。

在我国35 kV及其以下电力系统中采用中性点不接地或经消弧线圈接地的方式，这样可使雷击引起的大多数单相接地故障能够自动消除，不致引起相间短路和跳闸。而在二相或三相落雷时，由于先对地闪络的一相相当于一条避雷线，增加了分流和对未闪络相的耦合作用。使未闪络相绝缘子上的电压下降，从而提高了线路的耐雷水平。因此，对 35 kV 线路的钢筋混凝土杆和铁塔，必须做好接地措施。

表 6-9　杆塔的工频接地电阻测量周期及要求

<table>
<tr><th>项目</th><th>周期</th><th colspan="2">要求</th><th>说明</th></tr>
<tr><td rowspan="7">有架空地线的线路杆塔的接地电阻</td><td rowspan="7">(1) 发电厂或变电站进入线 1～2 km 内的杆塔 2 年
(2) 其他线路杆塔 5 年</td><td colspan="2">当杆塔高度在 40 m 以下时，按下表要求；如杆塔高度≥40 m，则取下表值的 50%，但当土壤电阻率大于 2000 Ω·m，接地电阻难以达到 15 Ω 时可放宽至 20 Ω</td><td rowspan="7">对于杆塔高度≤40 m，如接地电阻难以降到 30 Ω时，可采用 6～8 根总长不超过 500 m 的放射型连接体，其接地电阻可不受限制。但对高度≥40 m 的杆塔，接地电阻不宜超过 20 Ω</td></tr>
<tr><td>土壤电阻率(Ω·m)</td><td>接地电阻 (Ω)</td></tr>
<tr><td>≤100</td><td>10</td></tr>
<tr><td>100～500</td><td>15</td></tr>
<tr><td>500～1000</td><td>20</td></tr>
<tr><td>1000～2000</td><td>25</td></tr>
<tr><td>≥2000</td><td>30</td></tr>
</table>

(3) 架设耦合地线

在降低杆塔接地电阻有困难时，可采用架设耦合地线的措施，即在导线下方再假设一条地线。架设耦合地线是输电线路最基本的防雷措施之一，它的功能如下：

① 防止雷直击导线，加强避雷线与导线间的耦合，使线路绝缘子上的过电压降低。

② 雷击杆塔时增加了对雷电流的分流作用，减小流入杆塔的雷电流，使杆塔顶电位降低。运行经验表明，耦合地线对减小雷击跳闸率的效果是显著的，尤其在山区的输电线路中其效果更为明显。

③ 对导线有耦合作用，降低雷击杆塔时塔头绝缘子上的电压。

④ 对导线能起到屏蔽作用，降低导线上的感应过电压。

⑤ 减小保护角可降低绕击率，保证雷电不致绕过耦合地线而直接击中导线。

为提高线路耐雷水平，输电线路应按规程要求架设耦合地线，及时对锈蚀耦合地线进行更换；直线塔上地线对边导线保护角分别不大于 15°(500 kV)及 20°(110～220 kV)，杆塔的两根耦合地线之间的距离小于耦合地线于导线垂直距离的 5 倍。

(4) 加强线路绝缘

由于输电线路个别地段采用大跨接高杆塔(如跨河杆塔)，这就增加了杆塔落雷的机会。高塔落雷时塔顶电位高，感应过电压大，而且受绕击的概率也较大。为降低线路跳闸率，可在高杆塔上增加绝缘子串片数，加大大跨越档导线与地线之间的距离，以加强线路绝缘。在 35 kV 及其以下的线路可采用瓷横担等冲击闪络电压较高的绝缘子来降低雷击跳闸率。根据大量的权威数据表明，绝缘子串的雷电冲击闪络电压和绝缘子的形式关系不大，而主要取决于串长。但在线路设计过程中，一般不按雷电过电压的要求选择绝缘子床的绝缘子强度，但应根据已选定的绝缘子水平来检验线路的耐雷水平，并应符合现行规程规定。如在某些情况下雷击跳闸率太高，则可根据具体情况(如考虑采用降低接地电阻等其他综合措施)酌量增加绝缘子片数。另外，劣质绝缘子增多、绝缘水平下降也会造成耐雷水平偏低。有避雷线线路的耐雷水平见表 6-10。

表 6-10 有避雷线线路的耐雷水平

额定电压(kV)	一般线路(kA)	大跨越挡中央、发电厂和变电所进线保护段(kA)	额定电压(kV)	一般线路(kA)	大跨越挡中央、发电厂和变电所进线保护段(kA)
35	20～30	30	220	80～120	120
60	30～60	60	330	100～140	140
110	40～75	75	500	120～160	160
154	90	90			

注：(1) 表中较大数值用于多雷区或较重要的线路；

(2) 双回路或多回路杆塔的线路，应尽量达到表中的数值。为此，可采取改善接地、架设耦合地线或适当加强绝缘等措施

(5) 装设自动重合闸装置

由于线路具有自恢复性能，大多数雷击造成的闪络事故在线路跳闸后能够自行消除。因此，安装自动重合闸装置对于降低线路的雷击事故率具有较好的效果。据统计，我国 110 kV 及其以上的高压线路重合闸成功率达到 75%～95%，35 kV 及其以下的线路重合闸成功率约为 50%～80%。因此各级电压等级的线路均应尽量装设三相或单相自动重合闸。

(6) 安装线路避雷器

即使在全线架设避雷线，也不能完全排除在导线上出现过电压的可能性。安装线路避雷器可以使由于雷击所产生的过电压超过一定的幅值时动作，给雷电流提供一个低阻抗的通路，使其泄放到大地，从而限制了电压的升高，保障了线路、设备安全。

随着输电线路防雷技术的不断提高，线路氧化锌避雷器作为一种新的线路防雷技术，已得到越来越广泛的认可和应用。多年的运行经验表明，在雷电活动频繁、土壤电阻率高、地形复杂的地区安装线路型氧化锌避雷器无论在防止雷绕击导线、雷击塔顶或地线时的反击都非常有效。对于 35 kV 线路装设的金属氧化物避雷器的技术参数，一般应满足以下条件：

① 持续运行电压(有效值)不小于 40.8 kV;

② 额定电压(有效值)不小于 51 kV;

③ 直流 1 mA 参考电压不小于 73 kV(范围在 73～74 kV 之间);

④ 标准放电电流 5 kA 等级下残压(峰值)不大于:雷电冲击 134 kV、操作冲击 114 kV、陡波冲击 154 kV;

⑤ 2000 μs 方波电流(峰值)为 200 A;

⑥ 对绝缘配置,根据线路污秽等级要求确定。

(7) 采用不平衡绝缘方式

在现代高压及超高压线路上,同杆架设的双回路线路日益增多,对此类线路采用通常的防雷措施尚不能满足要求时,可考虑采用不平衡绝缘方式来降低双回路雷击跳闸率,以保障线路的连续供电。不平衡绝缘的原则是使双回路的绝缘子串片数有差异,这样,雷击时绝缘子串片数少的回路先闪络,闪络后的导线相当于地线,增加了对另一回路导线的耦合作用,提高了线路的耐雷水平使之不发生闪络,保障了另一回路的连续供电。

以前防雷工作都是以防、堵为主,而近年来,在防雷方面又出现了一种新思路,就是既然雷害是不可预测、不可避免的,那么不如顺其自然以疏导为主,只要能找到对保证输电线路运行安全的信息来疏导雷电流,问题就解决了。

4. 人体防雷安全保护

天空有雷电活动时,如果人员处于不利位置,就会招致雷云通过人体对地放电,造成对人的雷击危害。因此,应了解必要的安全知识。

(1) 雷电活动时,非工作需要,应尽量少在户外或旷野逗留;在户外或野外处最好穿塑料等不浸水的雨衣;如有条件,可进入有宽大金属构架或有防雷设施的建筑物、汽车或船只内;如依靠建筑物屏蔽的街道或高大树木屏蔽的街道躲避时,要注意离开墙壁和树干距离 8 m 以上。

(2) 雷电活动时,应尽量离开小山、小丘或隆起的小道,应尽量离开海滨、湖滨、河边、池旁,应尽量离开铁丝网、金属晒衣绳以及旗杆、烟囱、高塔、孤独的树木,还应尽量离开有防雷保护的小建筑物或其他设施。

(3) 雷电活动时,在户内应注意雷电波侵入的危险,应离开照明线、动力线、电话线、广播线、收音机电源线、收音机和电视机天线,以及与其相连的各种设备,以防止这些线路或设备对人体的二次放电。调查资料说明,户内 70%以上的人体二次放电事故发生在相距 1 m 以内的场合,相距 1.5 m 以上的尚未发现死亡事故。由此可见,在发生雷暴时,人体最好离开可能传来雷电波侵入的线路和设备 1.5 m 以上。应当注意,雷电活动时,仅仅断开开关防止雷击是不起作用的,还应注意关闭门窗,防止球形雷进入室内造成危害。

(4) 防雷装置在接受雷击时,雷电流通过会产生很高电位,它也可引起人身伤亡事故。为防止这种雷电反击发生，应使防雷装置与建筑物金属导体间的绝缘介质网络电压大于反击电压，并划出一定的危险区，人员不得接近。

(5) 当雷电流经地面雷击点的接地体流人周围土壤时，会在它周围形成很高的电位，如有人站在接地体附近，就会受到雷电流所造成的跨步电压的危害。

(6) 当雷电流经引下线接地装置时，由于引下线本身和接地装置都有阻抗，因而会产生较高的电压降，这时人如接触，就会受接触电压危害，应引起人们注意。

(7) 为了防止跨步电压伤人，防直击雷接地装置距建筑物、构筑物出人口和人行道的距离都不应少于 3 m。当小于 3 m 时，应采取接地体局部深埋、隔以沥青绝缘层、敷设地下均压条等安全措施。

6.3.4 静电及其防护

1. 静电、静电产生及其危害

静电是指绝缘物质上携带的相对静止的电荷，它是由不同物体接触摩擦时在物质间发生了电子转移而形成的带电现象。静电现象是人们最早发现的电现象。例如，人们很早就发现用玻璃棒或琥珀与毛皮摩擦一阵再分开时，前者就带了正电荷，后者就带了负电荷，能够吸引或排斥羽毛、纸片和尘埃等轻小物体。这些电荷聚积于物体的表面上，不会像金属导体里的电流那样容易流动，因而称之为静电。

高电位的带电体若与零电位或低电位物体接触形成不大的间隙时，就会发生静电放电火花。静电荷也能聚积在人的身上达到一定的电位。例如工人穿着不导电胶鞋和人造纤维织成的衣服在绝缘地板上行走时，或用手工操作绝缘物料时，人体静电一般可达 2 kV，有时高达 7 kV 以上。

这样高电位的静电电荷会产生如下四种类型的危害。

第一，燃烧和爆炸。这是静电的最大危害。静电能量虽然不大，但因其电压很高而容易发生放电，出现静电火花。在有可燃液体的作业场所(如油料运装等)，可能由静电火花引起燃烧而成火灾。在有可燃气体、蒸气或粉尘、纤维的燃爆性混合物的场所(如乙炔、汽油、煤粉、铝粉、面粉等)，可能由静电火花引起爆炸。容易产生静电的工序和工作状态如表 6-11 所列。

第二，影响产品质量。静电放电不仅是引燃引爆的祸源，而且也会影响产品质量。例如，摄影胶片制造过程中产生静电放电会在胶片上产生曝光斑点；电子仪器元件制造中静电放电会击穿电路或使仪器发生误动作；纺织工业中的静电会使布料吸引灰尘玷污布面；造纸工业中的静电会使纸张重叠不走或迭码不齐；印刷工业中的静电会使套印不准等。此外，静电还可能引起电子元件误动作，使某些电子计算机类设备工作失常，从而造成工艺参数偏离正常范围，引起安全或质量事故。

表 6-11　容易产生静电的工序和工作状态

物态	工作和状态				
固体或液体	摩擦	混合	搅拌	洗涤	粉碎
	切断	研磨	筛选	切削	振动
	过滤	剥离	捕集	液压	倒换
	输送	绕卷	开卷	投入	包装
	涂布	印刷	穿脱衣服	皮带输送	
液体	流送	注入	充填	倒换	滴流
	过滤	搅拌	吸出	洗涤	检测
	取样	飞溅	喷射	摇晃	检温
	混入杂质	混入水珠			
气体	喷出	泄露	喷涂	排放	
	高压洗涤	管内输送			

第三，电击。当人体接近带电物体或带静电电荷的人体接近接地体的时候，会由于静电放电造成人体被电击。但一般情况下静电放电能量较小，不会因静电电击使人致命，但人体可能因电击引起坠落、摔倒等二次事故。电击还可能使工作人员精神紧张，妨碍工作。发生电击程度与所储存的静电能量有关，能量愈大，电击愈严重。静电场的能量 E 与带电体的电压 U、电容 C 的关系为

$$E=\frac{1}{2}CU^2$$

第四，影响生产过程顺利进行。在某些生产过程中，如不消除静电，将会妨碍生产的顺利进行，例如，静电使粉体吸附于设备，会影响粉体的过滤和输送；在某些高分子化合物的生产过程中，如聚乙烯的物料输送管道和储罐中，常发生物料结块、熔化成团，以致造成管路堵塞，经分析发现也是对静电消除不力造成的。

(1) 人体静电产生、危害与防护

① 人体静电的产生

大家都有这样的经验，冬天脱毛衣或腈纶等化纤衣服时，会听到噼噼啪啪的响声，在黑暗处还能看到蓝色小火花，这就是人体静电放电引起的。这是因为人穿的衣服之间在长时间充分接触和摩擦中带了静电，在脱衣时，两件带有异性电荷的衣服在彼此脱离接触时就会发生静电放电。不仅衣服摩擦可以产生静电，而且穿着胶底鞋在绝缘地板上来回走动后人体也会带上静电，人坐在人造革等绝缘材料为表面的椅子上活动后起立时人体也会带上静电，即使用干抹布抹绝缘桌面后，也能使人体带上静电。人体带电的初期电荷分布在局部地方，由于人体对静电有一定的传导能力，因而经过一定时间后就会形成人体周身带电。电荷流散到全身表面，达到静电平衡。据测试，人穿塑料鞋在橡胶板上来回走动可使人体带电 2.3 kV。人体静电起电有三种形式。一种是摩擦起电，已如上所述；

另一种是感应起电,即人与带电体接近时因静电感应而在面向带电体的一面感应出与带电体相反的异性电荷,背向带电棒的一面感应出与带电体相同的同性电荷;还有一种是人在带电微粒的空间活动后,人体吸附了带电微粒而带了静电。其中以第一种摩擦起电是主要的。

人体带电能量(E)与人对地电容(C)和人体静电电压(U)有关$\left(E=\frac{1}{2}CU^2\right)$。中等身材的男人穿胶底解放鞋或塑料底凉鞋时对地电容一般为200～300 pF(表6-13)。人身与工装对地电容如表6-12所示,人体在各种活动中起电的静电电压如表6-14所示。

表6-12　人身与工装对地电容

<table>
<tr><th colspan="2">测量示意图</th><th>电容(pF)</th><th>备注</th></tr>
<tr><td>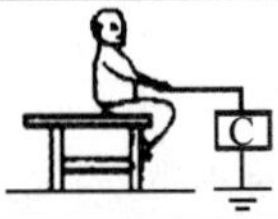</td><td>人坐在木凳上,双脚踏在木板上</td><td>74</td><td rowspan="3">温度 30℃
相对湿度 61%</td></tr>
<tr><td></td><td>人坐在木凳上,双脚踏在水泥地面上</td><td>280</td></tr>
<tr><td></td><td>人站在水泥地面上</td><td>275</td></tr>
<tr><td>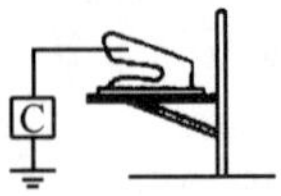</td><td>护罩对地电容</td><td></td><td rowspan="5">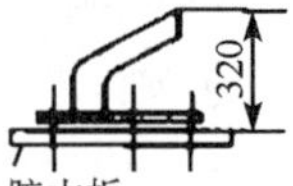
胶木板
温度 29℃
相对湿度 50%</td></tr>
<tr><td rowspan="4">护罩与板间之隔垫</td><td>红橡皮</td><td>265</td></tr>
<tr><td>黑薄橡皮</td><td>330</td></tr>
<tr><td>白绒毡与三合板</td><td>185</td></tr>
<tr><td>白绒毡,三合板与白绒毡</td><td>155</td></tr>
<tr><td></td><td>人坐木凳,双脚踏在水泥地面上,手放在台面上,但不碰护罩</td><td>265
315</td><td>护罩与板间垫以5 mm厚之红橡皮护罩与护板间垫以1 mm厚之黑橡皮</td></tr>
<tr><td></td><td>人坐木凳,双脚踏在水泥地面上,一手碰护板,人对护罩电容</td><td>235</td><td></td></tr>
<tr><td></td><td>人坐木凳,手碰护罩,双脚踏不同地面</td><td>215
280
94</td><td>红橡皮地面
水泥地面
水板地面</td></tr>
</table>

表 6-13　站立的人体对地电容(pF)

鞋别＼地面	水泥	红橡皮	木板	铁板
解放鞋	450	200	60	1000
橡胶鞋	1100	220	53	3500

表 6-14　工作环境的人体带电

人体活动方式		环境	人体对地电阻(Ω)	人体对地电容(pF)	人体对地电压(V)
穿塑料凉鞋在红橡胶地板上走动	慢步约 20 米	温度:25℃ 相对湿度:64%	10^{12}	180(双脚) 120(单脚)	−900(双) −1500(单)
	快步约 20 米				−1200(双) −2000(单)
	快步约 40 米				−1500(双) −2800(单)

但是需要说明的是，影响人体起电的因素很多，前表所列测试结果只可作为参考，不能作为静电安全的判据，因为表列各种试验在其他场合复试时，测量结果可能高于或低于表中数值，极性也可能相反。人体带电的极性与人穿的衣服材料和人在活动场所接触的材料有关，由它们在静电序列里的相对位置来决定。

同时需说明的是，人体静电参量的数值，不同国家不同单位选取的不同。例如人体电阻，美国富兰克林(Franklin)学院提出应取 5 kΩ，美国军事标准采取了这个数值，而医疗上则采用 500 Ω。人体电容，法国取为 200 pF，英国取为 400 pF，而美国军事标准取为 500 pF。人体静电电位在一般起电条件下为 2000 V左右，最高可达 10 kV(英国、法国)或 25 kV(美国)，如表 6-15 所示。

② 人体静电对生产的危害

人体静电对生产的危害有三个方面。

第一，人体静电放电对于进行易燃易爆危险的生产操作是一个事故之源，可引起易燃气体、蒸气或粉尘，以及火炸药、火工品的燃烧爆炸，给国家财产造成损失，且危及人民的安全。

表 6-15　人体静电参量的数值

国家或单位	人体电容(pF)	静电电压(kV)	静电能量(mJ)	测量中串联电阻(Ω)
美国	200	10	10	—
美国 EHDC	400	10	20	—
美国矿务标准	400	10	20	—
美国军事标准	500	20	100	3X
美国军事标准	500	25	156	3X
美国军事标准	600	25	187	0～5K 分档

因人体静电放电火花而引起燃烧和爆炸事故的例子是很多的。有一年冬季，某厂制造雷管的工人在清擦雷管的浮药时，由于人身积累了相当高的静电电压，故当他手指接触雷管脚线的瞬间雷管发生了爆炸，伤其手指。后经模拟试验证实，事故确系人体静电放电火花造成。西安某厂用浸了汽油的锯末擦精密车间的地板，汽油蒸气充满了这个 40 m^2 的房间。由于工作人员穿着涤纶衣服和泡沫塑料凉鞋活动，使衣服和拖鞋上都带上较高静电，这时恰好有人踩到地面上一小段露头的旧穿线铁管，于是立即发生放电，放电火花引起汽油蒸气与空气混合物的燃烧爆炸，伤亡多人，室内设备和仪器也严重烧毁。由此可见，人体静电放电有时危害是很大的。

图 6-11 所示为人体带电的危险极限。由图可见，若人体静电电容为200 pF，那么当人体静电电位达到 500 V 左右就有引爆氢氧混合物的危险。有一种 LD-1 型电雷管，在受到 $C=200$ pF 电容器放电作用时，50%发火电压为 1760 V，而一般人体带电很容易达到和超过 1760 V，显然，人体带电能量已超过了汽油和这种电雷管的安全界限。从国外报道的事故资料来看，人体静电造成的火灾爆炸事故的几率是较高的。例如日本，据报道每年约发生 100 起静电引起的火灾事故，其中由人体静电酿成的事故约占 20%。

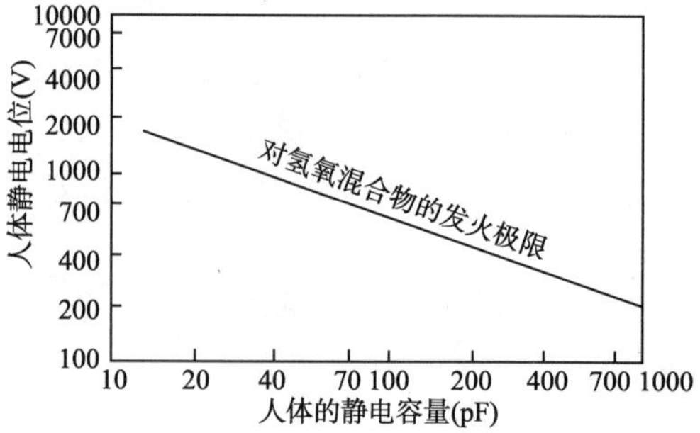

图 6-11　人体带电的危险极限

第二，人体静电放电会引起人的电击不适感，轻则疼痛，重则肌肉抽搐、麻痹，甚至会引起误动作，造成次生灾害。例如，人体在转动机件附近放电时，往往因误动作而使人被机器轧伤、挤伤或铰伤等。人体静电放电引起的不适感，如表 6-16 所示。

人体对静电放电的有感极限如图 6-12 所示。

第三，人体静电放电会影响产品质量，影响生产正常进行，降低生产效率。这在纺织、印刷、造纸、胶片和半导体元件生产中影响尤为突出。例如，生产半导体器件的超净车间如果设计不当，采用了大量高绝缘材料做的地面和墙，又无适当的泄放静电的措施，那么，工人在该车间内活动时就会人体带电，他们去进行各种半导体器件的生产操作时，人体静电放电很可能把半导体器件内部电路击穿，使其成为废品。

表 6-16　静电电击人体的反应

人体带电电位(V)	静电放电时人体感觉程度	备注	人体带电位(V)	静电放电时人体感觉程度	
1000	没有感觉		7000	手指手掌有强烈痛感，麻痹感	
2000	手指外侧有感觉，但不痛	产生微弱放电声			
3000	有微弱针刺痛感		8000	从手掌到前臂有麻痹感	
4000	手指有微痛感，如针扎之痛感		9000	手腕有强烈痛感，手有很强麻痹感	
5000	手掌到手臂前半部有电击痛感	可见到放电火花			
6000	手指剧烈痛感，受电击后手臂感觉沉重	放电火花从手指延伸	1000	整个手都痛，感到电流流过	
			11000	手指强烈麻痹，整个手有强烈点击感	

注　人体的静电容量为 30 pF。

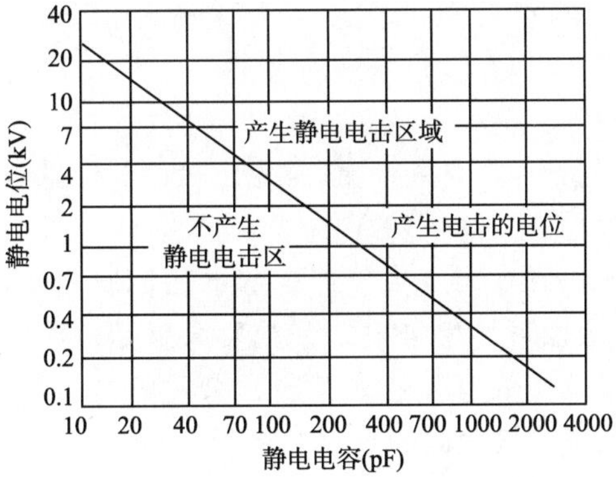

图 6-12　人体对静电放电的有感极限

为了减小人体静电对生产造成危害，一方面要设法消除人体静电，另一方面要改进产品设计。

③ 消除人体静电的措施

消除人体静电的措施主要有以下几点。

A. 人体接地

人体带电除了能使人体遭到电击和对安全生产造成威胁外，还能在精密仪器或电子器件生产中造成质量事故，为此必须解决人体带电对工业生产的危害。

——在人体必须接地的场所，应装设金属接地棒——消电装置。工作人员随时用手接触接地棒，以清除人体所带有的静电。在坐着工作的场合，工作人员可佩带接地的腕带。防静电的场所入口处、外侧，应有裸露的金属接地物，如采用接地的金属门、门帘、扶手、支架等。

——在有静电危害的场所应注意着装。工作人员应穿戴防静电工作服、鞋和手套，不得穿用化纤衣物。穿防静电工作服不仅可以降低人体电位，同时可以避免服装上带高电位所引起的其他危害。穿防静电鞋的目的是将人体接地，除防止人体带静电外，还能防止人体不慎触及低压电路而发生的触电事故。穿着防静电鞋时，要考虑所穿袜子的导电性，严禁在鞋内外粘贴绝缘垫，并应定期作检查。

B. 工作地面导静电化

——特殊危险场所的工作地面应具有导静电性或造成导静电条件，如洒水或是铺设导静电地板。

——工作地面泄漏电阻的阻值既要小到能防止人体静电的积累，又要防止人体触电时不致受到严重伤害，故电阻值应适当。目前国内外定为一般场合为 $10^8\ \Omega$，有火灾爆炸危险的场所为 1 MΩ。国内一般要求为 $3\times10^4\ \Omega\leqslant R\leqslant10^6\ \Omega$。

C. 安全操作

——工作中，应尽量不做可使人体带电的活动。如接近或接触带电体；在防爆厂房内，穿脱衣服、靴、鞋及剧烈活动，因为这些动作可能产生静电放电而引起火灾爆炸事故。还需指出，在危险场所内梳头也是不允许的。

——合理使用规定的劳保用品和工具。

——工作时应有条不紊、果断稳重，避免急骤性动作。

(2)液体在管道内流动时静电的产生及其危害

与两种不同固体物质互相摩擦而产生静电的情况相似，液体在管道内流动时，液体与管壁相摩擦也可产生静电。其主要原因是由于固液接触的表面存在着“双电荷层”。由于液体的电离性或其所含杂质的电离性，液体中或多或少含有正、负两种离子；又由于接触面的电化学作用，一种离子被吸附在固体表面上，另一种离子靠异性电荷的吸引力而积聚在被吸附离子附近，于是，从微观结构上看，在固、液接触面处就形成了“双电荷层”。双电荷层如果不被分离开来，则在总体上是呈电中性的；但如果由于液体的流动、搅拌、喷射等摩擦使双电荷层发生了分离，则将引起静电现象。液体在管道内流动产生静电的原理如图6-13所示。

首先，液体与管壁接触面处产生双电荷层离子，它们决定着液体的电学性质。液体中有离子存在，才能在管壁上形成偶电层，进而形成冲流电流。例如，乙醚有微弱的电离性，具备这种条件，所以容易产生静电，是危险的液体之一。苯、汽油、航空煤油等都是不电离的，但其中通常混有电离性杂质，故也能产生很强的静电。如果它们很纯，则是不易起电的。水的电离性强，导电性也强，电荷很容易通过它的内部泄放掉，故通常不产生静电。

事故教训表明，燃油在搅混过程中或在溅泼和喷射过程中会产生静电，并引起燃油的燃烧爆炸。

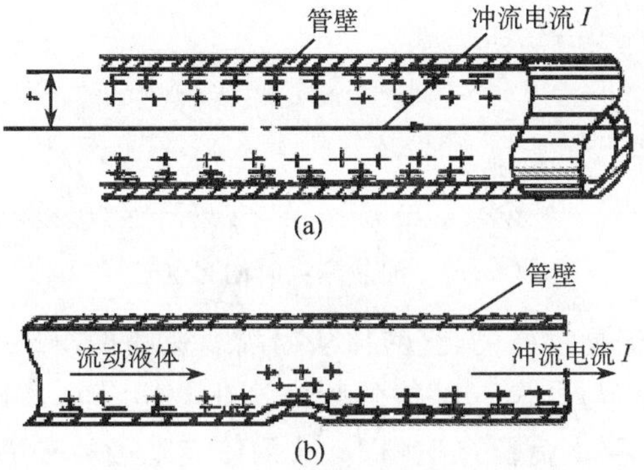

图 6-13　液体与管壁形成双电荷层及冲流电流

(a) 管内流动液体形成双电荷层；(b) 管内壁突起带电情况

实践证明，油中含水或不同型号燃油搅拌混合时，两种液体的接触面间剧烈摩擦会产生强烈的静电。图 6-14 所示为油水拌混时形成双电荷层并分离带电的示意图。细小的水滴在油液内运动或沉降时，与水滴黏附比较紧密的电荷层随水滴运动，相反极性的电荷留在油液中。结果油和水都带了电。实验证明，汽油中含水 6%时，起电强度比不含水时增加 2～50 倍。例如大连某厂 1980 年 8 月 3 日发生的静电灾害事故就是不同油品相混合油中有水产生静电引起的。当时该厂添加剂车间将废煤油混人纯航空煤油中，油罐容积 400 ml，废油中含有水分和杂质，进油落差为 6 m，激起不同油品和油水的剧烈混合，产生大量静电，以致造成放电火花而引起燃烧爆炸。造成巨大经济损失。

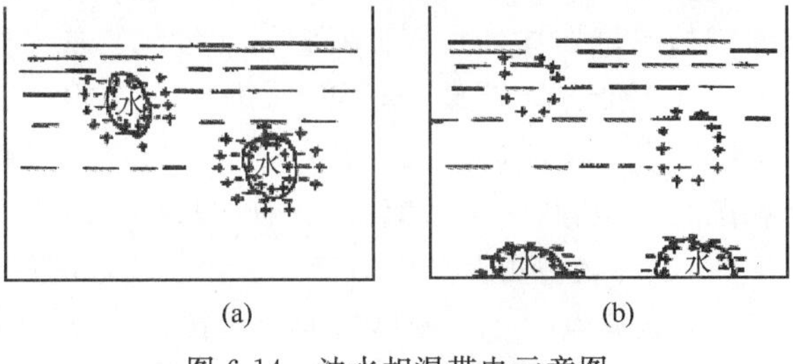

图 6-14　油水相混带电示意图

(a) 油水掺混时形成“双电荷层”；(b) 沉降分离时油液带电

液滴溅泼到其他物体表面上时，由于液滴碎裂和与物体相互接触摩擦也会起电。这种现象也可用双电荷层理论来解释。例如，燃油溅泼时。形成许多细小的油珠洒落在物体表面上并向前滚动，在它们接触面处便形成双电荷层。油珠的滚动带走了双电荷层的扩散层，而把异性电荷的固定层留在了物体表面上。这样，物体和油珠就分别带上了不同符号的静电(见图 6-15)。

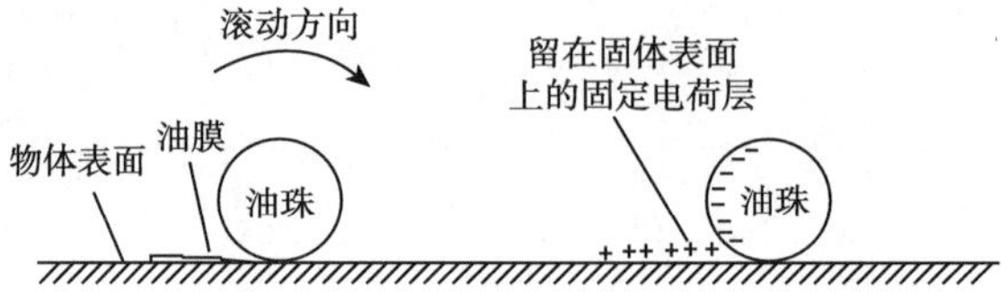

图 6-15　油品溅泼时的起电过程

喷射起电的过程是这样的：当液体从喷嘴高速喷射出来时，液态微粒与喷嘴之间进行迅速的摩擦与分离。摩擦的瞬间产生双电荷层，分离后液体把其中的一层电荷带走，另一层电荷留在喷嘴上，结果使液态微粒和喷嘴分别带了不同符号的电荷。例如喷射水雾或蒸汽时，其中的小水滴离开喷嘴后就会带上静电。它们悬浮于空气中便会形成带电的雾云。这在一般场合下毫无危险，但在油舱内就会成为一个危险因素。油舱卸完油后往往要用高压水枪喷射水柱或蒸汽来冲洗油舱壁，这时由于上述原因油舱内空间就会形成浮游的带电雾云，若油舱内燃油蒸气的浓度处在燃爆极限浓度范围内，则会由此而引起火灾爆炸事故。历史上荷兰、英国、挪威等国的 20 万吨级的油轮在海上洗舱时都发生过这类燃烧爆炸事故。因为洗舱时高压水从喷嘴高速射出后冲击舱壁形成雾气，带有很高的静电，如果舱内油气浓度已处在燃爆极限范围内，就会因静电放电火花引燃油气，发生油轮燃烧爆炸事故。

2. 最小静电点火能与静电危险

(1) 最小静电点火能

不是所有的静电放电火花都能引起危险物质的燃烧或爆炸，只有放电能量足够大时才能引起它的燃烧爆炸。我们把能够引起危险物质燃烧爆炸的最小放电能量称为最小静电点火能。影响最小静电点火能的因素很多，主要有：① 危险物质的种类；② 危险物质的物理状态；③ 危险物质是燃爆性气体混合物时的混合比、压力、温度和湿度，以及其中氧气或惰性气体的含量等；④ 危险物质是燃爆性粉尘时的粉尘浓度、不纯物占量及悬浮状态；⑤ 静电放电的放电形态；⑥ 放电间隙的大小；⑦ 产生静电放电的带电物体的电导率等。因此，为比较不同物质的最小静电点火能，即静电火花极限感度，规定使危险物质处于最敏感状态下被放电火花点燃或引爆的最小能量为该物质的最小点火能。所谓最敏感条件，是指各种影响因素都处于各自的敏感条件下。只有在这种条件下点火能才能达到最小，也只有这个最小点火能，才能作为静电安全与否的判据。但需说明的是，由于不同的研究者所采用的试验条件不完全相同，而且各人的试验技术也有差别，因而所测得的数据也不尽相同，有的甚至相差较大。我们选用数据时要注意到这一点。

物质的最小静电点火能是评价某种生产过程静电安全性的重要依据之一。只要知道了物质的最小静电点火能 E_{min}，再设法测出生产过程中可能出现的最大静电火花能(包括人体静电放电火花)W，然后进行比较，若 $W \leqslant 0.4\ E_{min}$，则可认为该环境下生产是静电安全的。起爆药、火炸药的最小静电点火能可用布鲁西登(Bruceten)法测试，测出最敏感状态(即各影响因素都取其最敏感条件)下试样50%发火电压 U_{50} 和标准偏差 Q，然后算出 50%发火能量 E_{50} $\left(E_{50}=\frac{1}{2}CU_{50}^2\right)$，取其 1/20(即 $E_{\min}=E_{50}/20$) 作为最小点火能。其意义为：当 $E_{50}-Q<0.2$ 时，所对应的发火率小于百万分之一。几种起爆药的最小静电点火能如表 6-17 所示。

表 6-17　几种起爆药的最小静电点火能

起爆药名称	极针极性	电容(pF)	间隙(mm)	50%发火电压 U_{50}(kV)	50%发火能量 E_{50}(mJ)	最小点火能 $E_{\min}=\frac{1}{20}E_{50}$	备注
斯蒂芬酸铅	−	485	0.03	0.58	0.0802	0.00401	
	−	543	0.12	0.92	0.231	0.0116	
	+	487	0.12	1.18	0.339	0.0169	
细结晶叠氮化铅	−	487	0.12	0.90～1.16	0.197～0.328	0.0099～0.0164	
	+	546	0.12	1.56	0.664	0.0332	
羧甲基纤维素氮化铅	+	546	0.12	3.52	3.38	0.169	
雷汞	+	9700	0.12	1.30	8.2	0.41	
	−	10000	0.12	1.37	9.83	0.492	
二硝基重氮酚	+	9900	0.12	2.83	39.6	1.98	

注：测试仪器用 *ICY*-50 型静电火花感度测试仪；测试方法按某研究所标准 *AH*0006—79 规定的方法。

几种易燃气体和蒸气与空气混合物的最小静电点火能见表 6-18。

表 6-18　几种易燃气体和蒸气与空气混合物的最小火点能

(环境温度 20℃，1 个大气压)

名称＼项目	最小点火能 $E_{\min}$(mJ)	在空气中最高敏感密度(体积%)	放电电容(pF)	点火电压(kV)
二氧化碳	0.009	7.8	—	—
氧气	0.019	28.24	4	3.1
乙炔	0.019	7.7	—	—
汽油	0.15	—	—	—
环丙烷	0.17	6.3	4～7	8～10
乙醚	0.19	5.1	4～7	8～10
苯	0.20	4.7	4～7	8～10
环己烷	0.22	3.8	4～7	8～10
正庚烷	0.24	3.4	4～7	8～10
正丁烷	0.25	4.7	4～7	8～10
丙烷	0.26	5.3	10	7.2
乙烷	0.26	6.5	10	7.1
甲烷	0.28	8.5	9	7.9

(2) 判断生产场所的静电危险

至于生产过程中出现的最大静电放电火花能 E_m。如何求得呢？这个问题比较复杂，因为生产过程条件是多种多样的。这里给出一个粗略估算静电危险的方法：

① 生产过程中积累静电的物体是导体时

如果发生放电，其所储静电能量一般是一次放出的，并可按下式计算

$$E_{max}=\frac{1}{2}CU^2=\frac{1}{2}QU=\frac{Q^2}{2}C \tag{6.3-9}$$

再按静电安全判据可知静电可能引起燃烧爆炸的最低界限，以电位表示为：

$$U=\sqrt{\frac{2E_{max}}{C}}=\sqrt{\frac{0.08E_{min}}{C}} \tag{6.3-10}$$

以电荷量表示为

$$Q=\sqrt{2\ CE_{max}}=\sqrt{0.8\ CE_{min}} \tag{6.3-11}$$

静电电容 C、带电电位 U 或电荷量 Q 可用仪器测出，从而可以判断出生产场所是否有静电放电引起燃烧爆炸的危险。

② 生产过程中积累静电的物体是绝缘体时

如果发生放电，其所储静电能量一般不能一次全部放出．因而不能按上式计算。此时可按下述大致标准进行判断是否有燃烧爆炸危险。

A. 对于最小静电点火能为数十毫焦耳的危险物质荷密度达 1×10^{-7} k/m^2 以上就有燃爆危险；

B. 对于最小静电点火能为数百毫焦耳的危险物质，带电体电位达 5 kV 以上，或荷密度达 1×10^{-6} k/m^2 以上就有燃爆危险；

C. 对带电体用接地的直径约为 3 mm 以上的金属球靠近时，在带电体与金属球之间产生有光和声的放电效果时，就有引起燃爆的危险；

D. 当操作人员(人体)接近带电体时，人体有静电电击的感觉，就有引起燃爆的危险；

E. 若带电体表面电荷密度达到 1×10^{-7} k/m^2，产生表面放电，放出数百毫焦耳的放电能量，就有引起燃爆的危险。

3. 控制和防止静电危险的措施

预防静电放电引起易燃易爆物质发生事故，是安全技术工作的重要内容之一。防止静电产生事故，主要在于防止静电的产生和及时消除已产生的静电，使静电不致过多积累．避免静电放电引起易燃易爆物质发生燃烧爆炸。

根本不让静电产生是不可能的。从理论上讲，只有当两种不同物质的电子逸出功相等时，其接触电势趋于零。但生产中使用或加工的物质不可能电子逸出功完全相等，所以当两种材料接触和相互摩擦时，或多或少地要产生静电。

由于现实中静电的产生是不可避免的，所以一般采取三步设想来防止和控

制静电带来的危害。

第一步，控制物料尽量少产生静电。例如对于易燃液体来说要限制液体在管道中的流速，控制装卸方式，防止不同油品相混及油中掺水夹气等。

第二步，如果静电照样大量产生，就采取措施加速静电逸散，防止静电积蓄，使电压不致快速上升。其措施分为两大类，第一类是泄放法，即让静电电荷从带电体上泄漏散失掉，避免静电积累，从而消除静电危害。设备工装接地、增大工作场所空气相对湿度、往加工物料中加入抗静电剂、地面上铺敷导电橡胶、某些工具容器上喷涂导电涂料等措施，都是属于采用泄放法消除静电。第二类是中和法，即给带电体外加一定量的反电荷，使其与带电体上的电荷中和，从而避免静电的积累，防止静电电压上升。正负相消法、电离空气法和外加直流电场法等都属于这一类。

第三步，在有些情况下静电积聚不可避免，电压迅速上升，甚至造成放电时，则采取措施使其虽然放电却不致引起火灾爆炸。例如在易燃液体贮罐的空余空间充惰性气体（氮气和二氧化碳）、加检测报警装置及采用高效率排风或自动投入式排风装置等。

下面分别叙述一些防止静电危害的基本措施。

(1) 工艺检制法

工艺控制法就是从工艺流程、设备结构、材料选择和操作管理等方面采取措施，限制静电的产生或控制静电的积累，使之达不到危险的程度。

① 限制输送速度

降低物料移动中的摩擦速度或液体物料在管道中的流速等工作参数，可限制静电的产生。例如，油品在管道中流动所产生的流动电流或电荷密度的饱和值近似与油品流速的二次方成正比，所以对液体物料来说，控制流速是减少静电电荷产生的有效办法。为了不影响生产率，将最大允许流速定为安全流速，使物料在输送中不超过安全流速。

德国 p-T. B 对烃类燃油进行的实验，归结出如下流速公式

$$v = 0.8\sqrt{1/d} \qquad (6.3\text{-}12)$$

式中：v——平均流速(m/s)；

d——管道直径(m)。

以此公式计算，不同管径的允许最大流速见表 6-19。

表 6-19　不同管径允许最大流速

管径(mm)	最大流速(m/s)	管径(mm)	最大流速(m/s)	管径(mm)	最大流速(m/s)
10	8	100	2.5	600	1.0
25	5.1	200	1.8		
50	3.6	400	1.3		

以上规定是指单一品种纯净产品在管道内的正常流动速度。当处于其他情况时，应按照表 6-20 中的规定。流速也与液体电阻率有十分密切的关系。

表 6-20　液体电阻率与允许流速的关系

液体电阻率(Ω·m)	允许速度(m/s)
$<10^5$	<10
$10^5 \sim 10^9$	5
$>10^9$	1.2

粉体在管道中的允许输送速度取决于粉体的性质、载荷量、电阻率及管道内壁的光滑程度等。

在产生静电的任何工艺过程中，总是包括产生和逸散两个区域。在静电产生的区域，分离出相反极性的电荷称为带电过程；在静电逸散区域，电荷从带电体上泄漏，称为静电消散过程。

A. 正确区分静电的产生区和逸散区。在两个区域中可以采取不同的防静电措施，增强消除静电的效果。如在粉体物料的气流输送中，空送系统及管道是静电产生区，而接受料斗、料仓是静电逸散区。在料斗和料仓中，装设接地的导电网栅，可有效地消除静电。而在产生区装设上述装置，反而会增加静电和静电火花的产生。

输送液体物料时，在管道末端加缓冲器，以利用流速减慢时静电消散显著的特点。对电阻率在 10^{12} Ω·m 以上的液体物料，可用下式计算所采用的缓冲器的长度和直径，并能得到可实际应用的结构尺寸。

$$D_H = D_R\ \sqrt{2\ u} \qquad (6.3\text{-}13)$$

$$L_H = 2.2 \times 10^{11}\ \varepsilon_\tau \rho \qquad (6.3\text{-}14)$$

式中：D_H——缓冲段管道直径(m)；

L_H——缓冲段管道长度(m)；

D_R——输送管道直径(m)；

u——液体流速(m/s)；

ε_τ——液体相对介电常数；

ρ——液体的电阻率(Ω·m)。

对于粉体物料，可在料斗前装设缓冲容器，增加在消散区的停留时间，控制缓冲段管道的最大直径，以使静电得到逸散。

B. 对设备和管道选用适当的材料。人为地使物料在不同材料制成的设备中流动，粉体与甲材料摩擦带正电，与乙材料摩擦带负电，以使得物体上的静电相互抵消，从而消除电的危险。以上材料除满足工艺上的要求外，还应有一定的导电性。此时还可以在生产段上镶配与生产物料相同的材料；调整选用材料的混合比例，使物料与设备摩擦不产生静电，选用对静电导电性较好的材料制作设备和工具，为限制火花放电和感应带电的危险，设备和工具的泄漏电阻应为 $10^7 \sim 10^{10}$ Ω。

C. 适当安排物料的投入顺序。在某些搅拌工艺过程中，适当安排加料顺序，可降低电的危险性。例如，在某液浆搅拌过程中，先加入汽油及其他溶质搅拌时，液浆表面电压为 400 V；而后加入汽油时，液浆表面电压则高达 10 kV 以上。

② 消除产生静电的附加源

消除产生静电的附加源如液流的喷溅、容器底部积水受到注入流的搅拌、在液体或粉内夹入空气或气泡、粉尘在料斗或料仓内冲击、液体或粉体的混合搅动等。只要采取相应措施，就可以减少静电的产生。

A. 为了避免液体在容器内喷溅，应从底部注油或将油管延伸至容器底部或液面下。

B. 为了减轻从油槽车顶部注油时的冲击，从而减少注油时产生的静电，应改变注油出口处的几何形状，如 T 形、锥形、斜口形、曲线锥形等，这样做对降低油槽内油面的电位有一定的效果。

C. 为了降低罐内袖面电位，过滤器不宜离管出口太近。一般要求从罐内到出口有自缓冲时间，如满足不了则需配置缓冲器或采取其他防静电措施。

D. 消除杂质。油罐或管道内混有杂质时，有类似粉体起电的作用，静电发生量将增大。实践证明，油中含水 5%，会使起电效应增大 10～50 倍。油品采用空气调合也是很不安全的。石油产品在生产输送中，要避免水、空气及其他杂质与油品之间，以及不同油品之间相混合。对于粉体输送，要防止尘垢、杂物落人料斗，料斗应有斜面，以减少冲击。应除掉粉体内的杂质，因为各种杂质的沉降速度不一致，会形成二次分离，产生带电尘雾，在悬浮的粒子中易造成火花放电。

E. 降低爆炸性混合物浓度。降低爆炸性混合物浓度，可消除或减轻爆炸性混合物的危险。为此，可以采用通风(抽气)装置，及时排除爆炸性混合物；也可以在危险空间充填惰性气体，如二氧化碳和氮等，隔绝空气或稀释爆炸性混合物，以达到防火、防爆的目的。

(2) 泄漏导走法

泄漏导走法即用静电接地的方法，使带电体上的静电荷能够向大地泄漏消散。此外还有多种方式，如利用工艺手段对空气增湿、添加导静电剂使带电体的电阻率下降；或规定静置的时间等，使所带的静电荷得以通过接地系统导入大地。一般认为，在任何条件和环境下，带电体上电荷质点的对地总泄漏电阻值小于 10^6 Ω，乙类易燃可燃液体，其电阻率小于 10^8 Ω · m 时，在金属容器中储放的物料其接地条件可认为是良好的。

① 增湿

带电体在自然环境中放置，其所带有的静电荷会自行逸散。逸散的快慢与介质的表面电阻率和体积电阻率大有关系，而介质的电阻率又和环境的湿度有关。提高环境的相对湿度，不仅可缩短电荷的半衰期，还能提高爆炸性混合物的最小引燃能量。

对于表面可以被水湿润的材料，如纯涤纶、聚氯乙烯等增湿效果不明显，这是由于高湿度空气在其表面不易形成水膜的缘故。增湿的水膜一般只要存在一秒钟以上即可消除静电。至于是否可以采取增湿措施，以及允许提高的湿度范围，应根据生产要求确定。从消除静电危害角度考虑，控制相对湿度在65%以上为宜。

② 加抗静电剂

化学防静电剂也叫防静电添加剂。在非导体材料里加入抗静电剂后，能增加材料的吸湿性或离子化倾向，使材料的电阻率降到 $10^4 \sim 10^6\ \Omega \cdot m$ 以下。有的抗静电剂本身有良好的导电性，同样可加速静电的泄漏，消除电荷积累的危险。

使用防静电剂是消除静电的有效办法，但是某一种产品或物料是否允许加入和加入何种类型的化学防静电剂，要根据物料的工艺状态及最终使用目的来确定。

在电气制造业中，一般不使用化学抗静电剂，纺织行业则大量使用各种化学抗静电剂。

化工、石油储运中，根据成本、毒性、腐蚀性、使用有效性和对物料产品性质的影响等来考虑抗静电剂的使用。

如橡胶行业只允许使用炭黑作抗静电剂，因为其他类型的化学抗静电剂会使橡胶黏合不牢及产生气泡。也有一些抗静电制品采用直接渗入金属粉末、碳黑等导电性材料的方法制成，参照表 6-21。

对于塑料来说，内加型的表面活性剂保持其防静电的效果较为理想。它可以掺到合成物质中，在表层起防静电作用，当表面层被洗掉之后，由于亲油亲水的平衡作用，仍然能从内部渗至表面。酰胺基季胺硝酸盐用于聚氯乙烯软质塑料比较成功，已经商品化，它的商业名称为卡特纳克 sN 防静电剂。防静电剂效果特别是防止吸尘作用是很显著的。

表 6-21　抗静电制品及所渗入的导电材料

导电性材料	主要防静电制品
渗有碳黑、金属粉的橡胶	轮胎、铸件、皮带、辊筒、填料、软管、垫块、靴、拖鞋、手套、布带、罩布、地毯
渗有碳黑、金属粉的塑料	塑料薄膜、罩布、带、海绵、管子、软管、半导体壳及袋、屏蔽材料、地板材料、各种成型品
渗有碳黑、金属粉的涂料	涂料、黏结剂、糊剂、层制品、油漆

（续表）

导电性材料	主要防静电制品
以导电性涂料层压、印刷的塑料	塑料薄膜、罩布、带、通风管、帐篷、半导体袋
镀以金属的塑料	塑料薄膜、罩布、带、半导体壳和袋、仪表罩盖、屏蔽材料
混入导电性纤维的布、丝	工作服、防寒服、无尘服、无菌服、帽子、手套、袜子、地毯、袋滤器、皮带、绳索、降落伞、网、软管、连接板、布袋、通风管

用于纤维的防静电剂种类很多，绝大多数为表面活性剂。

③ 确保静置时间和缓和时间

经注油管输入容器和储罐的液体，将带入一定的静电荷。静电荷混杂在液体内，根据电导和同性相斥的原理，电荷将向容器壁及液面集中泄漏消散；而液面上的电荷又要通过液面导向器壁导人大地，显然是需要一段时间才能完成这个过程的。除上面提到的管道中的过滤器和管道出口之间需有 30 s 缓冲时间外，油罐在注油过程中，从注油停止到油面产生最大静电电位，也有一段延迟时间。如图 6-16 所示往油罐注油，当油量达到油罐容积 90%时，停止注油，经过 23.6 s 油面静电位才达到最大值，又持续了 54.4 s 电荷才衰减掉。

由此可以看出，刚停泵时检测或采样是不安全的。对于容积小的储罐，装车后等 2 min 即可取样；对于大储罐，则由于带电质点的沉降，使电荷不能正常消散，特别是油料里含有少量水分时，有时可能出现很强的电场，检测工作必须在水完全沉降后才能进行。英国、美国提出停油后需半小时才能进行工作；前苏联规定为 2 h 以上；法国专家提出，液面每高 1 m 就需等 1 h。我国石油化工系统规定的静置时间见表6-22。

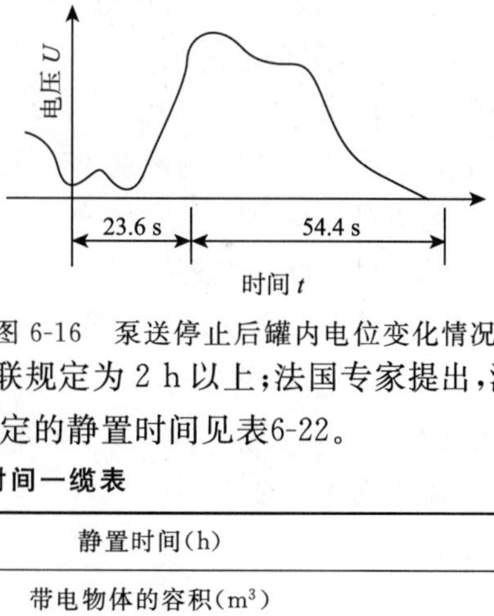

图 6-16 泵送停止后罐内电位变化情况

表 6-22 静置时间一缆表

带电物体的电导率(S/m)	静置时间(h)			
	带电物体的容积(m^3)			
	小于 10	10～50	50～5000	5000 以上
10^{-6}以上	1	1	1	2
大于 10^{-12}、小于 10^{-6}	2	3	10	30
大于 10^{-14}、小于 10^{-12}	4	5	60	120
小于 10^{-14}	10	15	120	240

④ 防静电接地

防静电接地是消除物体上静电简单而又有效的方法,是防静电中最基本的措施。防静电接地连接是接地措施中重要一环,其目的是使带电体上的电荷有一条导入大地通路。实现的办法有静电跨接、直接接地、间接接地等,把设备上的各部分经过接地极与大地作可靠的电气连接。

防静电接地分为直接接地、间接接地和跨接。

直接接地是将金属体与大地进行电气上的连接,使金属体的静电电位接近于大地,简称接地。

间接接地是将非金属物体全部或局部表面与接地的金属紧密相连,从而获得接地的条件。例如在接地的金属容器内存放带静电的绝缘油,油品中的静电荷就是通过间接接地的形式经容器壁而导入大地的。

防静电跨接是将两个以上、没有电气连接的金属导体进行电气上的连接,使相互之间大致处于相同的静电电位。而跨接线必须与大地相连,才能起到确保安全的作用,跨接电阻是组成静电接地连接系统电阻值的一部分。

防静电接地连接系统的电阻是指被接地对象经金属容器接地支、干线、接地极到大地的电阻值。防静电接地可与总等电位接地装置相连接。当确需单独设置防静电接地装置时,其接地电阻应不大于 100 Ω。

必须指出,对带电的绝缘体,如果没有其他条件相配合. 防静电接地连接只能消除带电体表面的自由电荷。

流动中的物质所载的电荷,不会因为管道外皮接地而有所减少。接地的金属层能构成对静电危险源的屏蔽。从而消除放电的危险。

金属导体应做静电跨接、直接接地;电阻率在 10^{10} Ω·m 以下的物体以及表面电阻率在 10^{10} Ω·m 以下的物体应做间接接地;电阻率在 10^{10} Ω·m 以上的非导体及表面电阻率在 10^{9} Ω·m 以上的物体,间接接地虽是必要的;但需靠其他措施相配合,如加抗静电剂、减少静电产生量、规定必要的静置时间、采用静电消除器等才能确保安全。

危险品生产设备、机组、管道等防静电接地,应单独与接地干线相连,除并列管道外不得互相串联接地。

危险工作间中不能或不宜直接接地的金属装置、外壳为可导电的产品、人体等,应通过防静电材料间接接地,接地电阻应不大于 10^{6} Ω。

当危险工作间铺设防静电或导静电地板及工作台面时,其静电泄漏电阻值应为 $1.0\times10^{4}\sim1.0\times10^{8}$ Ω 为了使静电电荷通过空气泄放掉,危险品生产的工作间相对湿度宜控制在 65%以上。

但当生产工艺有特殊要求时,则按工艺规定执行。

凡用来加工、储存、运输且能产生静电盏险的管道和设备,如各种储罐、混合器、物料输送设备、排注器、过滤器、干燥器、反应器、吸附器、粉碎器等，金属体应跨接形成一个连续的导电整体并接地。特别注意在设备内部不允许有与地绝缘的导体部件。

应当指出，当与地绝缘的导体积聚了大量静电电荷时，在对该导体施以接地的瞬间，由于大量电荷通过连接点集中放电，会形成较大的冲击电流，导致产生火花造成危害。此种情况下的放电措施是：保证放电点的周围危险介质浓度小于爆炸范围；在欲接地放电回路中串接 $1.0\times10^6 \sim 1.0\times10^8\ \Omega\cdot m$ 的限流电阻。

(3) 静电中和法

① 静电消除器的种类

静电消除器将气体分子进行电离产生消除静电所必要的离子（一般为正、负离子对）。其中与带电物体极性相反的离子，向带电物体移动，并和带电物体的电荷进行中和，从而达到消除静电的目的。静电消除器已被广泛应用于生产薄膜、纸、布、粉体等行业的生产中。但是如使用方法不当或失误会使消静电效果减弱，甚至导致灾害的发生，所以必须掌握静电消除器的特性和使用方法。目前的静电消除器主要有 5 种。

第一种，自感应式静电消除器。自感应式静电消除器是一种最简单的消静电装置。它没有外加电源，由接地的若干支非常尖的针、电刷或作消电电极用的细金属线及其支架等附件组成。使用时针尖对准带电介质，放在距表面 1～2 cm 的地方，或者将针插人带电液体介质内部，都可以得到消除静电的目的。

自感应式静电消除器的性能，通常用两个指标来衡量；一是电晕电流，电晕电流越大，表面单位时间内消除掉的静电荷数目越多，消除器的效果就越好；另一个是临界电压，所谓临界电压，是指能够使消除器针尖起电晕作用的最低电压，这个数值越小，最后剩余的静电电压就越小，因此消除器的效果也越好。

专用于油管上的感应式静电消除器（简称消电器）能解决槽车的静电安全问题，效果显著，可以使槽车油面电压由 25 kV 下降为 3～4 kV。这种消电器的结构如图 6-17 所示，在我国石油化工企业中已被广泛使用。

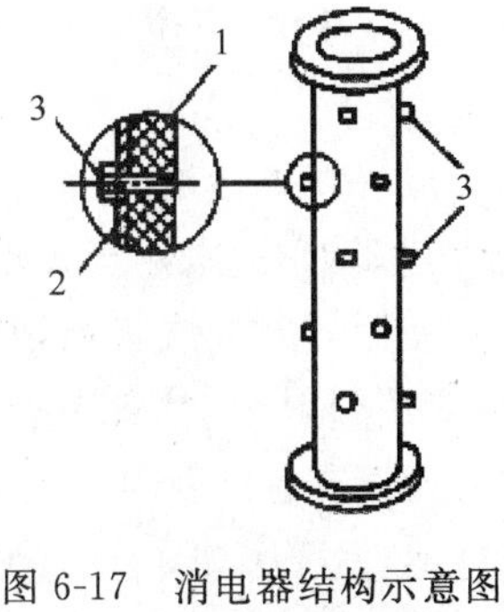

图 6-17　消电器结构示意图

1—聚乙烯；2—钢管；
3—消电电极镶针螺柱（每排三只）

该消电器主要由三部分组成：接地钢管及法兰部分、内部绝缘管、针螺栓等。为了均匀地在油内产生相反的电荷，放电针沿长度方向交错布置 4 至 5 排，每排沿圆周围均匀布置 3 至 4 根针。为了方便检查和维修，放电针用螺栓做成，可装拆。

近年来，我国研制了充油夹套式消电器，选用有机玻璃或玻璃钢做成双层或单层管，使用时夹层之间充满所输进的油品作为电介质，以减少重量，降低成本。消电器的原理是：当带电油品进入消电器绝缘管后，对地电容变小，使内部电位增高，这样在介质管内形成一个高电压段。在放电针端部，由于具有高电位场，使其因感应而堆积的电荷被拉入油中，或因高电场强度使油品部分电离而发生中和作用，达到消除部分电荷的目的。

自感应式消电器结构简单，容易制作，价格低，便于维修，且本身不易成为引火源，是一种安全性较高的消电装置，对于不要求将静电消除很干净的场合都较为适用。

第二种，外接电源式静电消除器。加到外接电源式静电消除器上的高压电源可以是直流，也可以是交流，交流又有工频和高频两种。

外接电源式静电消除器的工作原理是：利用高电压消除器离子极（即针尖）与接地极之间形成强电场而使空气电离。但直流装置与交流装置消电的机理不完全一样，直流装置是产生与带电体电荷相反符号的离子，直接中和带电体上的电荷；而交流装置是在放电针尖端附近产生离子时（正、负离子），其中与带电体极性相反的离子向带电体移动，并与带电体上的电荷进行中和，其结果是带电体上的电荷被消除掉。

直流型静电消除器消电能力比交流型高，但所用电源需有整流设备，较为麻烦，因而一般多采用工频交流静电消除器。

外接电源式消电器比自感应式消电器好，消电较彻底，但也容易使带电体载上反极性的静电。

第三种，放射线式静电消除器。放射线式静电消除器是利用放射性同位素使空气电离产生正离子和负离子，消除生产物料上静电的装置。放射线式静电消除器可用于化工、橡胶、造纸、印刷等行业。

镭（Ra）、钋（h）、钚（P11）等元素的同位素能放射 α 射线；铊（T1）、锶（Sr）、氪（Kr）等元素的同位素能放射 β 射线，都可以作放射式静电消除器的放射性同位素。

放射线式静电消除器离带电体越近，消电效能越好，一般取 10～20 mm。根据工艺要求，消电器至带电体之间的距离可以适当增大。

使用放射线式静电消除器，一定要控制放射线对人体的伤害和对产品的污染，应使照射剂量小于 0.5 rem（雷姆）/a。为此放射线式静电消除器的放射性同位素元件应有铅制屏蔽装置或其他屏蔽装置，使消除器只能在其特定方向上使空气电离，发挥中和作用。放射线式静电消除器应有坚固的外壳，防止机械损伤。

放射线式静电消除器结构简单，不要求有外接电源，而且工作时又不产生火花，适用于有火灾和爆炸危险的场所。

第四种，离子流式静电消除器。在直流外接电源式静电消除器工作原理的基础上，用干净的压缩空气通过消电电极喷向带电体，于是就将离子极产生的离子源源不断、有方向地喷到带电体表面，达到中和静电的效果。它能远距离消电(0.6～1 m)，安全、防爆、防火，能用低压配线，离子流极性可选择。离子流静电消除器消电图如图 6-18 所示。

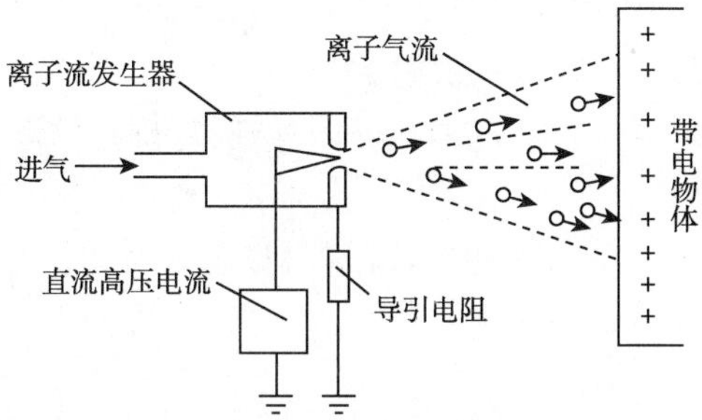

图 6-18　离子流式静电消除器消电图

第五种，组合式静电消除器。组合式静电消除器可以是自感应作用和放射线作用或具有高压电场作用和放射线作用的静电消除器的组合消电效果。

感应式静电消除器在带电体表面电位比较低时不能进行工作。只有在电位高时才能发挥较高的效率。而放射线式静电消除器能在电位不高的情况下正常工作，但其效率受到电离电流的限制，电离电流不随介质上电位的增高而增大。两者组合在一起，就能弥补各自的缺点。

这种组合式静电消除器的特性是由放射线式和感应式两种消除器的特性叠加而成，消电效果更为显著。

② 静电消除器的选用

A. 静电消除器的适用环境。自感应式和放射线式静电消除器原则上适用于任何级别的场所，只有当危及安全工作时，不得使用放射线式。外接电源式静电消除器应按场所级别选用合适的，如在防爆场所内，应选用具有防爆性能者；在相对湿度经常在 80%以上的环境，尽量不使用外接电源式静电消除器；离子流型静电消除器适用于远距离和需防火、防爆的环境中。

B. 消电对象。对带电极性一定、带电量大或高速移动的带电体，宜选用直流外接电源式静电消除器；对静置不动的防火防爆环境，可考虑使用放射线式静电消除器。

(4) 静电消除器的安装要求

① 消电电极应安装在带电体电位最高的位置上，一般情况下，要离开静电产生源 5～20 cm 以上；

② 消电电极面对带电体垂直安装：

③ 在下列情况下，不要装静电消除器的消电电极，即带电体跗近有金属物、静电产生源、其他静电消除器，环境温度在 150℃以上，相对湿度在 80%以上，以

及易于污染静电消除器的地方；

④ 数组静电消除器安装时，各消电极之间的距离应大于或等于4倍安装距离；

⑤ 高压电源应安装于非防爆场所。

(5) 静电消除器的维护和保养

① 设专人进行静电消除器的保养；

② 每班交接工作要检查静电消除器的外观，特别是消电电极不应积有灰尘，针尖不应变钝；

③ 定期测量消电效果，效果应达到90%以上；

④ 定期检查电气系统的绝缘。

§6.4 防雷安全管理措施

控制事故的重要手段是采用工程技术防范措施，提高本质安全化水平，这在很大程度上能防止人为失误造成的事故，但这会增大经济投入，也受技术水平的限制，因而加强管理是目前情况下重要、必要而且有效的措施。

6.4.1 防雷安全管理的概念

防雷安全管理是指对防雷安全管理活动的概括性的认识和对其活动规律所做出的总结。由于防雷安全管理遍及人类活动的各个领域，因此可以有一般性的理论和各种具体领域的具体性的理论之分。所以防雷安全管理可以有广义的定义，也可以有狭义的定义。广义的定义是：在人类活动领域中为防止和控制其防雷活动的负效应和各种有害作用发生并最大限度减少其损失而采取的决策、组织、协调、整治和防范的行动。狭义定义为：在人类劳动过程中为防止和控制其雷电灾害事故发生并最大限度减少其损失所采取的决策、组织、协调、整治和防范的行动。

6.4.2 防雷安全管理意义

保障防雷安全生产，首先是生产经营单位自身的严格自律。从近年来发生的防雷安全事故来看，大都与生产经营单位本身不具备防雷安全生产条件，或者防雷安全管理不到位有直接关系。

因此，从2000年1月1日起在全国实施的《中华人民共和国气象法》及其相关防雷法律法规，不仅对企业的防雷工程建设做出了规定，而且还对相关防雷安全管理也做出了要求，并规定了其配套的相应法律责任。只要按这些规定做到了，生产经营单位的防雷安全工作就有了扎实的基础，实现防雷安全生产就有了可靠的保障。防雷安全管理的重要意义体现在：

1. 大量事故统计显示，80%以上事故原因都与管理紧密相关，因而改进管理能够预防大多数事故的发生。

2. 虽然“安全第一”的口号已经响遍了全世界，但许多企业并不是也不可能把防雷安全工作放在重要位置。企业活动都是以经济利益最大化为原则，因而发展生产、创造优质名牌、提高经济效益等永远是它的第一。防雷安全之所以特别受到强调，一是“尊重人权”越来越成为人们的道德理念，二是防雷安全工作对于保障企业正效益、减少负效益具有重要作用。如果它与“人权”与“效益”无关，肯定不会被放在特殊重要的地位。

3. 控制事故的重要手段是采用工程技术防范措施，提高本质安全化水平，这在很大程度上能防止人为失误造成的事故，但这会增大经济投入，也受技术水平的限制，因而加强管理是目前情况下重要、必要而且有效的措施。

4. 按照美国心理学家马斯洛(Abraham H. Maslow)的“需要层次论”，人的需要可以归纳为五大类：生理、安全、社交、尊重和自我实现。后来他又补充了求知和审美两种需要，共七种需要，并以层次形式依次从低到高排列，如图 6-19 所示。

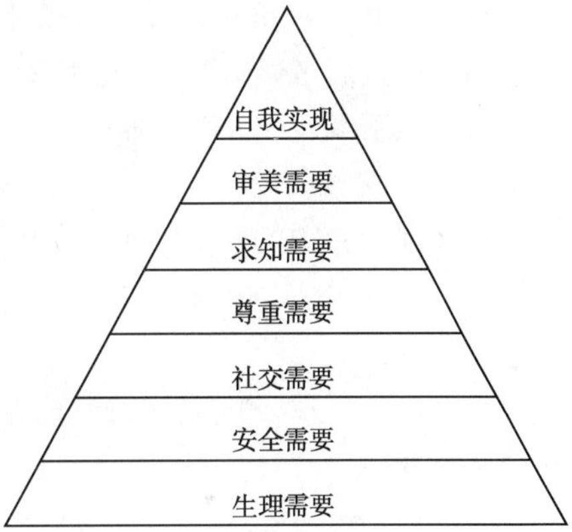

图 6-19　马斯洛“需要层次论”示意图

生理需要如摄食、饮水、睡眠、求偶等属于人类生存的最基本、最原始的需要；当生理需要获得适当满足之后，就是安全需要，包括生命安全、财产安全、身体健康和生活条件稳定等；此后，就有感情和归属上的需要，如人际交往、友谊、为群体和社会所接受等即社交需要；再次是尊重需要，包括自我尊重和受人尊重；为了获得尊重，就有求知需要和审美需要；最后，达到自我实现，即能够发挥自己能力和实现自身价值或理想，就是到了最高层次的需要。

由于安全需要位于第二层次，所以我们可以看出，当人们的生理需要尚未得到相当满足的条件下，是不会很好地关注安全的。发展中国家人们的安全意识低于发达国家，基本原因就在于此。

6.4.3　防雷安全管理措施

1. 树立“居安思危”防雷安全意识

随着我国经济建设的迅速发展，人们的生活水平逐步提高，各种社会和经济活动也在发生着日新月异的变化。但我们不时地通过媒体了解到，这里或那里发生了这样或那样的重大特大雷电灾害事故，造成了严重的人员伤亡或巨大的经济损失。在这种情况下，我们防雷工作者应该居安思危、力求进取、与时俱进、不断创新，以适应不断变化的形势，更好地保障人员的安全健康和经济建设的稳定发展。

居安思危，就是提高危机意识。人们常言道："长将有日思无日，莫等无时思有时"，"居安思危、未雨绸缪"。这里既是说人们应该具有勤俭节约的美德，丰收不忘歉收，顺利想到困境；又是说人们处在纷繁复杂的世界里，各种意想不到的事情有时是会突然发生的，因而人们思想上要有忧患意识和危机感，居安思危，提高警惕，对突发事件要有预防措施。古人庄子就说过"安危相易、祸福相生"，说明安全与危险是相反相成的。美国受到"9.11"恐怖袭击及中国遭受"萨斯"(SARS)病毒的侵袭就给人们敲响了警钟。

应对危机要抓好五个阶段的工作：

(1) 居安思危，提高危机意识。人无远虑，必有近忧。

(2) 未雨绸缪，防微杜渐。建立机制，健全制度，制定危机对策和预警方案，并定期进行演练。

(3) 见微知著，及早发现。一叶知秋，确认危机存在，果断启动应急预案。

(4) 临事不乱，审慎决策。镇定指挥，各方配合，控制危机造成的影响为最小。

(5) 亡羊补牢，事后总结教训，加强危机防范。塞翁失马，危中有机，把坏事转化为好事。

提高防雷工作本质安全化水平，这在很大程度上能防止人为失误造成的事故，但需要增大经济投入，也受技术水平的限制，因而在我国目前尚处于社会主义初级阶段、生产力水平不够高的情况下，加强管理仍然是重要、必要而且有效的措施。这叫"硬件不足软件补"。大量事故统计显示，80%以上事故原因都与管理不严紧密相关，因而改进管理能够预防大多数事故的发生。防雷安全工作只有牢固树立了居安思危意识，才可能有效地加强防雷安全工作。

2. 建立防雷安全责任制

为实施防雷安全对策，必须首先明确由谁来实施的问题。在我国，在推行全员安全管理的同时，实行防雷安全责任制。所谓防雷安全责任制就是各级领导应对本单位防雷安全工作负总的领导责任，各级防雷工程技术人员、职能处室在各自的职责范围内，明确对防雷安全工作应负的责任。

防雷安全责任是根据"谁主管谁负责"的原则，对单位各级领导和各类人员明确地规定了在工作中应负的防雷安全责任。这是各单位岗位责任制的一个组成部分，是最基本的一项防雷安全制度，是防雷安全管理规章制度的核心。

(1) 各级领导的责任

防雷安全责任制的核心是实现“谁主管谁负责、管生产必须管安全”。防雷安全工作必须行政第一把手负责，各级的副职根据各自分管业务工作范围负相应的责任。他们的任务是贯彻执行国家有关防雷安全生产的法律、制度和保持单位财产和人员的防雷安全。凡是严格认真地贯彻了防雷安全责任制，就是尽了责任，反之就是失职。如果因此而造成雷击事故，那就要视雷击事故后的严重程度和失职程度，由行政机关进行行政处理、以至司法机关追究法律责任。

① 主要领导的防雷安全职责

行政第一把手是防雷安全的第一责任者，对本单位的防雷安全生产负总的责任。即要支持分管安全工作的副厂长做好分管范围的防雷安全工作。

• 贯彻执行安全生产方针、政策、法规和标准；审定、颁发本单位的防雷安全管理制度；提出本单位防雷安全目标并组织实施；定期或不定期召开会议，研究、部署防雷安全工作。

• 牢固树立“安全第一”的思想，定期计划、布置、检查、总结、评比防雷安全工作。

• 审定本单位年度防雷安全技术措施计划，及时解决重大防雷安全隐患，对本单位无力解决的重大防雷安全隐患，应按规定权限向上级有关部门提出报告。

• 在安排和审批建设计划时，将防雷安全技术纳入计划，按规定提取和使用经费；审定新的建设项目时，遵守和执行防雷设施与主体工程同时设计、同时施工和同时验收投产的“三同时”规定。

• 组织对重大雷击事故的调查分析，按“四不放过”，即事故原因分析不清不放过、事故责任者和群众没有受到教育不放过、没有指出防范措施不放过、事故责任者没有受到处理不放过的原则严肃处理；并对所发生的雷击事故调查、登记、统计和报告的正确性、及时性负责。

• 组织有关部门对职工进行防雷安全技术培训和考核。

• 组织开展防雷安全知识竞赛、评比活动，对防雷安全的先进集体和个人予以表彰或奖励。

• 主持召开防雷安全工作例会，定期向职工代表大会报告防雷安全工作情况，认真听取意见和建议，接受职工群众监督。

② 分管防雷安全工作领导的职责

• 协助主要领导做好本单位防雷安全工作，对分管范围内的防雷安全工作负直接领导责任；支持防雷安全技术部门开展工作。

• 组织干部学习防雷安全法规、标准及有关文件，结合本单位防雷安全情况，制定保证防雷安全的具体方案，并组织实施。

• 协助主要领导召开防雷安全例会，对例会决定的事项负责组织贯彻落实。

• 主持编制、审查年度防雷安全技术措施计划，并组织实施。

• 定期组织开展防雷安全检查。对重大防雷安全隐患，组织有关人员到现场确定解决，或按规定权限向上级有关部门提出报告。

• 主持制定防雷安全管理制度和防雷安全技术操作规程，并组织实施，定期检查执行情况负责推广防雷安全先进经验。

• 发生雷击事故后，应迅速察看现场，及时准确地向上级报告。同时组织事故调查，确定事故责任，提出对事故责任者的处理意见。

③ 其他分管领导的防雷安全职责

分管计划、财务、设备等工作的领导应对分管范围内的防雷安全工作负直接领导责任。

• 督促所管辖部门的负责人落实防雷安全职责。

• 主持分管部门会议，确定、解决防雷安全方面存在的问题。

• 参加分管部门雷击事故的调查处理。

④ 总工程师的防雷安全职责

总工程师负责具体领导本单位的防雷安全技术工作，对本单位的防雷安全负技术领导责任。副总工程师在总工程师领导下，对其分管工作范围内的防雷安全工作负责。

• 贯彻上级有关防雷安全的方针、政策和规章制度，负责组织制定本单位防雷安全技术规程问题。

• 定期主持召开中层领导干部会议，分析本单位的防雷安全形势，研究解决防雷安全技术问题。

• 新建工程项目，要做到防雷安全措施与主体工程同时设计、同时施工、同时验收投产，把好设计审查和竣工验收关。

• 定期布置和检查安技部门的工作。协助领导组织防雷安全大检查，对检查中发现的重大隐患，负责制定整改计划，组织有关部门实施。

• 参加重大雷击事故调查。

• 对职工进行经常性的防雷安全技术教育。

⑤ 各部门的职责

单位中的生产、安全(技术)、设计、供销、运输、教育、卫生、基建、机动、情报、科研、质量检查、劳动工资、环保、人事组织、宣传、外办、企业管理、财务等有关专职机构，都应在各自工作范围内，对实现安全生产的要求负责。

A. 安全(技术)部门的防雷安全职责

安全(技术)部门是单位领导在防雷安全工作方面的助手，负责组织、推动和检查督促本单位防雷安全工作的开展。

• 监督检查本单位贯彻执行防雷安全政策、法规、制度和开展安全工作的情况，定期研究分析防雷安全形势，提出改进防雷安全工作的意见。

• 制定本单位防雷安全目标管理计划和目标。

• 定期进行防雷安全检查，提出整改意见，督促有关部门及时解决隐患。

• 督促有关部门制定和贯彻防雷安全技术规程和安全管理制度，检查各级干部、工程技术人员对防雷安全技术规程的熟悉情况。

• 参与审查和汇总防雷安全技术措施计划，监督检查安全技术措施经费使用和安全措施项目完成情况。

• 参与审查新建、改建、扩建工程的设计、工程的验收和试运转工作。发现不符合防雷安全规定的问题及时制止其施工和生产。

• 组织防雷安全竞赛，总结、推广防雷安全经验，树立典型。

• 组织开展科学研究，总结、推广防雷年科研成果和先进经验。

B. 生产计划部门的防雷安全职责

• 组织生产调度人员学习防雷安全法规和防雷安全管理制度。在召开生产调度会以及组织经济活动分析等项工作中，应同时研究防雷安全问题。

• 编制生产计划的同时，编制防雷安全技术措施计划。在实施、检查生产计划时，应同时实施、检查防雷安全技术措施计划完成情况。

• 做好领导交办的有关防雷安全工作。

C. 技术部门的防雷安全职责

• 负责防雷安全技术措施的技术工作。

• 在推广新技术、新材料、新工艺时，考虑雷击可能出现的不安全因素。

• 负责编制、审查防雷安全技术规程、作业规程和操作规程，并监督检查实施情况。

• 协同有关部门加强对职工的防雷技术教育与考核，推广防雷安全技术方面的先进经验。

• 参加重大雷击事故的调查分析，从技术方面找出事故原因和防范措施。

D. 设备动力部门的防雷安全职责

设备动力部门是单位领导在设备安全运行工作方面的参谋和助手，对全企业设备安全运行负有具体指导、检查责任。

• 负责本单位各种机械、起重、压力容器、锅炉、电气和动力等设备的防雷安全管理，开展定期防雷安全检查，使之保持良好状态。

• 制定有关设备防雷装置的维修、保养的管理制度及操作规程，并负责贯彻实施。

• 负责防雷安全技术措施项目所需的设备安装

• 参与重大雷击事故的调查、分析。

E. 人事劳动部门的防雷安全职责

• 把防雷安全技术作为对职工考核的内容之一，列入职工上岗、转正、定级、评奖、晋升的考核条件，并体现在在工资和奖金分配方案中。

• 做好防雷特种作业人员的选拔及人员调动工作。

• 参与重大雷击事故调查。

F. 防雷安全技术人员的防雷安全职责

• 遵守劳动纪律，执行防雷安全规章制度和操作规程，听从指挥，和一切违章作业的现象作斗争。

• 不随便拆除防雷安全防护装置，正确使用防雷防静电用品。

• 学习防雷安全知识，及时反映、处理不安全防雷隐患。

3. 坚持建设项目“三同时”原则

建设工程项目必须坚持“三同时”原则。所谓“三同时”，是指“生产经营单位新建、改建、扩建工程项目的安全设施，必须与主体工程同时设计、同时施工、同时投入生产和使用。安全设施投资应当纳入建设项目概算。”(《安全生产法》第24条)，由于防雷装置属于安全设施，因此，其建设应纳入“三同时”。

对于生产性建设项目，安全生产管理监督部门要从项目立项设计(包括项目建议书、可行性研究报告、设计任务书、初步设计、施工图设计)、施工安装，到竣工验收进行全过程安全监督。设计阶段要有“防雷减灾专篇”和雷电灾害风险预评估；施工阶段要有防雷安全监督，保障防雷安全设施的施工质量；竣工验收阶段要有防雷装置的检测报告和验收意见，把试生产中安全卫生设施运行情况、措施效果、测试数据及存在问题写入评审意见中，并纳入建设档案管理。

坚持“三同时”原则是贯彻“安全第一、预防为主”方针的重要体现。只有坚持“三同时”，才能从源头上消除事故隐患，有效控制雷击或次生伤亡事故发生。

《安全生产法》特别强调建设项目的“安全设施投资应当纳入建设项目概算”，为防雷设施所需资金规定了出处。为了确保这一条款的实施，要求工程建设项目的防雷设计文件和图纸资料应当报经有关防雷安全管理部门审查同意；未经审查同意的，不得开工；防雷设施安装后必须经气象防雷主管部门验收。

在贯彻执行“三同时”原则的工作中，特别强调矿山建设项目和用于生产、储存危险物品的建设项目必须进行雷电灾害风险评估的问题。如《安全生产法》第25条规定，“矿山建设项目和用于生产、储存危险物品的建设项目，应当分别按照国家有关规定进行安全条件论证和安全评价”，对危险性大的项目进行雷电灾害风险评估是企业安全条件论证、安全评价和验收前安全评审的重要内容。这是对高危企业在“三同时”方面更严格的要求。因为高危企业的危险因素多，发生事故的几率也高，因而要从项目立项和设计，以及施工和验收等方面都要进行更严格的防雷安全审查。

经雷电灾害风险评估发现的问题要及时研究解决，该补充的要补充，该推倒重来的决不姑息迁就，一定要把防雷安全隐患消灭在工程建设之初。

4. 建立防雷安全投入机制

防雷安全投入就是为保障生产经营防雷安全所必需的安全生产条件而投入的资金。安全生产条件是生产经营单位为保障生产经营活动正常进行、并不发生人身伤亡和财产而建设的硬件条件，如在厂址选择、总体布局、厂房建筑、设备设施、安全检测、风险评估以及其他安全防护技术措施方面，按照国家和行业的安全规范和标准建设的硬件设施，以使其满足生产与安全的需要。

《安全生产法》第 16 条规定："生产经营单位应当具备本法和有关法律行政法规或标准的安全生产条件；不具备条件的，不得从事生产经营活动。"《安全生产法）18 条规定："生产经营单位应当具备的安全生产条件所必需的资金投入，由生产经营单位要负责人予以保证，并对由于安全生产所必需的资金不足导致的后果承担责任。"因此，在生产经营场所防雷装置安装和防雷设施、设备上所支出的费用，应该属于安全投入重要部分。

防雷装置的安装以及防雷设施设备的安全运行是安全生产的重要保障。《国务院关于进一步加强安全生产工作的决定》(国发[2004]2 号)第 13 条规定："建立企业提取安全费用制度。为保证安全生产所需资金投入，形成企业安全生产投入的长效机制，借鉴煤矿提取安全费用的经验，在条件成熟后，逐步建立对高危行业生产企业提取安全费用制度。企业安全费用的提取，要根据地区和行业的特点，分别确定提取标准，由企业自行提取，专户储存，专项用于安全生产。"第 18 条规定："建立企业安全生产风险抵押金制度。为强化生产经营单位的安全生产责任，各地区可结合实际，依法对矿山、道路交通运输、建筑施工、危险化学品、烟花爆竹等领域从事生产经营活动的企业，收取一定数额的安全生产风险抵押金，企业生产经营期间发生安全生产事故的，转作事故抢险救灾和善后处理所需资金。" 说明企业的安全生产必须建立安全投入机制。

建立防雷安全投入制度，对于保障防雷装置安装、防雷设施设备的安全运行以及人身安全都提供的安全保障，也有利于防雷装置的安全检测、灾害调查与风险评估工作的顺利开展，提高防雷减灾能力和水平。

5. 加强防雷安全教育培训

《安全生产法》第 20 条规定："生产经营单位的主要负责人和安全生产管理人员，必须具备与本单位所从事的生产经营活动相应的安全生产知识和管理能力。危险物品生产、经营、储存单位及矿山、建筑施工单位的主要负责人和安全生产管理人员，应当由有关主管部门对其安全生产知识和管理能力考核合格后方可任职。考核不得收费。"针对目前许多事故是违章指挥、违章作业所造成的，因此，第一次以法律形式对企业领导人和安全管理干部的素质提出要求，特别是对高危企业主要负责人和安全生产管理人员提出更高要求，即在任职前进行安全培训和考核。根据《气象法》《防雷减灾管理办法》等法律法规，防雷安全培训工作的实施有以下几项要求。

(1)对生产经营单位主要负责人的防雷安全培训

行业主管部门负责组织对企业事业单位主要负责人进行防雷安全工作教育培训。对主要负责人防雷安全培训的主要内容包括：

① 国家有关防雷安全工作的方针、政策、法律和法规及相关行业的有关规章制度、规程、规范和标准等；

② 国内外防雷安全管理的基本知识、方法；

③ 防雷安全责任制、雷电灾害应急预案编制原则以及发生雷电灾害事故后的报告、应急救援和调查处理程序；

④ 国内外、行业内外典型雷电灾害事故案例分析。

(2) 对生产经营单位副职领导和安全管理机构负责人的安全培训

行业主管部门负责组织对企业事业单位的副职领导和安全管理机构负责人进行安全生产教育培训和考核。

培训的主要内容为：

① 国家有关防雷安全的法律、法规、政策及相关行业的有关规章制度、规程、规范和标准等；

② 国内外防雷安全管理知识、现代防雷技术等；

③ 雷电灾害事故防范、应急救援措施及调查处理方法；

④ 雷电灾害事故报告及调查处理办法以及事故调查报告编写方法；

⑤ 国内外、行业内外典型雷电灾害事故案例分析。

(3) 对其他从业人员的防雷安全培训

行业主管部门负责组织对各单位其他防雷安全技术从业人员防雷安全教育培训和考核。各生产经营单位组织对本单位的班组长防雷安全教育培训、全体员工的防雷安全科普知识教育培训、防雷安全新技术新知识培训等。

6. 定期开展防雷安全检查

(1) 防雷安全监督检查

防雷安全监督检查是防雷安全管理的重要手段之一，检查的目的是发现防雷安全隐患，包括防雷设施设备的不安全状态、环境的不安全条件和人员的不安全行为，以促进隐患整改，保障人身安全健康和生产顺利进行。

防雷安全检查分为企业自身组织的检查与政府部门组织的防雷安全督查。前者是企业内部的一种管理手段，后者是政府按照《气象法》赋予的监督管理权利所履行的监督职责。

我国广泛采用防雷安全检查的方式促进防雷安全形势稳定好转，是与我国现阶段生产力发展水平、社会财富积累程度、法制化进程和行政体制变革有着密切的关系。

首先,我国正处在社会主义初级阶段,生产力水平还不高,企业发展参差不齐,有些企业尚无力投入更多资金进行防雷安全技术改造,因而存在着较多安全事故隐患,有的甚至十分严重。在这种情况下,对重点区域、重点行业、重点企业和重点部位进行防雷安全检查,发现防雷安全管理的薄弱环节,督促对防雷安全隐患进行整改,的确是必要的。

其次,我国目前正处于经济体制和政府管理体制的转型时期。经济体制的转变使大量股份制企业、乡镇企业和个体经济蓬勃发展,政府管理体制的转变使许多行业主管部门撤并,企业管理的约束机制减弱,在这种情况下,加强防雷安全检查就能发挥其特有的功效,保障两种转型的顺利过渡。

第三,我国防雷安全工作正在步入法制化轨道,与《气象法》配套的许多法规章程将陆续出台,通过防雷安全检查,可以了解企业贯彻有关防雷安全法规遇到的问题。帮助企业完善规章制度,逐步实现依法管防雷安全。

(2) 企业的防雷安全监督检查

企业的防雷安全监督检查,主要是指企业的防雷安全管理人员根据国家防雷安全法律法规和国家、行业的防雷安全技术标准,结合本单位的生产经营特点,对生产现场进行的经常性防雷安全检查,包括采取专项检查、雷雨季节前检查、三防检查和防雷安全月检查等,以发现问题、整改隐患,达到有关法规规定的防雷安全条件。对检查中发现的防雷安全问题,应当尽快采取措施、落实责任人,予以解决;不能立即处理的。应当报告本单位有关负责人。列入年度安全技术措施计划加以解决。

除了安全管理部门主持的日常安全检查外,《安全生产法》第 17 条中规定,企业领导要经常进行防雷安全工作督促、检查,以及时发现和消除安全事故隐患。企业主要负责人对生产现场进行的防雷安全检查,是以贯彻落实防雷安全督促检查制度、及时消除较大隐患为目的的。

(3) 政府和有关部门的防雷安全监督检查

保障防雷安全,需要政府及其有关部门依法严格履行监督管理职责,也需要充分发挥社会公众、社区的监督作用。

① 国务院和地方各级人民政府应当加强对防雷安全工作的领导,支持、督促各有关部门依法履行防雷安全监督管理职责。县级以上人民政府对防雷安全监督管理中存在的重大问题应当及时予以协调、解决。县级以上地方各级政府应当根据本行政区域内的防雷安全状况,组织有关部门按照职责分工,对本行政区域内容易发生重大防雷安全事故的生产经营单位进行严格检查;发现事故隐患,应当及时处理。

② 负有防雷安全监督管理职责的部门依照有关法律、法规的规定,对涉及防

雷安全事项需要审查批准的，必须严格依照有关防雷法律、法规和国家标准或者行业标准规定的防雷安全规定和程序进行审查；不符合有关法律、法规和国家标准或者行业标准规定的项目不得批准。对未依法取得批准的单位和个人擅自从事有关活动的，负责行政审批的部门发现或者接到举报后应当立即予以取缔，并依法予以处理。对已经依法取得批准的单位和个人，负责行政审批的部门发现不再具备条件的，应当撤销原批准。

③ 负有防雷安全监督管理职责的部门应当依法对生产经营单位执行有关防雷安全的法律、法规和国家标准或者行业标准的情况进行监督检查。

④ 防雷安全监督检查人员在检查中发现防雷安全隐患时，应当责令立即排除。

(4) 社会公众和新闻媒体的监督

任何单位或者个人对防雷安全隐患或者防雷违法行为，均有权向负有防雷安全监督管理职责的部门报告或者举报；负有防雷安全监督管理职责的部门应当建立举报制度，公开举报电话、信箱或者电子邮件地址，受理有关防雷安全的举报；新闻媒体(新闻、出版、广播、电影、电视等单位)有对违反防雷安全法律法规的行为进行舆论监督的权利。

(5) 社区的监督

随着大量无主管部门企业的出现，社区安全提到了重要议事日程。为此，规定居民委员会、村民委员会发现其所在区域内的生产经营单位存在防雷安全隐患或者防雷安全违法行为时应当向当地人民政府或者有关部门报告。

7. 实现防雷安全目标管理

目标管理是让单位管理人员和员工参与制定工作目标，并在工作中实行自我控制，努力完成工作目标的管理方法。目标管理的目的，是通过目标的激励作用调动广大职工的积极性，从而保证实现总目标；目标管理的核心，是强调工作成果，重视成果评价，提倡个人能力的自我提高。目标管理以目标作为各项管理工作的指南，并以实现目标的成果来评价贡献的大小。

美国的杜拉克首先提出了目标管理和自我控制的主张。他认为，一个组织的目的和任务，必须转化为目标，如果一个领域没有特定的目标，则这个领域必然会被忽视；各级管理人员只有通过这些目标对下级进行领导，并以目标来衡量每个人的贡献大小，才能保证一个组织总目标的实现；如果没有一定的目标来指导每个人的工作，则组织的规模越大，人员越多，发生冲突及浪费的可能性越大。

杜拉克的主张重点放在了各级管理人员身上。奥迪恩则把参与目标管理的范围扩大到整个单位的全体职工。他认为，只有每个职工都完成了自己的工作目标，整个单位的总目标才能完成。因此，他提出，让每个职工根据总目标的要求制定个人目标，并努力达到个人目标；在实施目标管理过程中，应该充分信任职工，实行权限下放和民主协商，使职工实行自我控制，独立自主地完成自己的任务；严格按照每个职工完成个人目标情况进行考核和奖惩。这样，可以进一步激发每个职工的工作热情，发挥每个职工的主动性和创造性。

防雷安全目标管理是目标管理在安全管理方面的应用，是单位确定在一定时期内应该达到的安全总目标，并分解展开、落实措施、严格考核，通过组织内部自我控制达到安全目的的一种安全管理方法。它以单位总的安全管理目标为基础，逐级向下分解，使各级安全目标明确、具体，各方面关系协调、融洽，把单位的全体职工都科学地组织在目标之内，是每个人都明确自己在目标体系中所处的地位和作用，通过每个人的积极努力来实现单位安全目标。

(1) 防雷目标设置理论

防雷安全目标管理的理论依据是防雷目标设置理论。根据目标设置理论，人的行为的一个重要特征是有目的的行为。目标是一种刺激，合适的目标能够诱发人的动机，规定行为的方向。通过目标管理，可以把目标这种外界的刺激转化为个人的内在动力，形成从组织到个人的目标体系。

防雷安全目标管理既是一种激励机制，也是广大职工参与管理的形式。

① 高效的组织必然是一个有明确目标的组织

根据管理理论中的定义，组织是一个有意识地协调两个以上的活动或力量的合作体系，是为达到共同目标的人所组成的形式。组织的主要特征是，大家为了达到某一特定目标，各自分担明确的任务，在不同的权力分配下，扮演不同的角色。

• 组织必须有一个明确的共同目标，组织中每个成员都是为了达到这个特定的目标而协同劳动。

• 组织的功能在于协调人们为达到共同目标而进行的活动，包括各层次内部和各层次之间的协调。

• 达到组织目标要讲求效益和效率，要正确处理人、财、物之间的关系，使所有成员的思想、意志和行动一致，以最经济有效的方式去达到目标。

• 顺利达到组织目标的关键，是充分调动组织中各层次及其每个人的积极性。如果一个组织不能调动人们的积极性，它必然是一个工作效率低下的组织。

② 期望的满足是调动职工积极性的重要因素

目标是期望达到的成果，如果一个人通过努力达到了自己的目标，取得了预期的成果，那么他就期望得到某种“奖赏”。这种“奖赏”不光是物质上的，更重要的是精神方面的鼓励。因此，为了激励职工持续的发挥主动性和创造性，应该在每个职工经过努力取得了某种成就之后，及时地以物质鼓励和精神鼓励形式加以“认可”，使他的期望得到满足，会更加热情投入工作。当一个人经努力达到目标后得不到组织的“认可”时，就会产生一种负反馈，导致职工的工作热情越来越低，工作效率也越来越差。防雷目标管理强调个人目标、部门目标与整个组织的一致性，必须重视对每个人工作成绩的评定，并把这种成果评价同物质鼓励和精神鼓励挂起钩来，这就会极大地提高组织的工作效率，增强广大职工责任感和满意感。

③ 追求较高的目标是职工的工作动力

现代管理理论认为，追求较高目标是每个人的理想和抱负，是每个人的工作动力。因此，只要正确引导，真正把每个人的工作热情充分地调动起来，每个职工都会尽自己的努力向高标准看齐，向高目标努力。

概括地说，防雷目标具有以下几种作用。

• 指明方向。目标是管理工作的终点或追求的宗旨。目标体系促使各方面的努力能够互相协调，团结一致，为追求一个共同的目标而奋斗。

• 具有激励作用。把目标与物质或精神的奖赏挂起钩来，可以使目标转化为激励因素，以此调动职工的积极性。

• 可促进管理过程。目标的实现成为控制过程，并可据此确定组织的规模和结构，以及相应的领导作风及类型。尤其是计划的制订，不能没有一个预先确定的目标。

• 是管理的基础。目标管理不同于头疼医头、脚痛医脚的“应急管理”，它可以克服“短期行为”。实行科学地、计划的管理。

(2) 防雷安全目标管理的内容

防雷安全目标管理的基本内容是，动员全体职工参加制定防雷安全目标，并保证目标的实现。具体而言，就是单位领导根据上级要求和本单位具体情况，在充分听取广大职工意见的基础上，制定出企业的防雷安全总目标，即组织目标，然后层层展开、层层落实，下属各部门乃至每个职工根据防雷安全总目标，分别制定部门及个人防雷安全目标和保证措施，形成一个全过程、多层次的防雷安全目标管理体系。

① 防雷安全管理目标的制定

防雷安全管理目标对单位的安全管理方向有指引作用，正确的防雷安全管理目标把单位的防雷安全管理活动引向正确的方向，从而取得较好的效果。正因为目标有指引方向的作用，所以目标是否正确，是衡量单位防雷安全工作的首要标准。制定防雷安全管理目标时要特别慎重，如果目标不正确，则工作效率再高，也不会得到满意效果。

目标对人有激励和推动作用，合适的目标能激发人们的动机，调动人们的积极性。根据弗罗姆的期望理论，目标的效价越大，越能激励人心；经过努力实现目标的可能性越大，越感到有奔头。这二者结合得好，目标激励作用就大。因此，为充分发挥目标的激励作用应该提出合理的奋斗目标，使广大职工既认识防雷目标的价值，又认识到实现防雷目标的可能性，从而激发大家的信心和决心，为争取目标的圆满实现而共同奋斗。

制定防雷安全管理目标要有广大职工参与，领导与群众共同商定切实可行的工作目标。防雷安全目标要具体，根据实际状况可以设置若干个，例如事故发生率指标，防雷装置年度检测率、防雷装置合格率等。但是，目标不宜太多，以免力量过于分散。应将重点工作首先列入目标，并将各项目标按其重要性分成等级或序列。各项目标应能数量化，以便考核和衡量。

防雷安全管理目标确定之后，还要把它变成各科室和每个职工的分目标。这一点是非常重要的。否则，防雷安全管理目标只能压在少数领导人和安全干部身上，无法变成广大职工的奋斗目标和实际行动。因此，单位领导应把防雷安全管理目标的展开过程组织成为动员各部门和全体职工为实现单位的防雷安全目标而集中力量和献计献策的过程。因此，安全管理目标的展开是非常重要的环节。

防雷安全管理目标展开后，实施目标的部分应该对目标中各重点问题编制一个"实施计划表"。实施计划表中，应包括实施该目标时存在的问题和关键，必须采取的措施项目、要达到的目标值、完成时间、负责执行的部门和人员，以及项目的重要程度等。编制实施计划表是实行防雷安全目标管理的一项重要内容。

② 防雷安全管理目标的实施

目标实施阶段是完成预定防雷安全管理目标的阶段，其主要工作内容包括以下三个部分。

• 根据目标展开情况相应的对下级人员授权，使每个人都明确在实现总目标的过程中自己应负的责任，行使这些权利，发挥主动性和积极性去实现自己的工作目标。

• 加强领导和管理，主要是加强与下级的意见交流以及进行必要的指导等。实施过程中的管理，一方面需要控制、协调，另一方面需要及时反馈。在目标完成以前，上级对下级或职工完成任务计划的进度进行检查，就是为了控制、协调、取得信息并传递反馈。

• 严格按照实施计划表上的要求来进行工作，目的是为了在整个目标实施阶段，使每一个工作岗位都能有条不紊、忙而不乱地开展工作，从而保证完成预期的各项目标值。实践证明，实施计划编制得越细，问题分析得越透，保证措施越具体、明确，工作的主动性就越强，实施的过程就越顺利，目标实现的把握就越大，取得的目标效果也就越好。

③ 成果的评价

在达到预定期望或目标完成后，上下级一起对完成情况进行考核，总结经验和教训，确定奖惩实施细则，并为设立新的循环做准备。

成果的评价必须与奖励挂钩，使达到目标者获得物质的或精神的奖励。要把评价结果及时反馈给执行者，让他们总结经验教训。

评价阶段是上级进行指导、帮助和激发下级工作热情的最好时机，也是发扬民主管理群众参加管理的一种重要形式。

(3) 防雷安全目标管理的作用

① 发挥每个人的力量，提高整个组织的“战斗力”。

随着现代化科学技术的进步和社会经济的发展，防雷安全管理工作也相应的复杂起来了。传统防雷安全管理往往用行政命令规定各部门的工作任务，而忽视了充分发挥人的积极性和创造性这一关键问题，致使每个职工或部门看不清为整个组织作出更大贡献的努力方向，从而削弱了部门或个人工作同完成整个组织任务之间的有机联系。在这种情况下，尽管每个人都极其认真地进行工作，但由于一些无关紧要的工作上花费了过多的力量，或由于力量分散，或由于力量互相排斥，结果对完成目标任务没有多大的推动力。防雷安全目标管理可以集中发挥职工的全部力量，提高整个组织的“战斗力”，把单位的防雷安全工作做好。

② 提高管理组织的应变能力

防雷安全管理工作必须随着工作环境与条件的变化及时调整管理组织和工作方法，以迅速适应变化了的工作环境和工作条件。防雷安全目标管理是一个不间断的、反复的循环过程，其循环周期可以是一年、半年、三个月或更短些。这样就能根据变化了的环境，适时地、正确地制定防雷安全目标，动员全体职工去实现目标；防雷安全目标管理在实施过程中，上级必须下放适当的权限，让每个职工实行自我管理，充分发挥每个人的智慧和力量，使每一个职工面对变化了的工作环境。实行目标管理，迫使各部门加强基础工作，如规章制度、事故统计分析、事故档案及信息工作等，使防雷安全管理基础工作得到改善。因此，防雷安全目标管理能增强管理组织的应变能力。

③ 提高各级管理人员的领导能力

实行防雷目标管理，能造成一个培养和锻炼管理人员领导能力的管理环境，使他们逐渐具备真正的领导能力，不是单凭职务、权威和地位、尊严去领导下级，而是相信群众、带领群众来实现领导，也就是采用“信任型”的过渡，也就是从以往的由上级发布命令，下级只是服从的传统管理方法，转移到下级自己制定与上级目标紧密联系的个人目标，并由自己来实施和评价目标的现代管理方法上来。

④ 促进职工素质的提高

实行目标管理，能促进职工素质的提高。一方面，职工为实现既定的防雷安全目标，乐于主动识别本岗位的危险因素，并加以消除、控制、改进工作方法，逐步向规范操作、标准操作前进。另一方面，单位为保证总目标的实现，又把职工防雷安全技术水平的提高作为目标纳入目标体系，从而促进了职工素质的改善。

⑤ 利于单位的长远发展

目标管理是通过目标的体系化,把单位各方面的工作合理地组织起来,把单位的上下力量充分地调动起来,形成一个实现总目标而协同工作的群体活动。这就能有效地解决单位各个时期存在的主要问题,使单位朝着长远安全目标顺利发展。

当然,防雷安全目标管理也有局限性。例如,有些工作很难设置具体的、定量的目标。这些问题需要在今后的防雷安全管理实践中研究解决。

8. 加强防雷安全文化建设

(1) 防雷安全文化建设的内涵

安全文化作为一个概念是在 1986 年国际原子能机构,在总结切尔诺贝利事故中提出的,定义为“存在于单位和个人的种种特性和态度的总和”。“安全文化”概念的提出及被认同标志着安全科学已发展到一个新的阶段,同时又说明安全问题正受到越来越多的人的关注和认识。而倡导和推进企业安全文化建设的主要目的是提高企业全员对企业安全生产问题的认识程度及提高企业全员的安全意识水平。而目前在推进企业安全文化建设中有一种倾向,即把搞好企业安全生产的所有工作都称之为企业安全文化建设,将“企业安全文化建设”这一概念的内涵无限扩大化。我们认为,如果“企业安全文化”没有特定的内涵,则“企业安全文化”这一提法也就大大降低了它的存在意义。在汉语《辞海》中对“文化”的诠释有广义和狭义之分,广义指人类社会历史实践过程中所创造的物质财富和精神财富的总和;狭义指社会的意识形态以及与之相应的制度和组织机构。我们认为,“企业安全文化”中之“文化”取其狭义为妥,因而“防雷安全文化建设”的落脚点应是“人的防雷安全意识以及与之相应的防雷安全制度和防雷安全组织机构的建设。

(2) 防雷安全文化建设的必要性和重要性

① 正确认识开展文化建设的必要性

开展防雷安全文化建设的最终目的是实现防雷安全,降低雷击事故率。应当承认,在我国防雷安全法制尚不健全的今天,单位防雷安全管理人脱离了“人治”的阴影。因而单位防雷安全状况的好坏,与单位负责人的重视程度有密切关系。单位责任人对防雷安全生产重视,必然会在各个方面重视防雷安全投入。

② 正确认识倡导防雷安全文化建设的重要性

防雷安全文化建设的一个重要任务就是要提高全员的防雷安全意识,形成正确的防雷安全价值观。事实上,防雷安全意思薄弱可以说是我国防雷安全水平持续在低水平徘徊的一个重要的原因。防雷安全意识支配着人们的安全行为,由于人们实践活动经验的不同和自身素质的差异,对防雷安全的认识程度就不同,防雷安全意识就会出现差别。防雷安全意识的高低将直接影响防雷安全的效果。防雷安全意识好的人往往具有较强的安全自觉性,就会积极地、主动地对各种不安全雷电因素进行改造;反之,防雷安全意识差的人则对所从事的工作领域中的各种雷电危险认识不足或察觉不到,当出现雷电灾害时就反应迟钝。因此,只有充分认识到防雷安全意识的重要性,才能充分理解防雷安全文化建设的重要性。

(3) 防雷安全文化建设过程中应注意的问题

① 防雷安全文化建设应该因地制宜、因人制宜、因时制宜

防雷安全文化建设的内容是非常丰富的,由于不同的行业各具特点,即各行业的防雷安全状况不同,全员素质不同,并且防雷安全文化建设中不同单位所提供的人力、物力不同,因而在进行防雷安全文化建设时,首先应正确认识本单位的特点,确定防雷安全文化建设的重点,具有针对性,以形成星火燎原之势。总之,要找出本单位在防雷安全中的薄弱环节,因势利导地推动防雷安全文化建设,才能取得事半功倍的效果。

② 正确认识开展防雷安全文化建设对解决雷击事故高发问题的作用

造成我国雷电灾害事故高发的原因是多方面的。事实上,我国的防雷安全管理水平与发达国家相比一直存在着很大的差距。之所以造成这种差距是与我国国情密切相关联的。在我国,不论是人的防雷安全素质,设备的防雷安全状况,还是防雷安全法规的建设、防雷安全管理体制的完善程度均与国外先进国家有较大的差距。我们知道,造成雷击事故的原因是多方面的,如人的不安全行为,不良环境等,其中最主要的原因是人的原因。而开展防雷安全文化建设最直接的作用是提高全民的防雷安全素质、防雷安全意识水平。领导者防雷安全意识的提高有助于加大防雷安全投入的力度,职工防雷安全意识的提高有助于降低雷击事故概率。此外,在推进防雷安全文化建设的过程中还需注意解决好以下几个问题。

A. 真正树立“安全第一”意识,必须确立“人是最宝贵的财富”、“人的安全第一”的思想,这是提高全员防雷安全意识的思想基础,是最为关键的问题。

B. 树立“全员参与”意识。要做到这一点,仅靠思想政治工作是不够的,而必须采取实际措施,如定期召开防雷安全会议;通过多种渠道使职工随时了解单位的防雷安全状况;定期更换防雷安全宣传主题以吸引职工对防雷安全的注意力;定期进行有奖竞猜活动以提高职工的参与积极性等。

C. 进一步强化防雷安全教育。

§6.5 构建防雷安全保障体系

控制雷电灾害事故的最好方式是实施事故预防,即通过管理手段和技术手段的结合,消除事故隐患,控制不安全行为,保障劳动者的安全,这也是“安全第

一、预防为主”的本质所在。但由于受技术水平、经济条件和管理措施等方面的制约，以及事故的偶然性、随机性等特点，使我们对有些事故难以做到完全避免，因此，就必须设置控制事故的第二道防线，即制定应急救援预案，通过抢救、疏散、抑制等手段，控制事故的蔓延和扩大，把事故损失降低到最小。

因此，防雷安全有效管理就是通过技术的和管理的各种活动，建立一套防雷安全保障体系，将雷电灾害事故预防、雷电灾害应急措施、雷电灾害事故调查和保险补偿四项内容有机地结合在一起，以达到保障安全的目的。

这个体系包括以下三个方面：

(1) 事前预防对策体系

建立各级防雷安全责任制，保证防雷安全措施资金投入，设立防雷安全管理机构并配备相应人员，进行安全技术与法规知识培训，坚持建设项目“三同时”，开展雷电灾害风险评估以及实行雷电灾害保险等。

(2) 事中应急对策体系

组织制定雷电灾害应急预案，以便在一旦发生重大事故时能够紧张而有序地指导救援和减灾。为了保证事中应急对策体系的有效性，要建立雷电灾害应急救援队伍，配备必要的设备设施，并间隔一定时间组织一次培训和演练。

(3) 事后处理对策体系

发生雷电灾害事故后及时报告上级有关部门和启动应急救援程序，力争把人员伤亡和财产损失降低到最低程度。同时，还要按照“四不放过”原则进行雷电灾害事故调查和处理，既要注重汲取教训，也要实行事故责任追究，包括经济处罚、行政处分，以及情节严重的依法追究刑事责任等。

§6.6　建立雷电灾害保险制度

雷电灾害既然有时难以避免，那么发生事故就会造成人员伤亡和经济损失。灾后认真进行调查分析，总结经验教训以采取防范措施，处理有关责任人员以扩大教育面，也是防雷安全管理的一个重要内容。此外，一个重大事故对于一个企业来说所造成的负担是相当沉重的，有时甚至是致命的，因而，在实施事故预防和应急措施的基础上，也要重视参加“保险”，以保障一旦发生事故可以得到救治伤员和恢复生产能力的经济补偿。

保险制度是提高企业安全水平的经济激励和安全服务手段。因此，它是目前世界范围内改善企业安全状况的一种有效和普遍使用的经济手段。而我国，安全保险制度还处于刚刚起步的阶段，规范还未形成，还存在很多漏洞。

《国务院关于进一步加强安全生产工作的决定》(国发[2004]2 号)第 14 条规定：“依法加大生产经营单位对伤亡事故的经济赔偿。生产经营单位必须认真执行工伤保险制度，依法参加工伤保险，及时为从业人员缴纳保险费。同时，依据《安全生产法》等有关法律法规，向受到生产安全事故伤害的员工或家属支付赔偿金。进一步提高企业生产安全事故伤亡赔偿标准，建立企业负责人自觉保障安全投入，努力减少事故的机制。”因此，加大生产经营单位对伤亡事故的经济赔偿有利于建立规范的保险制度。

同时已经开展的财产保险，有力促进国民的防雷安全意识和防雷安全管理。目前，在重庆地区有重庆报业集团，每年都要参加保险。如果遭受雷击，保险公司将根据该报业集团的防雷安全状况和财产损失状况，还有就是雷电灾害事故调查和鉴定情况进行理赔。因此，雷击保险仅在财产险中得到体现。如中国人民保险公司重庆市分公司 2002 年因雷电灾害发生的赔案共 623 笔，共支出赔款约 880 万元；其中家庭财产 306 笔，赔款约 20 万元，企业财产 317 笔，赔款约 860 万元。共造成火灾爆炸 4 起，建筑损坏 12 起，电子电器设备损坏 796 件，供电故障 46 宗。平安保险公司 2002 年因雷电灾害发生的赔案共 106 笔，雷击造成的损失约 3880 多万元。保险制度的建立有力地促进防雷安全工作，体现了国民防雷安全意识正在增强。

第7章　雷电灾害的应急救援

从风险的理论出发，降低和控制风险的策略一是降低雷电灾害事故发生的可能性，这需要采用监测、预警预报、控制等预防性措施，同时还需要减轻事故的严重度，这就需要采取应急救援措施。

§7.1　应急体系基本构成

一个科学、完善的应急体系和实施规范有序的标准化运作程序应包括：应急救援原则、组织体系、技术支持体系、应急预案系统、培训机制建设和法律法规体系。

7.1.1　应急救援原则

坚持“安全第一、预防为主”的方针，立足防范，认真落实雷电灾害应急措施；实行统一指挥、分级负责、区域为主、单位自救与社会救援、现场急救与信息服务相结合的原则。充分利用现有的应急救援基础，完善工作体系，建设责任明确、反应灵敏、指挥得力、快速有效的雷电灾害事故应急救援系统。

7.1.2　组织体系

按照国务院关于各类突发事件原则上由当地政府负责处理的精神，雷电灾害应急救援体系设国家、省（自治区、直辖市）、地市、县和企业5级应急救援组织体系，根据事故影响范围和事故后果的严重程度，分别由不同层次的应急救援指挥部门负责救援工作的组织实施。该体系依托政府各部门在各级行政区域设立的组织系统，体系完整，能够逐级实施领导管理，覆盖全境，责任明确，救援工作应急性强，以当地救援为主的特点。《中华人民共和国安全生产法》第六十八条规定：“县级以上地方各级人民政府应当组织有关部门制定本行政区域内特大生产安全事故应急救援预案，建立应急救援体系。”县级以上辖区雷电灾害应急救援委员会由辖区政府主要领导和气象主管部门、安监、公安、卫生、交通等有关部门人员组成。

雷电灾害应急救援委员会的主要职责是：1. 统一领导和协调本辖区内的雷电灾害事故应急救援工作；2. 组织制定本辖区内雷电灾害事故应急救援工作的实施办法等规章；3. 组织制定和实施本辖区雷电灾害事故应急救援计划；4. 指导和协调本辖区雷电灾害事故应急救援，及时向上级相关部门汇报事故救援情况。

雷电灾害事故应急救援按事故波及范围及其危害程度，可采取单位自救和社会救援两种基本形式。即：1. 事故单位自救。即单位内部发生雷电灾害事故时，单位负责人对组织救援所负有的责任和义务，要求单位负责人必须立即按照本单位制定的应急救援预案组织救援，并立即报告当地负责防雷安全监督管理部门和相关部门。2. 社会救援。即发生雷电灾害事故时，当地人民政府和其他有关部门所负有的责任和义务，规定有关地方人民政府应当做好指挥、领导工作。负责防雷管理的部门和公安、卫生等有关部门，应当按照当地应急救援预案组织实施救援，不得拖延、推诿。

7.1.3 技术支持体系

1. 信息技术支持体系

由各级气象部门建设的雷电监测网，要实时将闪电资料、雷达回波资料、卫星气象资料等建成动态数据库，为国家和地方的雷电灾害事故应急救援准备和救援行动提供信息支持，提供 24 小时雷电灾害事故应急咨询热线服务，为防雷安全管理、事故预防和应急救援提供技术、信息支持。

2. 现场救援技术支持体系

加强应急救援队伍与应急装备建设，促进各种救援力量的有效整合。当地政府组织安装雷电监测设备，完善气象信息员队伍建设和防雷安全员队伍建设，及时将雷电预警预报信息传达到基层，购置先进的气象应急车辆、通信设备等；进一步完善目前的雷电灾害事故应急救援队伍；充分发挥气象部门作用，增强应急力量。

3. 专家库系统

根据地域分布，聘请包括防雷、安全、灾害、建筑电气等在内的各类专家，定期进行考核和资格认证，保证其雷电灾害事故救援应急咨询时的权威性和时效性，必要时就近专家可赴现场指导应急救援工作。

7.1.4 应急预案系统

各级人民政府负责制定、修订、实施各辖区内的雷电灾害事故应急救援预案，并建立各级雷电灾害事故应急救援预案系统。根据应急预案，定期组织演练。

7.1.5　培训机制的建设

定期对各级应急指挥人员、管理人员、现场救援人员进行专业培训，对普通民众、在校学生等进行雷电灾害应急知识培训，根据不同培训对象，采用不同的培训教材。

7.1.6　法律法规体系

防雷法律法规体系的完善是雷电灾害事故应急救援体系正常运转的基本保证，因此有必要制定一部气象灾害应急救援管理条例。通过该条例的制定，建立一套明确的机构和经费管理机制，规定各方责任，可有效快速地处理各类气象灾害，确保体系的正常运转。

§7.2　应急救援系统

7.2.1　应急救援系统的建立和组成

雷电灾害应急救援系统的组成包括以下五个运作中心：

1. 紧急运转中心——协调应急组织各个机构的动作和关系；
2. 事故指挥中心——负责雷电灾害事故现场应急的指挥工作、人员调度、资源的有效利用；
3. 支持保障中心——提供应急物质资源和人员支持的后方保障；
4. 媒体中心——处理媒体报导、采访、新闻发布会；
5. 信息管理中心——信息管理、信息服务。

各中心要不断调整运行状态，协调关系，形成一个有机的整体，使系统快速、高效实行现场雷电灾害应急救援行动。

7.2.2　有效的雷电灾害应急救援计划的制订

要保证雷电灾害应急救援系统的正常运行必须事先制订一个应急救援计划，用计划指导应急准备、训练和演习，乃至迅速高效的应急行动。先建立制订计划的组织，再制订应急计划。应急救援计划是针对可能发生的事故所采取的应急行动而制定的指导性文件。

雷电灾害应急救援计划及行动的内容包括：

1. 对可能发生的雷电灾害进行预测、辨识和评估；

2. 对人力、物质和器材等资源的确认与准备；

3. 明确应急组织成员的职责；

4. 设计应急行动战术和程序；

5. 制定训练和演习计划；

6. 制定专项应急计划；

7. 制定事故后的现场清除和恢复程序。

其中，雷电灾害应急计划的具体组成主要包括准备程序、基本应急程序、特殊危险应急程序等内容。

(1) 准备程序——是整个应急救援计划的第一部分内容，主要论述的是针对雷电灾害事故应急行动所需采取的应急准备。准备程序能指导应急准备，包含有以下子程序：已有计划回顾程序、明确应急责任程序、应急资源和应急能力评价程序、培训程序、训练演习程序。

(2) 基本应急程序——主要是论述针对任何雷电灾害事故应急都必须的基本应急行动，以保证应急行动的连续性，为事故指挥者和应急管理者提供有效的现场应急指导，保证应急行动的及时有效性。包括有以下一系列的子程序：报警程序、通讯程序、疏散程序、交通管制程序、恢复程序。

(3) 特殊危险应急程序——是主要针对具体事故即特殊条件下的事故应急而制定的指导程序，其具体的程序内容根据不同雷电灾害事故情况而定，通常除了包括基本应急程序的行动内容以外还应该包括特殊事故的特殊应急行动内容。

工业上发生雷电灾害事故导致发生易燃、易爆、有毒、有害危险化学品的泄漏，而且泄漏有可能会导致火灾、爆炸等其他恶性事故的发生，因此，针对危险化学品雷击泄漏、火灾等制定特殊应急程序是十分必要的。

7.2.3 应急训练和演习

训练和演习可以看作制订计划的一部分或继续，它是通过培训，把雷电灾害应急计划加以验证和完善，确保雷电灾害事故发生时应急计划得以实施和贯彻。

通过应急训练和演习可以达到以下目的：

(1) 测试计划和程序的充分程度；(2) 测试紧急装置、设备及物质资源供应；(3) 提高现场内、外的应急部门的协调；(4) 判别和改正雷电灾害应急计划的缺陷；(5) 关注和提高公众防雷安全意识。

7.2.4 应急救援行动

由于自然或人为原因发生了雷击火灾、爆炸和有毒物质泄漏等紧急情况时，所采取的营救与疏散、减缓与控制、清除与净化等一系列的行动都是应急救援行动。

应急行动需要人力资源、物质与设备、个人防护装备的支持和保障。

首要的应急行动是确定现场对策，即应急行动方案：(1) 现场初始评估；(2) 危险物质的探察；(3) 建立现场工作区域；(4) 确定重点保护区域；(5) 行动的优先原则；(6) 增援梯队。

7.2.5　现场的清除与净化

对现场中受到暴露污染的雇员和应急队员必须进行清洁净化，例如对化学品及放射物质污染的清洁净化。净化的方法主要是稀释、处理、物理去除、中和、吸附和隔离。

当受伤害时医疗前的净化、分类及处理要特殊考虑。

设备的清除也是应急行动的一个环节，一般是在事故发生后被污染的仪器和设备要进行清除、清理。

7.2.6　系统的恢复和善后处理

在应急阶段结束后必须对系统进行恢复，而且尽快恢复是最重要的。恢复活动主要是：

(1) 现场警戒和安全；(2) 清除；(3) 对雇员提供帮助；(4) 对破坏损失的估计；(5) 保险和索赔；(6) 事故调查、数据的记录和搜集；(7) 公共关系。

§7.3　应急救援预案编制、检查与演练

雷电灾害事故应急救援预案，又称"雷电灾害事故应急处置预案"" 雷电灾害事故应急计划"或"雷电灾害事故应急预案"，是针对可能发生的重大雷电灾害事故，为保证迅速、有序、有效地开展应急与救援行动、降低事故损失而预先制定的有关计划或方案。

7.3.1　应急救援预案制定的目的与原则

1. 制定预案的目的

"预防为主"是防雷安全的原则，然而由于人为原因，或由于人们对生产过程中的雷电危险认识的局限性，雷电灾害事故发生的概率还比较高。当事故不可避免的时候，有效的应急救援行动是唯一可以抵御雷电灾害蔓延和减缓灾害后果的有力措施。所以，如果在事故灾害发生前建立完善的应急救援系统，制定周密救援计划，组织、培训精干抢险队伍和配备完善的应急救援设施，而在灾害发生的紧急关头能从容及时地按照预定方案进行有效的应急救援，在短时间内使

事故得到有效控制，以及灾害后的系统恢复和善后处理，能够避免或减少事故和灾害的损失，以拯救生命、保护财产、保护环境。

针对事故灾难的应急救援活动，包括减灾、防灾、救灾和灾后恢复这些步骤与环节，只有建立起一个科学、有效、运转良好的体系，才能够把雷电灾害应急以及应急过程中的各个环节联系组织起来，实现有效控制事态，确保人员生命、财产安全和尽快恢复重建这3个目标。

综上所述，制定重大事故应急救援预案的目的是：(1) 采取预防措施使事故控制在局部，消除蔓延条件，防止突发性重大或连锁事故发生；(2) 能在事故发生后迅速有效地控制和处理事故，尽力减轻事故对人、财产和环境的影响；(3) 尽快恢复生产和正常生活。

2. 制定预案的原则

防雷安全是“人—机—环境”系统相互协调，保持最佳“秩序”的状态。事故应急救援预案应由事故的预防和事故发生后损失的控制两个方面构成。

(1) 从事故预防的角度制定事故应急救援预案

从事故预防的角度看，事故预防应由技术对策和管理对策共同构成：① 技术上采取措施，使“机—环境”系统具有保障安全状态的能力；② 通过管理协调“人自身”及“机—环境”系统的关系，以实现整个系统的防雷安全。

值得注意的是，企业职工对防雷安全所持的态度、人的能力和人的技术水平是决定能否实现事故预防的关键因素，提高人的素质可以提高事故预防和控制的可靠性。采取措施，万一发生事故，也只能在局部，不会蔓延。

“提高系统防雷安全保障能力”和“将事故控制在局部”是事故预防的两个关键点。

(2) 从事故发生后损失控制的角度制订事故应急救援预案

从事故发生后损失控制的角度看，事先对可能发生事故后的状态和后果进行预测并制订救援措施，一旦发生异常情况：① 能根据事故应急救援预案及时进行救援处理；② 可最大限度地避免突发性重大事故发生；③ 减轻事故所造成的损失；④ 同时又能及时地恢复生产。

值得注意的是，事故应急救援预案，要定期地进行演练，才能在事故发生时作出快速反应，投入救援。

“及时进行救援处理”和“减轻事故所造成的损失”是事故损失控制的两个关键点。

综上所述，制定事故应急救援预案的原则是“以防为主，防救结合”。

7.3.2 应急救援预案分类

雷电灾害事战应急救援预案可划分为国家、省(自治区、直辖市)、地市、县和企业 5 级。除非出现涉及全国或性质严重的特别重大雷电灾害事故灾难的危急处置情况外，国家预案总体是一种宏观管理，以场外应急指挥为主的综合性预案；省一级预案同国家预案大体相似；地市级预案和县级预案是整个预案体系中的核心部分，应既有场外应急指挥，也有场内应急救援指挥，还包括应急响应程序和标准化操作程序。所有应急救援活动的责任、功能、目标要清晰、准确，每个重要程序或活动必须通过现场实际演练与评审；企业级预案大多是一种现场预案，以场内应急指挥为主，它强调具体的应急救援工作和应急活动的实践性，企业应与当地政府有关部门协调一致，企业的雷电灾害事故应急网络应与当地政府的雷电灾害事故应急救援网络联网。

7.3.3　应急救援预案的内容、编写要求和编写提纲

1. 事故应急救援预案的基本内容

雷电灾害事故应急救援预案由外部预案和内部预案两部分构成。

(1) 外部预案

外部预案，由地方政府制定，地方政府对所辖区域内的雷电灾害事故制定应急救援预案。外部预案与内部预案相互补充，特别是中小型企业内部应急救援能力不足更需要外部应急救助。

外部预案内容包括：① 组织系统。指挥机构、应急协调人(姓名、电话)、应急控制中心、报警系统、应急救援程序等。② 应急通讯。通讯中心、求救信号、电话或呼叫通讯网、求救组织系统等。③ 专业救援设施。救火车、救护车、提升设备、推土机等。④ 专业和志愿救援组织。专业救援组织为消防队，志愿救援组织为义务消防员或相关经过培训的人员。⑤ 气象与地理信息。收集事故当日的气候条件、天气预报、水文和地理资料等。⑥ 预案评审。收集同类事故、救援训练和演习、检查和评价预案落实状况、检查本地区外部预案与内部预案的接口、调整外部预案等。

(2) 内部预案

内部预案由企业制定，内部预案包含总体预案和各危险单元预案。

内部预案的内容包括：组织落实、制定责任制、确定危险目标、警报及信号系统、预防事故的措施、紧急状态下抢险救援的实施办法、救援器材设备贮备、人员疏散等。

2. 预案的编写要求

雷电灾害事故应急救援预案的基本编写要求包括：事故预防措施的落实、应急处理程序和方法的规定、抢险救援技术保障等。编写或制定事故应急救援预案时，应具体描述意外事故和紧急情况发生时所采取的措施，其基本要求是：① 具体描述可能的意外事故和紧急情况及其后果；② 确定应急期间负责人及所

有人员在应急期间的职责;③ 确定应急期间起特殊作用人员的职责、权限和义务;④ 规定疏散程序;⑤ 明确危险源的识别和位置及其处置的应急措施;⑥ 建立与外部应急机构的联系(消防部门、医院等);⑦ 定期与安全生产监督管理部门、公安部门、保险机构及相邻企业的交流;⑧ 做好重要记录和设备等保护(如防雷装置布置图、危险源数据、联络电话号码等)。

3. 预案的编写提纲

关于雷电灾害事故应急救援预案编写提纲具体要求如下:① 企业的基本情况;② 重点危险目标的数量及分布图;③ 指挥机构的设置和职责;④ 装备及通讯网络和联络方式;⑤ 应急救援专业队伍的任务和训练;⑥ 预防雷电灾害事故的措施;⑦ 雷电灾害事故的处置;⑧ 工程抢险抢修;⑨ 现场医疗救护;⑩ 紧急安全疏散;⑪ 社会支援等。

7.3.4 应急救援预案的检查与演练

对于"雷电灾害事故应急救援预案的检查"一般可以分为三个层次:第一层次是检查预案程序,第二层次是检查预案内容,第三层次是检查与预案配套的制度和方法。

1. 检查预案程序

(1) 风险确定

针对雷电危害的四大类别:① 物的不安全状态,② 人的不安全行动,③ 作业环境的缺陷,④ 安全健康管理的缺陷,分别进行雷电危害的细化辨识,查找雷电风险。

(2) 事故预防程序

遵循事故预防 PDCA 循环的基本过程,即计划(Plan)、实施(Do)、检查(Check)、处置(Action)。具体程序为:① 通过安全检查掌握"危险源"的现状;② 分析产生危险的原因;③ 拟订控制危险的对策;④ 对策的实施;⑤ 实施效果的确认;⑥ 保持效果并将其标准化,防止反复;⑦ 持续改进,提高安全水平。

(3) 应急救援程序

要求根据危害源模拟事故状态,制定出每种事故状态下的应急救援方案,不能遗漏。当发生事故时,每个职工都应知道各种紧急状态下,每一步"做什么"和"怎么做"。这就要通过演习来打通救援程序。

应急救援程序包括:① 事故应急救援指挥部启动程序;② 指挥部发布和解除应急救援命令和信号的程序及通信网络;③ 抢险救灾程序(救援行动方案);④ 工程抢险抢修程序;⑤ 现场医疗救护及伤员转送程序;⑥ 人员紧急疏散程序;⑦ 事故处理程序图;⑧ 事故上报程序。

2. 检查预案内容

主要检查两个方面的内容:一是程序所包含的内容是否遗漏,二是这些内容是否正确。重点掌握以下原则。

(1) 组织方案检查

以生产经营单位为单位成立应急救援的组织机构和指导系统。生产经营单位以主要领导和各职能机构负责人共同组成应急救援指挥系统，负责在雷电灾害事故发生后的救援指挥和组织实施救援工作。

生产经营单位应急救援指挥系统的建立主要是建立联系网络。重大雷电灾害事故报告要及时准确；指挥机构和各救援分队的联系要畅通，能够及时对具体实施应急措施进行指挥和调度；与当地政府、防雷行政主管部门和公安消防部门、供电、供水、供气等单位，以及事故应急救援抢险机构等有关部门建立必要的工作联系，及时通报本生产经营单位重大雷电灾害事故危险源的状态和防雷安全工作情况；对在防雷安全中发生的问题，取得有关部门和单位的支持和帮助，及时采取相应措施，避免或减少重大事故的发生。

(2) 建立责任制

责任制主要是指挥系统和抢险分队责任制的建立。其主要内容应包括保证信息畅通，报警及警告信号明确有效，实施救援队伍分工明确，指挥救援程序落实，必备的救援器材配备齐全并确保完好和正确使用，救援人员应具备安全技术素质及保证其技术培训质量等。

(3) 报警及信息系统

生产经营单位可依据本生产经营单位的具体情况，建立雷电灾害事故发生的报警信号系统。当发生重大事故时，按照生产经营单位规定的方法及时报告和报警。报告或报警的方式可以用声响或标志等形式，但必须做到及时、准确和醒目。

(4) 重大危险源的确认

生产经营单位应依据本单位的具体情况，对危险场所和部位进行重大危险源的评估，对那些确认属于重大危险源的部位或场所，都应进行雷电灾害事故应急救援预案的编制。

《中华人民共和国安全生产法》附则中，对"重大危险源"作出了明确的定义："重大危险源，是指长期地或者临时地生产、搬运、使用或者储存危险物品，且危险物品的数量等于或超过临界量的单元(包括场所和设施)。"其中，"危险物品，是指易燃易爆物品、危险化学品、放射性物品等能够危及人身安全和财产安全的物品。"

对于重大危险源的确认可依据国家标准《重大危险源辨识》(GB 18218—2000)进行。该标准用几张表格列出26种爆炸性物质、34种易燃物质、21种活性化学物质和61种有毒物质在生产场所和储存区的临界量。提出了重大危险源的辨识指标，即单元内存在危险物质的数量等于或超过该标准规定生产场所或储存区的临界量时，该单元就被定为重大危险源。当单元内存在的危险物质为单一品种时，则该物质的数量即为单元内危险物质的总量，若等于或超过相应的临界量，则定为重大危险源。当单元内存在的危险物质为多品种时，应按下式计算，若满足下面公式，则定为重大危险源：

$$\frac{q_1}{Q_1}+\frac{q_2}{Q_2}+\cdots\frac{q_n}{Q_n}\geqslant 1$$

式中：$q_1,q_2,\cdots q_n$——每种危险物质实际存在量，t；

$Q_1,Q_2,\cdots Q_n$——与各危险物质相对应的生产场所或储存区的临界量，t。

各个行业也可按照国内行业部门推荐的危险源等级划分标准进行估计，但不得低于国家标准的要求。国家标准未涉及的，也可参照国外的一些规定来确认。

(5) 紧急状态下抢险救援的实施

生产经营单位在发生重大事故后，应立即采取必要措施，并将事故基本情况报告上级部门，发出事故警报或信号。事故指挥系统要立即采取措施，启动事故专家库系统，输入事故现场数据信息，为事故救援提供可行性方案，组织和指挥救援队伍实施救援，并报告有关部门和单位，对事故进行抢险或救援。及时进行紧急疏散，在事故发生的紧急情况下，已实施了应急抢救措施，但对事故状态仍不能得到控制，而且极有可能发生更为严重的后果时，为了避免造成更多的人员伤害，应在积极采取抢救措施的同时，疏散周围居民、封闭道路、控制流动人员进入等。

3. 检查预案配套的制度和方法

为了能在事故发生后，迅速、准确、有效地进行处理，必须制定好《雷电灾害事故应急救援预案》以及与之配套的制度、程序和处理方法。特别需要指出的是，《生产工艺操作法》必须以操作安全为本，内容应包括紧急状态下操作程序和方法。对“危险源”应配套“工程抢险抢修”的程序和方法。

此外，日常还要做好应急救援的各项准备工作，对全厂职工进行经常性的雷电灾害应急救援常识教育，落实岗位责任制和各项规章制度。同时还应建立以下相应制度：

(1) 值班制度。建立 24 小时值班制度，夜间由行政值班和生产调度负责，发现问题及时处理。

(2) 检查制度。每月由生产经营单位应急救援指挥领导小组结合防雷安全工作，检查应急救援工作情况，发现问题及时整改。

(3) 例会制度。每季度由事故应急救援指挥领导小组组织召开一次指挥组成员和各救援队伍负责人会议，检查上季度工作，并针对存在的问题，积极采取有效措施，加以改进。

第8章 风险评估中的防雷设计评价、安全检测与审验

§8.1 防雷设计评价、监督与检测

防雷减灾工作事关经济建设、社会发展和人民生命财产安全，事关建设平安和谐社会的大局，需要政府主导依法管理，增强意识，普及知识，协同配合科学防御，构建社会性防雷减灾工作体系。近几年来，通过《中华人民共和国气象法》和《防雷减灾管理办法》、《防雷工程专业资质管理办法》、《防雷装置设计审核和竣工验收规定》等防雷规章的颁布实施，进一步规范和加强了防雷减灾工作。

8.1.1 防雷设计评价与安全检测

防雷工程初步设计和施工图设计阶段，建设单位必须将设计文件向当地气象主管机构认可的防雷专业技术机构提出申请并通过其评价，评价意见书将作为设计审核和竣工验收行政许可的技术资料。

投入使用后的防雷装置施行定期检测制度。防雷装置检测应当每年一次，对爆炸危险环境场所的防雷装置应当每半年检测一次。对从事防雷检测的单位实行资质认定制度。省、自治区、直辖市气象主管机构负责本行政区域内的防雷检测单位的资质认定。具有防雷检测资质的单位对防雷装置检测后，应当出具检测报告。不合格的，提出整改意见。被检测单位拒不整改或者整改不合格的，由当地气象主管机构责令其限期整改。防雷检测单位必须执行国家有关标准和规范，保证防雷检测报告的真实性、科学性、公正性。防雷装置所有者应当指定专人负责，做好防雷装置的日常维护工作。发现防雷装置存在隐患时，应当及时采取措施进行处理。已安装防雷装置的单位或者个人应当主动申报年度检测，并接受当地气象主管机构和当地人民政府安全生产管理部门的管理和监督检查。

8.1.2 防雷跟踪技术监督

防雷工程施工后，当地防雷安全技术机构必须跟踪工程进度，进行防雷施工交底、适时进行技术资料（包括施工记录、防雷隐蔽工程资料记录等）监督检查和防雷安全检测，确保施工中防雷安全质量。

§8.2 防雷装置设计审核、验收与监督管理

2005 年 1 月 28 日中国气象局发布了《防雷装置设计审核和竣工验收规定》（中国气象局第 11 号令）明确规定防雷装置应当进行设计审核、竣工验收与监督管理。

8.2.1 总体要求

为了规范防雷装置设计审核和竣工验收工作，维护国家利益，保护人民生命财产和公共安全，依据《中华人民共和国气象法》、《中华人民共和国行政许可法》等有关规定，制定《防雷装置设计审核和竣工验收规定》。县级以上地方气象主管机构负责本行政区域内防雷装置的设计审核和竣工验收工作。未设气象主管机构的县（市），由上一级气象主管机构负责该区域内防雷装置的设计审核和竣工验收工作。防雷装置设计未经审核同意的，不得交付施工。防雷装置竣工未经验收合格的，不得投入使用。新建、改建、扩建工程的防雷装置必须与主体工程同时设计、同时施工、同时投入使用。防雷装置设计审核和竣工验收的程序、文书等应当依法予以公示。下列建（构）筑物或者设施的防雷装置应当经过设计审核和竣工验收。

(1)《建筑物防雷设计规范》规定的一、二、三类防雷建（构）筑物。

(2) 油库、气库、加油加气站、液化天然气、油（气）管道站场、阀室等爆炸危险环境设施。

(3) 邮电通信、交通运输、广播电视、医疗卫生、金融证券，文化教育、文物保护单位和其他不可移动文物、体育、旅游、游乐场所以及信息系统等社会公共服务设施。

(4) 按照有关规定应当安装防雷装置的其他场所和设施。

8.2.2 防雷装置设计审核

防雷装置设计实行审核制度。申请单位应当向所属地域的气象主管机构（以下称许可机构）提出申请，填写《防雷装置设计审核申报表》。申请防雷装置

初步设计审核应当提交以下材料：

(1)《防雷装置设计审核申请书》。

(2) 总规划平面图。

(3) 防雷工程专业设计单位和人员的资质证和资格证书。

(4) 防雷装置初步设计说明书、初步设计图纸及相关资料。

需要进行雷电灾害风险评估的项目，需要提交雷电灾害风险评估报告。

申请防雷装置施工图设计审核应当提交以下材料：

(1)《防雷装置设计审核申请书》。

(2) 防雷工程专业设计单位和人员的资质证和资格证书。

(3) 防雷装置施工图设计说明书、施工图设计图纸及相关资料。

(4) 设计中所采用的防雷产品相关资料。

(5) 经当地气象主管机构认可的防雷专业技术机构出具的有关技术评估意见。

防雷装置未经过初步设计的，应当提交总规划平面图；经过初步设计的，应当提交《防雷装置初步设计核准书》。

防雷装置设计审核申请符合以下条件的，应当受理：

(1) 防雷工程专业设计单位和人员取得国家规定的资质、资格。

(2) 申请单位提交的申请材料齐全且符合法定形式。

(3) 需要进行雷电灾害风险评估的项目，提交了雷电灾害风险评估报告。

防雷装置设计审核申请材料不齐全或者不符合法定形式的，许可机构应当在收到申请材料之日起五个工作日内一次告知申请单位需要补正的全部内容，并出具《防雷装置设计审核资料补正通知》。逾期不告知的，收到申请材料之日起即视为受理。

许可机构应当在收到全部申请材料之日起五个工作日内，按照《中华人民共和国行政许可法》第三十二条的规定，根据本规定的受理条件作出受理或者不予受理的书面决定，并对决定受理的申请出具《防雷装置设计审核受理回执》。对不予受理的，应当书面说明理由。

防雷装置设计审核内容：

(1) 申请材料的合法性和内容的真实性。

(2) 防雷装置设计是否符合国务院气象主管机构规定的使用要求和国家有关技术规范标准。

许可机构应当在受理之日起二十个工作日内作出审核决定。

防雷装置设计经审核合格的，许可机构应当办结有关审核手续，颁发《防雷装置设计核准书》。施工单位应当按照经核准的设计图纸进行施工。在施工中需要变更和修改防雷设计的，必须按照原程序报审。

防雷装置设计经审核不合格的，许可机构出具《防雷装置设计修改意见书》。申请单位进行设计修改后，按照原程序报审。

8.2.3 防雷装置竣工验收

防雷装置实行竣工验收制度。申请单位应当向许可机构提出申请，填写《防雷装置竣工验收申请书》。防雷装置竣工验收应当提交以下材料：

(1)《防雷装置竣工验收申请书》。

(2)《防雷装置设计核准书》。

(3) 防雷工程专业施工单位和人员的资质证和资格证书。

(4) 由省、自治区、直辖市气象主管机构认定的具有防雷装置检测资质的检测机构出具的《防雷装置检测报告》。

(5) 防雷装置竣工图等技术资料。

(6) 防雷产品出厂合格证、安装记录和由国家认可防雷产品测试机构出具的测试报告。

防雷装置竣工验收申请符合以下条件的，应当受理：

(1) 防雷装置设计取得当地气象主管机构核发的《防雷装置设计核准书》。

(2) 防雷工程专业施工单位和人员取得国家规定的资质和资格。

(3) 申请单位提交的申请材料齐全且符合法定形式。

防雷装置竣工验收申请材料不齐全或者不符合法定形式的，许可机构应当在收到申请材料之日起五个工作日内一次告知申请单位需要补正的全部内容，并出具《防雷装置竣工验收资料补正通知》。逾期不告知的，收到申请材料之日起即视为受理。

许可机构应当在收到全部申请材料之日起五个工作日内，按照《中华人民共和国行政许可法》第三十二条的规定，根据本规定的受理条件作出受理或者不予受理的书面决定，并对决定受理的申请出具《防雷装置竣工验收受理回执》。对不予受理的，应当书面说明理由。

防雷装置竣工验收内容如下：

(1) 申请材料的合法性和内容的真实性。

(2) 安装的防雷装置是否符合国务院气象主管机构规定的使用要求和国家有关技术规范标准，是否按照审核批准的施工图施工。

许可机构应当在受理之日起五个工作日内作出竣工验收决定。

防雷装置经验收合格的，许可机构应当办结有关验收手续，颁发《防雷装置验收合格证》；防雷装置验收不合格的，许可机构应当出具《防雷装置整改意见书》。整改完成后，按照原程序进行验收。

8.2.4　产品监督检查

防雷产品应当符合国务院气象主管机构规定的使用要求。防雷产品应当通过正式鉴定，并由国务院气象主管机构授权的检验机构测试合格后投入使用。对社会提供公正数据的防雷产品质量检验机构，应当按照国家有关规定通过计量认证或者获得资格认可。

防雷产品的使用，应当到省、自治区、直辖市气象主管机构备案，并接受省、自治区、直辖市气象主管机构的监督检查。

8.2.5　日常监督管理

申请单位不得以欺骗、贿赂等手段提出申请或者通过许可；不得涂改、伪造防雷装置设计审核和竣工验收有关材料或者文件。

县级以上地方气象主管机构应当加强对防雷装置设计审核和竣工验收的监督与检查，建立健全监督制度，履行监督责任。公众有权查阅监督检查记录。

上级气象主管机构应当加强对下级气象主管机构防雷装置设计审核和竣工验收工作的监督检查，及时纠正违规行为。

县级以上地方气象主管机构进行防雷装置设计审核和竣工验收的监督检查时，不得妨碍正常的生产经营活动，不得索取或者收受任何财物和谋取其他利益。

单位和个人发现违法从事防雷装置设计审核和竣工验收活动时，有权向县级以上地方气象主管机构举报，县级以上地方气象主管机构应当及时核实、处理。

县级以上地方气象主管机构履行监督检查职责时，有权采取下列措施：

(1) 要求被检查的单位或者个人提供有关建筑物建设规划许可、防雷装置设计图纸等文件和资料，进行查询或者复制。

(2) 要求被检查的单位或者个人就有关建筑物防雷装置的设计、安装、检测、验收和投入使用的情况作出说明。

(3) 进入有关建筑物进行检查。

县级以上地方气象主管机构进行防雷装置设计审核和竣工验收监督检查时，有关单位和个人应当予以支持和配合，并提供工作方便，不得拒绝与阻碍依法执行公务。

从事防雷装置设计审核和竣工验收的监督检查人员应当经过培训，经考核合格后，方可从事监督检查工作。

§8.3　雷电灾害调查、鉴定与评估

各级气象主管机构负责组织雷电灾害调查、鉴定和评估工作。其他有关部门和单位应当配合当地气象主管机构做好雷电灾害调查、鉴定和评估工作。遭受雷电灾害的组织和个人，应当及时向当地气象主管机构报告，并协助当地气象主管机构对雷电灾害进行调查与鉴定。

地方各级气象主管机构应当及时向当地人民政府和上级气象主管机构上报本行政区域内的重大雷电灾情和年度雷电灾害情况。各级气象主管机构应当组织本行政区域内的大型建设工程、重点工程、爆炸危险环境等建设项目进行雷电灾害评估，以确保公共安全。

附　录

第一部分　装卸栈台及码头安全技术

一、装卸栈台安全技术分析

装卸栈台是石油化工原料和产品进出的主要手段，常用的有铁路、公路两种装卸设施。石油化工原料和产品装卸栈台的设计和管理中稍有疏忽，就会酿成事故。主要事故形态是跑料、冒罐、火灾、爆炸和中毒，静电、杂散电流和明火常是酿成恶性事故的直接原因。可能原因如下：

铁路专用线机车清灰除渣等作业，窜入作业线形成明火源；铁路专用线装卸设备不符合规范要求，被机车或罐车刮坏；铁路专用线坡度变化不及时修理，罐车对位后造成溜车等。铁路装卸栈桥操作失误、接地不良导致静电放电或配电设施不符合防爆要求，形成明火；铁路装卸栈桥装卸设备用完后不归位，或平衡不良而未采取固定措施，致使设备被拉坏和压坏；铁路装卸设施工作人员未按规定着装，违章操作或操作失误，酿成事故；铁路装卸设施电气设备设计不符合规范要求或出现故障，酿成事故；铁路装卸栈桥安全防护设施不符合要求，易造成操作人员摔伤事故。公路装卸设施本区人员和设备混杂也是事故多发区，明火管理不严，可酿成事故；公路装卸设施静电接地不良或车辆与接地装置接触不良，酿成事故；公路装卸设施工作人员未按照规定着装，违章操作或操作失误，酿成事故；公路装卸设施电气设备设计不符合规范要求或出现故障，酿成事故。

二、装卸栈台安全技术要求

（一）铁路专用线

1. 专用线的入口处，应设钢轨绝缘接头，防止杂散电流窜入作业线。

2. 电气机车行驶的专用线，应采取不少于两处电绝缘设施，使电气连接形成均压网络，强化接地排流。

3. 整个作业线和装卸设备的导体应有均压跨接，避免因电位差而产生火花。

4. 采用电气机车的专用线，应在进出泵房的各种管道上安装绝缘法兰，防止杂散电流窜入泵房及罐区。

5. 要形成定期检测专用线和金属管架的接地装置的制度，接地装置必须完好牢固，接地电阻符合规范要求。

6. 罐车解体或对位后，必须有固定和防溜设备。

7. 机车进入铁路装运线进行作业时，机车与槽车之间应按规定要求设置隔离车。

8. 铁路装运线尽头应按规定设置土挡等安全设施。

（二）装卸栈桥和装卸操作台

1. 确保装卸鹤管转动灵活和随意平衡，如采用悬挂重物平衡时，悬挂物应为不会在撞击时产生火花的物体，不影响旋转和提升，下行时不应小于装卸栈桥与专用线之间接近界限的限值。

2. 阀门、法兰连接、旋转接头、软管接口等均应严密无渗漏。

3. 装油系统应有高液位报警及连锁装置。

4. 栈桥走台、翻梯或伸缩梯应坚固，翻梯提升和降落用的绳子采用麻绳或棕绳，每月检查 1 次，发现破损、断股应及时更换。伸缩梯不论伸出或缩回都应有固定装置。

5. 栈桥照明设施应符合防火防爆要求，灯具、导线、信号联络装置等应完好，无断落、破损和短路现象。

6. 装卸栈台和集油管组应设专用的静电接地线；静电跨接和接地应完好，接地极不少于两处，接地电阻应符合“宜小于 100 Ω”的规范要求。

7. 专用铁路线与电气化铁路接轨，电气化铁路高压电接触网不应进入装卸区，并按《石油库设计规范》和《石油化工企业设计防火规范》规定，设计隔离开关和接地设施。

8. 装卸油品场所的静电接地装置，宜设置能检测接地状况的静电接地仪。移动式的接地连接线，宜采用绝缘附套导线，通过防爆开关，将接地装置与装卸油设施相连。

9. 栈桥消防设备至少应按以下要求配置：

每组鹤管设石棉毯两块，两个 8 kg 手提式灭火器；消防泡沫车和水罐车到位时，距离任一车位的最远距离不宜大于 60 m；无固定、半固定或活动灭火设备的小型石油库或栈桥，可按鹤管数配置小型灭火设施，一般鹤管数少于 5 组的应配置两台推车式干粉灭火机，5 组以上应配置三台推车式干粉灭火机，并设置配套的泡沫钩管、吸取器、泡沫液桶和水带、沙箱等设备。

（三）公路装卸设施（发放场）

1. 凡地下埋设的可燃液体管道和容器，均应用砂土填实，不得设管沟和罐室。

2. 发放场的亭、篷、廊、台等应通风良好，顶篷和地面不应积聚油气，确保车辆安全靠近和通行。

3. 装卸鹤管和罐装管应轻便灵活，待装的汽车槽车应停放在规定的停车区内，按次序进罐装或接装卸场地。

4. 液体罐装嘴应能插至小于距罐车底 20 cm 的部位，出液口应不发生喷溅流，鹤管连接处应严密无渗漏。

5. 旋塞转动灵活无渗漏，工作可靠。

6. 各种管道连接件、计量仪表、消气器、稳流器、过滤器、恒流阀以及其他各种控制阀等，必须工作稳定、无渗油等异常现象。

7. 过滤器安装位置应满足出油口之间的静电缓和时间要求。发油台的管组及设备应按每组鹤管埋设专用接地极 1 组设置，并为汽车槽车设 1 组接地极，两组接地极间的距离不宜大于 100 m。与汽车槽车车体相接的临时卡具，应卡接牢固并符合有关规定要求。

8. 采用计算机控制和管理的发油台，安全连锁系统必须可靠，应有液位超高时紧急切断阀，静电不连通不开启线路加油等功能 。

9. 按规范要求设计可燃气体报警仪。

10. 发油台应配置必要的消防器材：每组鹤管配石棉毯 1 块，手提式干粉灭火器 2 只（8 kg）；4 组以下发油鹤位按规范要求配置推车式干粉灭火器 2 台，0.5 m^3 沙箱 2 个，铁锹 5 把；4 组以上，按每增加 4 组增加 1 倍配置，不足 4 组者在场地允许的情况下也可以按 4 组计算。

三、装卸码头安全技术要求

码头是沿江、沿海石化企业的一个重要组成部分，有固定式引桥或平台、升降式引桥或平台和船等多种形式。油品或石油化工码头的进出物料，大多数属易燃、易爆、易挥发液体。一旦跑损，轻则污染环境，重则造成火灾爆炸等恶性事故，因此，装卸码头的安全技术监督非常重要。

（一）装卸码头重点部位

1. 平台和引桥

应定期对固定式平台或引桥、升降式平台或引桥的坚固程度和升降情况进行检查，发现支撑结构和固定结构有损坏、断裂和倾斜等现象时，应及时修复加固，防止因塌落、倾倒、升降装置损坏造成事故。应定期检查防撞、防风和防浪等设施设备完好和齐备状况。

2. 趸船

应按制度要求经常检查船体安全状态，检查船体有无变形或腐蚀、栓系锚固情况是否良好，防撞、防风和防浪等设施设备是否齐备完好。

3. 装卸设备

油泵、管组、阀门、电气、轴油臂等装卸设备、测试仪器仪表、吊升装置和金属或橡胶软管及其接口等是装卸过程的主要设备和设施，其中任何一件设施损坏、工作失控、或发生泄漏都会导致跑油甚至会诱发火灾，应对其可靠状况进行认真的检查。

4. 绝缘连接和静电接地

要定期、不定期地检查绝缘连接和静电接地的情况。为了防止杂散电流窜入游船，应在码头的输油干管上安装绝缘法兰或橡胶软管。每次停靠游船和作业之前，都应严格检查确认油船和码头是否分别接地及绝缘管路屏蔽状态是否正常。

5. 码头的设计

码头的设计应遵照《装卸油品码头防火设计规范》等规范要求设计必要的灭火设施和围油、捞油用具等安全设施，以利于防止跑油和着火等事故的发生并减少灾害损失。

（二）重点部位的要点

1. 平台和引桥

（1）支柱坚固，无断裂和大面积漏筋。直立无倾斜。露出水面部分要设可靠的防冲、防撞、防侵蚀设施。

（2）平台坚固平整，安全栏杆完好，防撞垫分布合理，安放结实，通道应有防滑设施。

（3）升降套和旋转轴应保持完好，能随水位自由升降，无晃动现象。

（4）引桥稳妥可靠，引桥升降应不影响管带。有可能经常发生摩擦的部位应设保护垫，并保持其完整有效。

2. 趸船

（1）船体应无渗漏，缆绳符合要求，栓系和锚固稳妥可靠。

（2）防撞、防摩擦挤压的缓冲垫、竹木卷和圆木绑扎结实，如有损坏应及时修复。防大风和大浪的措施切实可行可靠。

（3）安全栏杆和防滑设施完好。

（4）船上的机动舱、工作舱、办公室、生活间、备用间等应符合安全防火要求及有关规定。

3. 装卸设备点

（1）油泵、管组、阀门、过滤器、流量计、消气器、集油罐等设备，应完好无渗漏，工作正常可靠。金属或橡胶软管应连接牢固，无破损、无开裂和老化变形现象。具体监督方法，可参照本附录有关章节的内容。

(2) 输油臂转动灵活，能随时平衡，各旋转接头密封良好无渗漏。

(3) 金属和橡胶软管的搬运取送，要有专用工具和设备，禁止强行拖拉，要防止潮水涨落、波浪摇晃而导致软管压坏和断脱。

(4) 绝缘连接和静电接地：不应在码头、船和油船之间做电气连接，而应在管线上设绝缘法兰，各自独立接地，以防止岸上杂散电流窜入油船。油船本身可不做接地处理，但如果输油管为胶管时，应将胶管的钢丝和外缠线连接后，用不小于 16 mm^2 的多股软铜线与不小于 1 m^2、厚 10 mm 的钢板固定连接后放置水下。独立防静电接地电阻不得大于 100 Ω。在接地连接时，应保证有两处相连。船靠船作业也应有两处相连。甲、乙、丙类油品码头上、下船的出入口处可设消除人体静电的装置。

(5) 码头的安全设施：码头应按照规定要求配备一定数量的围油栏、消油剂、吸附材料和吸油、捞油工具。

(6) 码头应按照《装卸油码头防火设计规范》的要求配备消防器材和灭火用品。如：

一级甲、乙类油品码头宜设固定式泡沫灭火系统，应配备 2～3 艘拖轮兼消防两用船；

二级甲、乙类油品码头宜设半固定式泡沫灭火系统，应配备 1～2 艘拖轮兼消防两用船；

三级甲、乙类油品和二级丙类泊品码头，要求尽可能采用半固定式或小型灭火设备。

此外，码头或船应在拿取方便、容易发生火灾的地带，按每 100 m^2 配 2 只 8 kg手提干粉灭火器的标准，配备灭火器。为防止油船停靠或搬运连接器及金属软管等装卸设备时因撞击和摩擦产生火花，应在码头或船上配置一定数量石棉毯和帆布垫，以及灭火用沙等。

(三) 相关事故案例介绍

1979 年 8 月 17 日，贵州省某县某公司的 54 t 木制客货船，装运 40 余 t 桶装汽油时发生爆炸，死亡 11 人，重伤 2 人，轻伤 3 人，事故经济损失 14 万元。事故原因是未采用任何措施违章装运桶装汽油，桶盖未紧固并横卧导致汽油渗漏，运输过程中未采取任何防火措施，弥漫的爆炸性汽油与空气混和物被炸裂的灯泡引爆，造成事故。

1982 年 5 月 5 日，上海海运局发生油轮爆炸事故，死亡 12 人。事故原因是该轮的轮机部违反油轮防火防爆的有关规定，违章动火，酿成多人死亡、1300 t 级的油轮沉没的恶性事故，直接经济损失 1438 万元。

1992 年 1 月 18 日，上海海运局某油轮发生爆炸事故，失踪 4 人，4 人受伤，油轮沉没，直接经济损失 1228 万元。事故原因是该轮的轮机部违反油轮动火的有关规定，违章动火，最终导致油轮沉没。

第二部分　加油(气)站安全技术

一、加油站重点部位安全技术分析

(一) 加油场地及加油机

加油场地及加油机是直接对用户加油的部位,也是直接散发弥漫油气的主要场所。油罐泄漏、汽车油箱漏油、加油机泄漏等都会在加油站区域内形成爆炸性气体混合物,静电、电器火花、明火以及用塑料桶装油、都可能诱发加油站的火灾爆炸事故。

(二) 管理室

管理室一般与加油场地及加油机隔离,但是油气一旦窜入管理室,室内明火,值班人员吸烟等,都可能引起火灾爆炸事故。

(三) 油罐及管道

加油站的各类事故中,油罐和管道发生事故占很大比例。油罐泄漏、向油罐卸油时油气外逸都会使区域内的爆炸性混合气体浓度超过爆炸下限,此时若遇明火、静电火花或遇雷击,都可能引起火灾爆炸事故。

(四) 装卸油过程

装卸油过程不按规章制度要求进行,如,送油车静电没有消除就卸油、汽车不熄火加油、雷雨天往油罐卸油、卸油时速度过快以及加油操作失误、对明火管理不严等,都会引起火灾和人身伤亡事故。

(五) 有关事故案例及分析

2001 年 7 月 23 日,河南省某市的一座加油站突然发生爆炸,造成 4 死 12 伤,直接经济损失 16 万元的恶性事故。事故原因是加油机严重漏油,造成地下室内大量油气弥漫,形成爆炸性气体混合物,并被不防爆的电灯开关点燃。事后,专家调查确认加油站东南侧加油机下方竖管焊缝发生裂缝渗油。由于存在加油站设计不合理,在加油机下方设地下室,操作人员违章作业等隐患,最终导致事故发生。

2001 年 11 月 27 日,甘肃省某国道的一座加油站突然发生剧烈爆炸,数百平方米范围内的混凝土浇筑地面被全部掀起,爆炸气浪将附近建筑物、楼房的玻璃完全摧毁。事故伤亡 17 人,其中 1 人死亡。估计认为,事故是因油管泄漏形成的爆炸性气体混合物被静电或明火引燃所致。

2001 年 10 月 13 日,河北省某县通往某城的公路上,一辆满载汽油的油罐车发生火灾,三声巨响后,汽车的油罐口、驾驶室、底盘和轮胎全部着火,装有 20 吨汽油的油罐随时都有爆炸的危险,所幸被消防队员奋力扑灭。大火把两名司机烧成重伤。设计为装柴油的汽车槽车违章装运汽油，是造成事故的直接原因。

加油站事故案例表明，设计不符合规范遗留下事故隐患、施工质量不能满足要求遗留下事故隐患以及违章指挥、违章用火、违章操作是酿成事故的主要原因。

二、加油站重点部位安全技术要求

（一）加油场地及加油机

1. 加油场地的面积除应遵守现行的《建筑设计防火规范》和《小型是油库及汽车加油站设计规范》外。还应满足同时加油车辆较多时，任何一辆车着火的紧急撤离疏散的要求。

2. 场地的地面坡度应不小于 0.0025，偏向比较安全一侧围墙附近的水封井。

3. 在靠近管理室外的墙处，按每 1 台加油机配 1 只 8 kg 手提式干粉或二氧化碳灭火器、石棉毯 2 块、沙箱 0.5 m^3。加油岛上设置 8 kg 干粉或二氧化碳灭火器 2 只。

4. 加油机应牢固地安装在加油岛上，穿过基础的进油管罐、电线预留孔应用细沙填实，使用的电线电缆必须耐油，接线盒应符合防爆要求并严密牢固。

5. 为避免油气在加油机内积聚，加油机内不宜封闭。

6. 加油机的油泵、流量计、计数器、照明灯等电器设备，都应符合防火防爆要求，并做到及时检查、调整和修理，不留隐患。

7. 加油机的接地应和地下油管、油罐接地相连，形成共同接地网。要经常检查软管的金属屏蔽性和机体之间的静电连接，确认可靠性。

8. 加油机运行时应无异常声响和颤动等现象。

（二）管理室

1. 应有切实可行的明火、用电管理制度，并严格监督执行。

2. 管理室内部应有背向加油机和卸油口的采暖锅炉间、明火加热的热水间或热饭间。

3. 使用电脑控制和管理的加油站，传感及控制线路应埋设填实。

4. 每个房间都要配备 1 只 8 kg 干粉手提灭火器。

（三）油罐及管道

1. 油罐宜采用根据土壤性质做防腐处理后，直接埋设地下的卧式钢制油罐。

2. 呼吸放散管应高出地面 4 m 以上，并设金属波纹板阻火器，如呼吸管引导管理室屋顶安装时，应在离外墙 3 处设防雷接地。

3. 有关的接地电阻不大于 10 Ω，并按防雷接地要求进行埋设。

4. 当油罐埋设在汽车道路下面时，上面要采取钢筋混凝土承压保护措施，其面积和厚度应按保护范围和承压能力计算决定，施工时要确保承压能力满足要求。

5. 埋设油罐的操作孔的上口边缘应高出周围地面 20 cm。要确保最大暴雨时，地面水不会流进油罐。操作孔的盖板可用铝板包制。如用钢板时，必须有可靠的衬贴耐油胶垫。翻起式盖的转动轴，采用铝棍或铜轴，以避免因摩擦或撞击产生火花。

6. 出油管宜采用镀锌钢管直埋，如用普通无缝钢管时，应按土壤电阻大小做防腐绝缘保护后直埋。并按规定进行保护性防雷接地。

7. 采用油气平衡措施的加油站，油罐进气管管径应大于出油管管径的 1.2 倍以上。

8. 向站内供应罐装油品的汽车的停车部位应距离操作孔 5 m 以外，并按规定设可靠的接地极。

9. 罐区附近应规范要求配置干粉推车式灭火器。

（四）装卸油作业

1. 油罐车卸油前，应连通静电接地，发动机熄火，车头朝向道路出口处。

2. 在出油孔没有淹没之前，卸油速度要保持在 0.7～1.0 m^3/s 之间，淹没之后可提高速度，但不宜超过 4 m^3/s。卸油时应有专人监守操作孔液位，防止冒罐跑油。

3. 雷雨天气禁止进行卸油作业。

4. 车辆加油时，客车内的乘客应在加油站外下车，加油车辆到限定位置熄火后加油。

5. 不准给塑料和橡胶容器加油。

6. 送油车卸油时，加油站应暂停加油。

7. 卸油后静置 5 min 以上的时间后，方可进行计量操作。

8. 不得用化纤织物擦拭加油机和撒落在地面的油品。

9. 电脑控制和管理的加油站，必须有可靠的安全连锁和显示报警装置。液位超高、票卡不符、为进行可靠的静电接地、加油超量时，都应有拒绝付油措施，并有声光报警显示。

10. 电脑控制和管理的加油站，应设可靠的防雷接地、防静电接地、工作接地、保护接地共同接地网，以防止雷电流或产生的感应电流损坏设备、仪表。

三、加油(气)站防静电措施

静电作为火源引起爆炸和燃烧有四个条件。要避免火灾事故的发生，只要消除其中的任何一个或几个条件就可以了。即防止或减少静电的产生；设法盗走或中和产生的静电荷，使它不能积聚；防止产生高电场，静电放电没有足够能量；防止爆炸性混合气体的形成。

（一）工艺控制

1. 控制油罐车卸油方式。如果加油站油罐是从顶部敞口喷溅卸油，油品必然冲击罐壁，搅动罐内油品，同时加速油品蒸发、雾化，使容器内油品的静电量急剧增加。因此要求加油站必须密闭油品，即进油管应距离油罐罐底不大于 2 m，以减少静电量的产生。

2. 增设密闭油气回收系统。由于在加油或卸油过程中，油蒸气从油箱或油罐通气孔大量涌出，与空气混合后形成爆炸性混合气体。增设密闭回收系统，在加油时油箱溢出的油蒸气将被真空泵吸入至油罐；在卸油时从油罐呼吸管呼出的油蒸气将及时入油罐车。这样加油站的爆炸性混合气体将大大减少，从而减少火灾爆炸事故的发生。

（二）静电接地与跨接

静电接地是指将储存容器、管道及其他设备通过金属导线和接地体与大地连通而形成等电位，并有最小电阻值。跨接是指将金属设备以及各管道之间用金属导线相连造成等电位体。加油站、加气站中的爆炸危险场所和火灾危险场所内的所有装置都需要静电接地，但当金属体已与防雷保护接地系统连接时，就不需要另做静电接地。其接地装置严禁与电气设备的接地装置共用。加油站、加气站的静电接地应符合以下要求：

1. 地上或管沟敷设的输油和输气管道的始端、末端和分支处应设防静电和防感应雷接地装置。防感应雷的接地电阻值不大于 30 Ω。

2. 加油站的汽车油罐车、加油机，LPG 槽车及卸车口、加气枪均应作静电接地，静电连接线应为截面不小于 6 mm^2 的软铜线，接地电阻不大于 100 Ω。加气栓流量不大于 3 m^3/s。卸车场地，应设用于罐车卸车时用的防静电接地装置，为卸油设施跨接静电接地装置，且宜采用能检测跨接线及监视接地装置状态的静电接地仪。

3. 在爆炸危险区域内的输油、输气管道的法兰接头、胶管两端、阀门等连接处应用金属线跨接。有不少于 5 根螺栓连接的法兰，在非腐蚀环境下，可不跨接。

4. 防静电接地装置的接地电阻值不大于 100 Ω。

为了避开油面最大静电电位，防止静电事故的发生，对刚接卸油罐和运输后的油罐车进行人工检测时，油品需要静置一段时间，以保证容器内静电荷的泄漏。我国是按照油品的电导率和容器容积规定静置时间的，见附表 2-1。

附表 2-1　静置时间　　单位：min

电导率/(S/m)	储罐容积/m^3		电导率/(S/m)	储罐容积/m^3	
	1～10	10～50		1～10	10～50
10^{-8}以上	1	1	10^{-14}～10^{-12}	4	5
10^{-12}～10^{-8}	2	3	10^{-14}以下	10	15

《加油站管理规范》中规定罐车需静置 15 min 方可进行计量检测。

因此，在油罐及油罐车的静置时间内，严禁人工进行检尺、测温、采样等作业。

（三）人体的防静电

加油站、加气站或合建站，加油加气员工在爆炸危险场所频繁作业和接触设备，可能由于带电会造成事故。人体由于自身活动和带电体接触产生静电带电。人体穿着的内外衣，由于材料不同，在穿、脱情况所产生的静电也有差异。人体穿着的内外衣为化纤织品或毛织品时产生的静电最高，在穿脱时形成的蓝色火花，即放电可能引燃引爆爆炸性混合气体的机遇较多。因此，加油、加气员应避免穿化纤衣服。应穿着防静电服，或棉织品的衣服；在加油站（加气站）勿用化纤和丝绸纱布去擦拭加油机（加气机、烃泵、压缩机）、油罐口、量油口等；在爆炸危险场所设置坐椅，也勿选用人造革或化纤类作靠垫的坐椅；在爆炸危险场所，工作人员严禁穿脱衣服，不得梳头、拍打衣服。

四、加油(气)站雷电灾害的控制和防护

加油（气）站的防雷接地装置，其接地电阻越小，雷电流导入大地的能力越好，反击和跨步电压也越小。加油（气）站的防雷应符合以下要求：

1. 钢油罐、钢制储气罐及其金属附件应相互作等电位电气连接并接地，接地点不应少于 2 处。接地线与接地体应采用焊接方式连接，连接线与被连接设备应使用防锈金属材料并设断接卡，用双螺栓连接，埋地部分均应焊接。

加油、加气站的防雷接地、防静电接地、电气设备的工作接地、保护接地及信息系统的接地等，宜共用接地装置，其接地电阻不应大于 4 Ω。

当各自单独设置接地装置时，储油罐和储气罐的防雷接地装置、配线电缆金属外皮两端和保护钢管两端的接地装置，其接地电阻不应大于 10 Ω；保护接地电阻不应大于 4 Ω；地上输油输气管道始、末端和分支的接地装置，其接地电阻不应大于 30 Ω。

2. 埋地油罐、气罐的罐体、量油孔、阻火器等附件，应相互作用电气连接并接地。

3. 当加油、加气站的站房（罩棚）需要防直击雷时，应采用避雷带（网）保护。

4. 加油、加气站的信息系统（通讯、液位、温度、压力、计算机系统等）应采用铠装电缆或导线穿钢管配线。配线电缆金属外皮两端、保护钢管两端均应接地。

5. 弱电系统（通讯、信号、监测和电脑控制等）应按有关专业规定或产品技术要求，采取防雷措施，装设与电子器件耐压水平相适应的过电压保护器。

6. 380/220 V 供配电系统的电缆金属外皮或电缆金属保护管两端均接地，在供配电系统的电源端应安装与设备端压水平相适应的过电压保护器(电涌保护器)。

7. 配电间的配电盘、仪表间的仪表盘、电气设备及正常不带电的电气设备外壳均应作保护接地，保护接地电阻不应大于 4 Ω。

8. 加气站应采用不发火地面。

第三部分　液化石油气(LPG)加气站安全技术

液化石油气加气站是为液化石油气(LPG)燃气机动车辆充装车用液化石油气的专门场所。

一、LPG 加气站工艺安全要求

(一) LPG 加气站工艺

LPG 加气站由液化石油气汽罐车运至加气站，大部分工艺是利用槽车上的卸液泵将液化石油气卸入储罐中。当 LPG 汽车加气时，利用储罐中的潜液泵将 LPG 输送至加气机，最后通过 LPG 加气机注入 LPG 汽车。

压力计、温度计、液位计等用来监测储罐的压力、温度及液位。当 LPG 槽车在卸液时，液化石油气的体积超过储罐容的 80%，液位监测系统就会发出信号，通知工作人员停止卸液。卸液液相管路中的单相阀是靠卸液时的液体压力打开的，以防止液化石油气回流。加气液相管路中的紧急截断阀是用来在发生紧急情况时，切断储罐与加气机的联系，防止泄漏。卸液液相管和加气液相管路之间的安全阀和旁通阀，在加气管路压力过高或加气机流量过大时会打开，使由潜油泵压出的液化石油气部分回流到储罐，以降低管路压力或加气机流量。

放气管路及管路中的排放阀和安全阀的作用是，在储罐或加气机压力过高时，将液化石油气排放到大气中，以降低压力。排污阀一般情况下是关闭的，在需要排除储罐中杂质时打开。还有一种工艺是应用双螺杆 LPG 抽吸泵来进行卸车，还可以代替潜液泵充装 LPG。目前，北京市在这方面已进行了一定的推广作用。

(二) LPG 紧急切断系统

液化石油气比空气密度大，易沉积在地面等低洼地带。并且爆炸极限浓度低，上下限浓度范围宽。发生事故危险性大，且不宜控制。为在紧急事故状态下迅速切断物流，避免液化石油气大量外泄，阻止事态扩大，加气站应设置紧急切断系统。

1. 该系统应能在事故状态下迅速关闭重要管道阀门和切断液化石油气泵、压缩机的电源。

2. 与液化石油气储罐相连接的所有液相和气相工艺管道以及液化石油气泵出口管道上应设紧急截断阀。紧急截断阀宜为气动阀。

3. 为了防止槽车卸车时意外启动或溜车而拉断管道；为了一旦站内发生火灾事故槽车能迅速离开。连接槽车液相管道上应设置拉断阀和紧急截断阀，气相管道上应设置拉断阀，拉断阀的分离拉力宜为 400～600 N。全关阀与接头的距离不应大于 0.2 m。

4. 紧急截断阀以及液化石油气泵和压缩机电源，应能由手动启动的遥控切断系统操纵关闭。紧急切断系统应只能手动复位。

5. 紧急切断系统至少应能在以下位置启动：距卸车点 5 m 以内；在加气机附近工作人员容易接近的位置；在控制室或值班室内。

二、LPG 加气站储罐设置的安全要求

（一）LPG 储罐设置

1. 液化石油气储罐严禁设在室内或地下室内。在城市建成区内，液化石油气储罐应直埋地下敷设，且不宜布置在车行道下。由于液化石油气的气体比空气重，液化石油气储罐设在室内或地下室内，泄漏出来的液化石油气气体易于在室内积聚，形成爆炸性混合气体。

2. 对于直埋地下液化石油气罐采用的罐池应采用防渗措施，回填中性细沙或采用沙包填实。罐顶的覆盖厚度（含盖板）不应小于 0.5 m，周边填充厚度不应小于 0.9 m；池底一侧应设有排水沟，池底面坡度宜为 3‰～5‰。

3. 直埋地下液化石油气储罐罐顶的覆土厚度不应小于 0.5 m，罐周围应回填中性细沙，其厚度不应小于 0.5 m。

4. 液化石油气储罐应采用钢筋混凝土基础，并应严格限制基础沉降。卧罐应坡向排污端，坡度应为 3‰～5‰。

5. 直埋地下液化石油气储罐外表应采用特加强级的防腐绝缘保护层和阴极保护措施。在其引出管的阀门后，应安装绝缘法兰。

（二）LPG 储罐的管路系统和附属设备的设置

1. 储罐的出液管道端口接管位置，应按选择的充装泵要求确定，其他管道端口接管位置宜设置在罐顶。进液管道和液相回流管道宜接入储罐内的气相空间。

2. 储罐的进液管、液相回流管和气相回流管上应设置止回阀，出液管上应设置过流阀。止回阀和过流阀宜设置在储罐内。止回阀和过流阀有自动关闭功能，设置止回阀和过流阀可有效防止 LPG 管道发生意外泄漏事故。过流阀的关闭流量宜为最大工作流量的 1.6～1.8 倍。

3. 阀门及附属系统的压力等级不应小于 2.5 MPa。

4. 液化石油气储罐必须设置全启封闭式弹簧安全阀。安全阀与储罐之间的管道上应装设截断阀。地上储罐放散管管口应高出储罐操作平台 2.0 m 及其以

上，且距地面不应小于5.0 m。地下储罐的放散管管口应高出地面2.5 m及其以上。放散管管口应设有防雨罩。储罐应设置检修用的放散管(≥DN40)，并宜与安全阀接管共用一个开孔。

5. 在储罐外的排污管上应设置两道截断阀，阀间宜设置排污箱。在寒冷地区，从储罐底部引出的排污管的根部管道应加装拌热或保温装置。

6. 液化石油气储罐必须设置就地指示的液位计、压力表和测量液化石油气液相或气相的温度计，且应设置液位上、下限报警装置，并宜设置液位上限限位控制和压力上限报警装置，以防止超装事故发生。在一、二级站内，储罐液位和压力的测量宜设置远传二次仪表。二次仪表一般设在站房的控制室内，这样更便于对储罐进行监测。

三、LPG管道设置安全要求

1. 液化石油气管道应选用10号、20号钢或具有同等级的无缝钢管。管件材质应与管道材质相同。管道上的阀门及其他配件的材质宜为碳素钢，严禁采用铸铁件。管道和配件的压力等级不得小于2.5 MPa。

2. 管道间的连接宜采用焊接连接，管道与储罐、设备及阀门的连接宜采用法兰连接方式。

3. 管道系统上的胶管应采用耐液化石油气腐蚀的钢丝缠绕高压胶管，压力等级不应小于6.4 MPa。

4. 液化石油气管道宜埋地敷设。埋设深度应在冰冻线以下，且最小覆土厚度不得小于0.8 m。当需要空越车行道时，宜加设套管。非焊接连接的液化石油气管道不得直接埋在地下。当需要管沟敷设时，管沟应用中性沙子填实，管沟进入建筑物、构筑物或防火堤处，必须设置密封隔断墙。

5. 由于液化石油气是非常危险的介质，所以埋地敷设的管道应做特加强级防腐绝缘保护层。

第四部分　压缩天然气(CNG)加气站安全技术

压缩天然气加气站是压缩天然气(CNG)燃气机动车辆充装车用压缩天然气的专门场所。

一、CNG加气站工艺安全要求

压缩天然气加气站进站天然气的质量应符合现行国家标准《天然气》(GB17820)中规定的II类气质标准。进入压缩机的天然气的质量必须符合压缩机运行要求的有关规定。增压后进入储气装置及出站的压缩天然气应符合国家现行标准《车用压缩天然气》(GB18047)规定的气质标准。

进站天然气需脱硫处理时，脱硫装置应设在压缩机前。脱硫装置应设双塔。当进站天然气需脱水处理时，脱水可在天然气增压前、增压中或增压后进行，脱水装置应设双塔。

1. 天然气进站管线上应设置手动紧急截断阀，紧急截断阀的位置应便于发生事故时能及时切断气源。紧急截断阀宜设在阀井内。在远离作业区的天然气进站管道上，为了防止发生火灾或其他事故，在自控系统失灵时，操作人员仍可以靠近并关闭截断阀，切断气源，防止事故扩大。

2. 储气瓶进气总管上应设安全阀及紧急放散管、压力表及超压报警器，每个储气瓶出口应设截止阀。

3. 在储气瓶组与加气机之间应设储气瓶组截断阀、主截断阀、紧急截断阀和加气截断阀。

储气各组的截断阀设置是为了检查、保养、维修气瓶。如个别地方渗漏或堵塞不同时，即可分段关闭进行检修：储气瓶组总输出管设置截断阀是为了储气区的维修、方便操作和安全的需要；紧急截断阀主要是切断加气区与储气区、压缩机房之间的通道，以便于维修和发生事故时紧急切断；加气截断阀主要用于切断加气机的加气操作。CNG 加气站内的各类高压阀门宜选用高压球阀，工作压力为25 MPa，试验压力为工作压力的 3 倍以上，要求密封性能好，高压操作安全可靠。

二、CNG 加气站储气瓶(储气井)设置的安全要求

(一) 储气瓶设置

采用大容积储气瓶具有瓶阀少、接口少、安全性能高等优点，所以，压缩天然气加气站宜选用同一规格型号的大容积的储气瓶，储气瓶组宜由同一种规格型号的储气瓶组合。目前我国加气站采用较多的是国产 60 L 钢瓶，当选用小容积储气瓶时，每组储气瓶的总容积不宜大于 4 m^3，且瓶数不宜大于 60 个。

储气瓶编组是根据汽车加气的工艺程序确定，加气方法是利用储气瓶的压力与汽车气瓶的压力平衡进行加气，汽车加气的最高压力限定在 20 MPa，通过编组方法提高加气效率，满足快速加气的要求。加气站的储气瓶宜按运行压力分高、中、低三级设置，各级瓶组自成系统。

小容积储气瓶应固定在独立支架上宜卧式存放。卧式瓶组限宽为 1 个储气瓶的长度，限高 1.6 m，限长 5.5 m。储气瓶之间净距不应小于 30 mm，储气瓶组间距不小于 5 m。为防止进站加气汽车控制失误撞入储气设施造成事故，储气瓶或储气井与站内通道相邻一侧应设有坚固的安全防护栏或采取其他防撞

措施。

（二）CNG 加气站管道及管件

加气站内管道宜埋地敷设，其管道顶部距地面不应小于 5 m，以避免外界干扰。若采用低架敷设，其管底距地面不应小于 3 m，管道跨越道路时，管道底部距地面的净距离不应小于 4.5 m。室内管道宜采用管沟敷设，但管沟应用干沙填实，并设活门及通风孔。埋地管道防腐应采用特加强级（或加厚级）防腐层。

加气站内与压缩天然气接触的所有设备、管材、管件、垫片等均应与天然气相容。站内所有设备阀门、管道、管件的设计压力应比最大工作压力高 10%，且在任何情况下不应低于安全阀的起始工作压力。

第五部分　石油产品销售系统的产品储存安全技术

石油产品销售系统的产品储存，除了大型出关之外还有一定数量的桶装油品库房，特别是中、小城市、一些厂矿企业单位、各类大、中、小油库中普遍存在，采取桶装储存方式小品种产品大量存在，给安全生产带来一定的难度。采取简易桶装储存的储存方式的可靠性比较差，失于防范，就会酿成火灾和人员伤亡事故。

在油桶搬运及码垛过程中叉车插坏油桶，介质渗漏流淌在空间形成爆炸性气体混合物，遇明火或流淌到不防爆的叉车电路或排气管上都可能酿成火灾爆炸事故；桶垛倒塌、真空吸盘漏气脱落等，也可能造成事故。油桶堆放场内的介质泄漏还会造成环境污染，接近火源会引起燃烧爆炸。夏天高温暴晒涨破油桶等事故也频繁发生，必须引起足够的重视。重点部位安全技术要点叙述如下。

一、库房安全设施

1. 用于储存桶装油品的库房的耐火等级，应符合《石油库设计规范》和《建筑设计防火规范》的要求，不得设地下或半地下式储存间。

2. 库房应设不少于两个的向外开启的门，且门宽应不小于 2 m。斜坡式门槛应高出室内地坪 0.15 m，且用非燃烧材料制造。

3. 库房可依靠自然通风，但屋顶应设拔风筒或风帽。寒冷地区库房的拔风管应加防寒挡板。库房内的油气浓度应控制在 300 mg/m^3 以下。

4. 库房宜采用半固定消防设施，库房靠一侧 40 m 内，装设采用有防冻措施的消火栓，消火栓的供水能力可按 15 L/s 计算配置。

5. 储存甲、乙类油品，可按每 90 m^2 建筑面积设 1 个 8 kg 干粉灭火器或 5 个 9 L 泡沫灭火器，并应符合现行的国家标准《建筑灭火器配置设计规范》的要求。每300 m^2 的库房还应配置 100 L 推车式泡沫灭火器，或 70 kg 推车式干粉灭火器

2 台。每 300 m^2 建筑面积，在适宜的位置设 0.5 m^3 沙箱 2 个、铁锹 5 把、石棉毯 5 块，面积增加时，数量应相应增加。

6. 大型和重要的桶装库，应配置自动报警、通讯和事故照明等设施。库房的照明等电器开关、设施应符合相应的防爆要求。

7. 桶装库独立设置、分间保管时，当甲、乙类油品重桶与丙类油品重桶储存在同一库房内时，应采用防火墙隔开。

二、搬运及码垛

1. 油桶搬运宜采用机械搬运，不宜滚运，不准拖运。

2. 搬运机械可采用防爆叉车、吊运车、手推车、传送滚筒、传送带、油桶升降机和油桶专用码垛机等。并要求：搬运甲、乙类油品的设施应设阻火器；起升高度应不少于 3 m；车身宽度不应大于 1 m。

3. 吊运视具体情况可采用挤压式、横抱式、底铲式、抓吊式、真空吸盘、自动挂钩等形式，但必须牢固可靠，不损伤油桶。

4. 入库油桶桶身清洁，桶盖严密、无渗漏，符合季节罐装量规定。按品种、规格、批号分类堆码，标志清晰。库内油桶应立放，双行并列，桶身靠紧，桶口排向走道一侧。甲类油品不得超多 2 层，乙类油品最多不超过 3 层，丙类油品不得超过 4 层。人工码垛时，各类油品均不得超过 2 层。

5. 库内主要通道净宽应大于 1.8 m，垛与垛之间净距不得小于 1 m，垛与墙及柱的距离为 0.25～0.5 m，以便检查、搬运和疏散。单层的重桶堆放间净空高度不得小于 3.5 m。油桶多层码垛时，最上层距屋顶构件的净距离不得小于 1 m。

三、桶装油品存放场

(一) 桶装油品垛放安全技术

1. 场地坚实平整，高出周围地面 0.2 m，有不小于 5‰的排水坡度。存放场四周有排水和水封隔油设施。

2. 闪点低于 45℃的可燃油品，不宜露天存放，但可存放在简易敞棚内。洗涤汽油、溶剂汽油、灯用煤油等可燃油品，受条件限制必须露天存放时，夏天炎热期间要采取喷淋降温措施。

3. 油桶存放场的垛长不能超过 25 m，宽度不超过 15 m，垛与垛之间的净距不小于 3 m，每个围堤内最多 4 垛，垛与围堤的净距不小于 5 m，以便扑救火灾和疏散。

4. 润滑油品平卧放时，应双行并列，桶底相对，桶口朝外朝上，最多不超过 3 层，层与层之间应加垫木。

5. 轻质油品应倾斜存放，桶身倾斜与地面约成 75°，成鱼鳞式相靠，下加垫木，以防地面水锈蚀油桶。

6. 垛内油桶要排列整齐，二行一排，排与排之间留出 1m 通道，便于检查处理。

（二）桶装油品保管的安全技术

1. 保管人员应按库房、垛位和品种相对固定，职责明确。

2. 所有品种、规格、批号标志、标牌及卡片要清楚、明显，不得错搬错放，错收错发。

3. 库房有严格的明火管理制度，并张挂在墙上严格执行。

4. 要经常开启门窗通风换气，并尽量采取措施防止雨、雪及尘土的进入。

5. 库内严禁存放其他易燃易爆物品。

6. 油桶搬运码垛时，要轻取轻送，严禁从垛上铲运和拖拉，不准抛置油桶。油桶倾倒时要采取加垫或其他措施。

7. 寒冷地区储存桶装油品的库房，为防止低温析蜡的串换油桶工作，应在加热串桶间内进行。

第六部分　化工产品储存安全技术

一、化工产品分类储存之必需

化工产品不同于一般物品，它们具有不同的物理、化学性质。某些化工产品受热、受潮、摩擦、震动、撞击、接触火源、暴晒、接触空气、相互接触时会发生化学变化，会引起燃烧爆炸、灼伤、腐蚀、中毒等灾害事故。因此，在储存保管时，必须在类别上严格限制，并进行必要的监督，以保证安全状态。

二、储存化工产品库房的安全技术要求

应按产品类别不同，采取不同储存措施。规范要求该隔离的必须进行隔离，要求采取恒温措施的一定要有恒温措施，要求隔离火源的一定要杜绝一切火种和可能产生火花的根源。因此，除了对库房提出基本的安全设施要求外，还要满足个别特殊要求的条件。

1. 用于化工产品储存库的库房，应按其危险程度、类别要求设计、建设，并符合现行的《建筑设计防火规范》、《爆炸物品管理规则》、《有关爆炸物品管理规则的补充规定》，以及其他有关专门规范的规定。不准随意使用不符合条件的空房储存。

2. 应根据化工产品的性质，合理确定换气次数，对易挥发、有毒的物品仓库，要强化通风，保证空气中的介质浓度符合国家规定。

3. 储存易燃易爆的化工产品库，电气设备的防暴登记应符合相关的规范要求，地面应采用不产生火花、容易冲洗且不渗漏的不燃材料砌筑。

4. 应根据化工产品的性质和要求，按规范要求配备相应的灭火设备。严禁与灭火方法相抵触的不同化工产品共用混储。

5. 库房采取相应的措施防止雨、雪、风、砂、鸟、虫、蛇、鼠危害和阳光直射，要远离火源或外来火星等隐患因素，确保储存介质的安全。

6. 重要的、大型的化工产品仓库，应配备自动监测、自动报警和事故照明设备。

7. 库房除必须进行防冻保护的化工产品外，一般不设采暖设施，贵重化工产品要求恒温储藏时，应设空调设备。

8. 储存要求隔离存放的介质时，其隔离层应建造坚固，不渗不透。

9. 对放射性物品、剧毒物品仓库，应根据特殊需要，设置吸收射线的屏蔽层和消除吸收毒物的设施，有足够的安全隔离地带。库房还应设危险标志，并有阻止无关人员接近的设施。

10. 库房内的货架或垛座应坚固，不晃动、不碰撞。架与架、垛与垛之间，应有 2～3 m 的通道，架与垛距墙及柱的距离应不小于 0.7 m，货架底层或垛座应离地 0.3 m，以便搬运、疏散、通风、防潮和检查。库房有防直击雷和感应雷的装置。

三、装卸、搬运及储存安全技术要求

对大宗易燃、易爆、有毒的液体产品，应专门修建储藏容器，并要按照国家和有关部门颁发的规范、规定建造相应的储存和安全设施。对分装、整装的化工产品，要符合危险化学品管理条例要求有适合产品特点的密闭、防震、防压、防摔等包装措施。装卸、搬运、堆放、码放也必须按各产品的不同的具体要求进行，避免招致严重的后果。

四、露天储存安全技术要求

对装卸中转过程中临时性或永久性的露天存放的物质中，怕日晒雨淋、虫鸟侵害的，一定要有相应的措施保护，否则不得露天存放。

五、重点安全技术要求

(一) 应严格进行储存物品分类

化学危险品的品种划分按国家和有关部门的规定，划分为以下十类：

1. 爆炸性物品:国家管理的爆炸物品;不属于国家管理的爆炸性化学物品。

2. 氧化剂:无机氧化剂;有机氧化剂。

3. 压缩气体和液化气体:剧毒气体;易燃气体;助燃气体;不燃气体。

4. 自燃物品。

5. 遇水燃烧物品。

6. 易燃液体。

7. 易燃固体。

8. 毒害物品:无机剧毒品;有机剧毒品;无机有毒品,有机有毒品。

9. 腐蚀物品:无机酸、碱性腐蚀物品;有机酸、碱性腐蚀物品。

10. 放射性物品。

(二) 必须遵守下列危险化学品储运原则

1. 爆炸性物品。必须专库储存、专人保管、专车运输,严禁与起爆药品、器材混储混运。严禁摔、滚、翻、撞和摩擦等野蛮搬运 。严格遵守搬运过程有关规定,同时避免在高温场所存放。

2. 氧化剂。除惰性不燃气体外,不得同性质相抵触的物品混存混运。储存过程中应避免摩擦、撞击、日晒、雨淋、漏撒。

3. 压缩气体和液化气体。严禁同性质相抵触的(尽管都是瓶装的气体或液化气体)混储混运。易燃气体(除惰性气体外),助燃气体(除不燃气体无机毒品外),不得与其他物品混储混运。装卸过程中一定要轻装倾斜,避免撞击、抛掷、烘烤等。

4. 自燃物品应单独储存,并与酸类、氧化剂等隔离;存放部位应远离火源及热源,防止撞击、翻滚、倾倒、包装损坏酿成事故。特殊物质如黄磷应浸没于水中,三异丁基铝应防止受潮 。

5. 遇水燃烧的物品的储存要求是包装严密、仓位干燥、严防雨雪、远离散发酸雾的物品,不与其他类别的危险品混储混运。特殊物质如金属钠应浸没在矿物油中保存。

6. 易燃液体应单独储运,远离火源、热源、氧化剂、氧化性酸类,防止静电危害,库房和与之邻近的电器设备整体防爆等级要符合要求。

7. 易燃固体的储存应包装完好,轻装倾斜,防止火花、烘烤和部分品种的潮解。

8. 毒害品的储存应包装严密完好,单储单运,远离火源、热源、氧化剂、酸类、食品,存放地点应通风良好。

9. 腐蚀物品。储存腐蚀物品容器应能适应储存介质的腐蚀性要求,严密不漏。具有氧化性酸类物质远离有机易燃物品的储存。酸类腐蚀品必须与氰化物、H 发泡剂、遇水燃烧品、氧化剂隔离。不得与碱类腐蚀品混储混运。

10. 放射性物品。具有放射性的介质储存库房和设施必须有吸收射线的屏蔽层，并按卫生部门的要求建造。储存的包装物必须是外包屏蔽材料制成的容器，必须符合放射防护要求，包装严密，内衬防震材料，严防放射线泄漏污染。

六、包装、搬运及储存

（一）包装

1. 压缩气体和液化气体的包装

压缩气体和液化气体的盛装钢瓶，应定期进行检定，有合格证明。开关应不漏气，安全帽应旋紧，并有防震圈或保护套。

2. 易燃、易爆、有毒品的包装

易燃易爆的、有毒的以及不能接触空气的液体产品，应视其蒸气压、腐蚀性质等情况选用适宜的容器，不论是金属、塑料、陶瓷、玻璃或其他材料制成，都要坚固、完好，封盖严密，外包装应根据要求具备防震、防撞、防倾、防压、防水、防辐射热等措施，并有醒目的危险标志和其他安全标志。

3. 放射性物品的包装

放射性物品的包装，必须采用 4 层组成，即① 内容器：防渗漏、防化学变化。② 内衬层：防震动。③ 外容器：可以根据放射性质选择，用吸收 α、β、γ 射线和中子流材料制造。④ 外包层：保护性包装，以便运输，避免挤压破损。

4. 易燃固体的包装

易燃固体可按照物品物理、化学性质的不同而采用不同的包装：凡是与氧化剂接触能引起燃烧和爆炸的；遇水或受潮而分解、变质的；对火源、热源、摩擦、撞击等非常敏感的；有毒或能散发有毒分子的。可根据情况选择用金属容器包装、木箱、织物带、纸箱纸包、塑料容器等可靠的外包装方式。

（二）搬运

在装卸和搬运化工危险品时，要轻拿轻放，严防震动、撞击、摩擦。

搬运金属包装的易燃易爆液体化工产品时，要使用不产生火花的工具和叉车或其他吊装运输工具。

搬运沸点很低的二硫化碳、乙醚、液化石油气、石油醚、丙酮、甲胺溶液等，应在夜间和早晨搬运。某些遇水分解或易于潮解的物品雨天不宜搬运。明确要求不能倾斜的物品，搬运时要固定并垂直运输。

易燃易爆物品的搬运设备车辆要有可靠的防静电接地和阻火设施。

（三）储存

应根据储存物品的特性进行储存，一般应保证储存处保持阴凉、干燥、无火源、热源，通风良好，阳光不直射，不受水害，并能防止动物进入，分隔可靠，堆放稳固。

互相抵触的物品应严格分开储存，如高锰酸钾与甘油、松节油、酒精及丙酮；

氢化钠与盐酸或硝酸盐；过氯酸与乙醇；铝粉与过硫酸铵；氯酸盐与硝酸铵、硫化锑或硫磺；铬酸酐与乙醇、硫酸或硫磺；硝酸与醋酐；硝酸铵与锌粉；硫氢化钡与硝酸钠；硝酸与碘化氢；过氧化物与镁、锌或铝粉；氯酚盐、过氯酸盐与硫酸；黄磷、赤磷与硝酸、硝酸盐或氯酸盐；氧化汞与硫磺；镁与磷酸盐；氧与有机物或油类；发烟硝酸与硫化氮；丙酮与双氧水；苯与过氯酸；氢气与氯气或氟气；氨与氯气或氯化氢、磺化氢；氯与乙炔或乙烯等一定要分开储存。

金属钠和硝化棉，丙酮和电石，赤磷和电石，乙醇和苯、硫磺和 H 发泡剂等灭火方法不同的化学危险品不能同库储存。

（四）露天储存

1. 固定的露天堆场，必须符合《建筑设计防火规范》等有关规范的要求。

2. 遇水受潮，暴晒和尘土污染可能引起爆炸、燃烧、分解变质的物品，不准长期露天存放。

3. 露天堆场应设垛座平台，其离地高度不低于 0.3 m 。

4. 堆垛之间应有不少于 3 m 的通道。

5. 堆场四周设有排水明沟或暗沟，并有防护围栏。

6. 为防晒、防雨、防止虫鸟危害，临时堆放的物品，应用雨布盖好并固定。

7. 垛台的设置亦应遵循互相抵触、灭火方法不同的物品不能混储混放的原则。

8. 露天堆场应根据物品物理化学性质、规模、数量等因素，设置半固定的灭火设施和设备。

（五）安全保管规则

1. 化工产品出入库要认真核对验收，严禁错收、错放、错发。

2. 制定各种化工产品的分类、保管制度，严禁混储混运。

3. 包装不符合要求的物品，禁止入库，出库后要打扫干净，不允许漏撒物品入库。

4. 对性质不稳定、容易分解、变质、引起燃烧、爆炸的化学危险品，应定期进行测温、化验和观察。

5. 不准在库房内或露天堆场附近休息、试验、分装、打包或从事其他可能引起火灾的作业。

6. 对火源、热源和电器设备要严格管理。

7. 定期检查报警及灭火、抢救设备的可靠性。及时更新灭火剂。

8. 个别库房和堆场如允许车辆进入或靠近装卸时，必须有可靠的阻火器。

9. 易燃易爆物品的称量器具要做好静电接地。

10. 库房设专业人员管理，经常开启门窗通风换气，并防止雨、雪、尘土和各种动物进入。室温过高时，要采取降温措施。

11. 危险货物要有醒目的标志，采用统一的标志图徽。装运时执行国务院和有关部门颁布的《化学危险品安全管理条例》、《危险货物运输规则》。储存保管时，应执行《爆炸物品管理规则》、《关于爆炸物品管理规则的补充规定》、《化学危险品储存管理暂行办法》、《化学易燃物品防火管理规则》等有关条例、规范、规定的要求。

第七部分　液化石油气储备供应站安全技术

一、液化石油气供应站重点部位的安全技术分析

（一）液化石油气接卸站台

液化石油气储备供应站是指炼油厂或石油化工厂的对外对内供应液化石油气的站点，是负责各种分配、零售的供应站。储备供应站作为专门供应燃料的独立部门、窗口单位，涉及面很广，规模也大小不一，储备和供应形式也多种多样，必须建立健全完整的安全监督制度。储备供应站应按照作业的性质不同，确立自己安全监督的重要部位。接卸站台都是事故多发区，必须严格监督管理。

（二）液化石油气罐瓶间

罐瓶间是接卸、灌装液化石油气的场所，因液化石油气钢瓶完好程度不一，装、卸和灌装操作频繁，剩余的罐装注气口内的液化石油气不断泄放，环境内的可燃气体浓度在爆炸范围之内，很容易因为明火或摩擦火花引起火灾和爆炸；压力高液化气高流速泄放，产生静电的危险性增加，也容易引起火灾爆炸。

（三）液化石油气气瓶库

更换液化石油气的气瓶库在城市、工矿企业、大型机关团体的职工住宅集中的地方广泛存在。充满液化石油的钢瓶阀门关闭不严或存在缺陷，都可能使液化石油气气瓶库内成为充满爆炸性气体混合物的空间，加上来往换气的人员复杂，携带明火和产生摩擦火花、撞击火花的可能性非常大，管理不好很容易造成各种事故。

（四）液化石油气压缩机间和仪表间

在压缩机间和仪表间周围都存在易燃易爆物品和爆炸性气体危险区域。设备故障和仪表误动失灵都可能带来严重的问题，导致不同事故发生。

（五）消防灭火设施

消防灭火设施对于液化石油气供应站的救灾活动十分重要，应该按规范要求进行配置，并保证其完好。

二、供应站重点部位的安全技术要求

（一）储备供应站的接卸站台

1. 铁路接卸站台

铁路接卸站台的安全监督问题已经在装卸一节进行了详细说明，本节只做一些必要的补充说明。

专用线在停车全长范围内，做到无杂散电流窜入，接轨处应设钢轨绝缘接头。

作业线应为平直线，如条件有困难，可使用曲率半径不小于500 m的弯道。

装卸液化石油气铁路栈台的装卸槽车能力为4辆时，应按规范要求建栈台装卸；装卸槽车能力为1～3辆，可在站台上设固定卸车管组，并在站台往储罐输液管路上的方便地方设紧急切断阀。管组和卸车设备应严密、牢固、无泄漏。

专用线和卸车管组都要接地，静电接地不宜少于两组。

作业站台与压缩机房、储罐区间要有可靠的联络设施，并有严格的用火管理制度。

2. 公路接卸站台

公路接卸站台与停车位置之间设有缓冲防撞设施，有各型车辆的停车标志和严格的火源管理制度 。

汽车进入作业区时应带阻火器，熄火装卸。

汽车液化气罐车和管组设有静电接地装置。

卸车管组兼顾严密，无泄漏。

在未卸车完毕和卸车管阀关闭后未经管理人员确认之前，严禁发动汽车。

（二）储备供应站的罐瓶间

罐瓶间应为敞开或半敞开、不低于二级的耐火建筑，通风良好。

装卸用的旋塞或其他注气阀门必须启闭灵活，管组和各个接口应严密牢固无泄漏。

罐瓶处的地面应用碰击不产生火花的材料铺砌。管组和磅秤要有静电接地措施。

所有进行灌装的气瓶都应由合格的压力容器检验证、标志清晰、外观检查合格。不符合要求的钢瓶具不灌装。

残液禁止随意排放。罐瓶站应在专门的地方置换设备回收残液，集中处理。

气瓶的装满程度和罐瓶压力不得超过规定值。

罐瓶间应设气体浓度监测报警设备。

作业人员穿戴防静电服装鞋帽，不带硬质金属工具和用具进入作业区。

（三）液化石油气气瓶库

液化石油气气瓶库应按现行的《建筑设计防火规范》中甲类物品库和《城市煤气设计规范》中液化石油气的供应站等规范要求设计建造，库房宜采用敞开式或半敞开式。

单独仓库的总储存瓶数不宜超过 360 瓶（按瓶装 15 kg 型计）。

实瓶应直立排放，瓶装能力 15 kg 以上者只放 1 层，15 kg 以下者可放 2 层。

气瓶外应套防护胶圈。搬运时应用专用小车，不准拖运。

装运时要加垫并牢固靠紧，避免相互碰撞和摩擦发生危险。

库房屋盖宜采用轻型石棉瓦，地面应为碰击不产生火花的材料浇筑，门窗大开，玻璃刷白色，以防止阳光直射。

冬天的气温应设法保持在 5℃以上，以防止搬运时焊口产生冷脆破裂。夏天库房内气温不宜超过 35℃。

库房宜采用地脚窗或底部通风孔，避免石油气沉积。地面应高出室外自然地面。角阀关闭不严、坏扣、底座与提手松动、标志不清晰的气瓶不准入库和出库。

三、事故案例介绍

1978 年 3 月 4 日，江苏省某化肥厂发生一起严重的液化气爆炸事故，死亡 6 人，重伤 8 人，轻伤 47 人，事故经济损失 76 万元。事故原因是驾驶员将液化石油气槽车开进车库并将车后的胶管连接液化石油气储罐的铸铁逆止阀上，未进行交接；新接班的驾驶员未进行检查，就启动汽车，强行拉断阀门，储罐内的大量液化石油气冲出，与锅炉明火形成空间爆炸，酿成事故。事故原因是运输过程中更换司机，未进行交接，新接班的驾驶员未检查便盲目开车而造成的。但是，液化石油气储罐使用铸铁阀门，也为储罐留下了重大事故隐患。

1988 年 4 月 15 日，天津某公司第二灌装站发生爆炸事故，3000 只液化石油气钢瓶和一台 50 m^3 的液化石油气卧罐在充装过程中发生爆炸，为保护相邻卧罐不致因烘烤超压爆炸，放空燃烧贮气长达 68 h，烧毁了价值 37 万美元的灌装线和 118 t 液化石油气，扑救过程中 7 人受伤。事故原因是违章操作，钢瓶超装，并在未关闭钢瓶阀门时就拔掉充气管，液化石油气在压力下自行喷出，高速气流产生的静电诱发火灾爆炸。

1989 年 1 月 20 日，湖北省某地曾发生过一起液化石油气钢瓶爆炸事故。当天，在正常检验中一只已经充好压缩空气的钢瓶在进行气密试验的实验室突然发生爆炸，造成 2 人死亡，2 人重伤。事故原因是在充装压缩空气前未进行液化石油气残液处理和置换造成的。

1992 年 4 月 14 日广西壮族自治区某公司发生一起液化石油气钢瓶爆炸事

故，造成3人重伤，2人轻伤。事故是在修复液化石油气钢瓶过程中发生的。该公司领导违章指挥，作业人员违章作业是造成事故的直接原因。没有对钢瓶内进行液化石油气置换就加充压缩空气，并用气焊烘烤钢瓶的错误作业，引起瓶内的液化石油气爆炸。

1993年3月30日，内蒙古某矿的车载液化石油气钢瓶发生爆炸，102只钢瓶和一台卡车烧毁，事故损失约10万元。当日，装载102只液化石油气钢瓶的汽车在运输途中，因装载时稳固不好和颠簸，造成一些钢瓶的角阀松动，液化石油气泄漏，遇明火燃烧、爆炸。

事故表明，设计和施工隐患，违章指挥、有章不循、违章操作是酿成事故的根本原因。

主要参考文献

Anderson R B, Eriksson A J. 1980. Lightning Paramerers for Engineering Application. *Electra*, **69**:65-102.

Borghetti A, Nucci C A and Paolone M. 2004. Estimation of the Statistical Distributions of Lightning Current Parameters at Ground Level From the Data Recorded by Instrumented Towers. *IEEE Transactions on Power Delivery*, **19**(3).

Chisholm W A, Senior Member, IEEE and Cummins K L, Senior Member, IEEE. Lightning Parameters: A Review, Applicationgs and Extensions. 2005/2006 IEEE/PES Transmission&Distribubution Conference&Exposition.

Cummins K L. 2003. A Review of Lightning Information for Power Systems Analysis IEEE.

Diendorfer G, Pichler H, Mair M. 2009. Some Parameters of Negative Upward-Initiated Lightning to the Gaisberg Tower (2000—2007). *IEEE Transactions on Electromagnetic Compatibility*, **51**(3).

French standard approved by AFNOR General Manager's decision dated June 5 1995 to become effective as from July 5 1995, Lightning protection—Protection of structures and open areas against lightning using early streamer emission air terminals, 1995.

Golde R H. 1982. 雷电(上卷). 周诗健等,译. 北京:中国电力工业出版社.

Golde R H. 1983. 雷电(下卷). 李文恩等,译. 北京:水利电力出版社.

Guota B P, Thapar B. 1981. Impulse characteristics of grounding electrodes. *Journal of the Institution of Engineerings*(India), **61**(4):178-182.

Hegde V, Kumar U. 2009. Studies on characteristics of lightning generated currents in an interconnected lightning protection system. *Journal of Electrostatics* **67**:590-596.

Heidler F, Cvetic J M, Stanic B V. 1999. Calculation of Lightning Current Parameters. *IEEE Transactions on Power Delivery*, **14**(2).

Lightning and Insulator Subcommittee of the T &D Committee. 2005. Parameters of lightning strokes:A review. *IEEE Trans. Power Delivery*, **20**(1).

Ruiz D, Torralba C, Marco J P, *et al*. 2009. A new concept in lightning parameters measurement. *Journal of Electrostatics*, **67**:496-500.

Working Group on Estimating the Lightning Performance of Transmission Lines. 1993. IEEE working report:Estimating lightning performance of transmission lines Ⅱ updates to analytical models. *IEEE Transactions on Power Delivery*, **8**(3):1254-1267.

奥斯特罗夫 A G 等. 1988. 腐蚀控制手册. 王向农等译. 北京:石油工业出版社.

贝克曼 W V. 1990. 阴极保护手册. 胡士信等译. 北京:人民邮电出版社.

波波夫 B Г. 1986. 化学工业中的静电. 洪福有等译. 北京:群众出版社.

陈渭民. 2003. 雷电学原理. 北京:气象出版社.

陈小兵. 1994. 雷电探测定位实时计算网络的应用及对广西亚热带地区雷情的初步探讨,电网技术,**4**:41-46.
川濑太郎. 赵丽艳等译. 2001. 接地技术与接地系统. 北京:科学出版社.
地方标准 DB 50/212—2006，建筑物防雷检测技术规范.
地方标准 DB 50/213—2006，电子信息系统防雷检测技术规范.
地方标准 DB 50/217—2006，建筑防雷设计评价技术规范.
地方标准 DB 50/T 211—2006，雷电灾害的调查与鉴定技术规范.
地方标准 DB 50/T 279—2008，桥梁工程防雷技术规范.
地方标准 DB 50/T 281—2008，煤矿防雷技术规范.
地方标准 DB 50/T 335—2009，应急抢险救灾防雷安全技术规范.
地方标准 DBJ 50—060—2006，建筑防雷施工质量控制与验收规程.
地方标准 DBJ/T 50—092—2009，跨座式单轨防雷技术规范.
樊宝德,朱焕勤. 2005. 油库安全技术问答. 北京:中国石化出版社.
范继义. 2005. 油库千例事故分析. 北京:中国石化出版社.
范继义. 2005. 油库加油站安全技术与管理. 北京:中国石化出版社.
范维澄,孙金华,陆守香,等. 2004. 火灾风险评估方法学. 北京:科学出版社.
葛全胜,邹路,郑景云,等. 2008. 中国自然灾害风险综合评估初步研究. 北京:科学出版社.
国际电工委员会第 81 技术委员会. 1990. 建筑物防雷(Protection of structure against lightning (IEC61024).
国际电工委员会第 81 技术委员会. 1995. 雷击损害风险的评估(Assessment of the risk of damage due to lightning).
国家标准 GB 2887—89,计算站场地技术条件.
国家标准 GB 50057—94,建筑物防雷设计规范.
国家标准 GB 50174—93,电子计算机机房设计规范.
国家标准 GB 6650—86,计算机机房用活动地板技术条件.
国家标准 GB 9361—88,计算站场地安全要求.
国家标准 GBJ16—87,建筑设计防火规范.
何金良,曾嵘,陈水明,等. 1999. 输电线路杆塔冲击接地电阻特性的模拟试验研究,清华大学学报，**39**(5):9-12.
洪畴等. 1992. 工业企业常用安全标准汇编. 北京:中国标准出版社.
胡国文,胡乃定. 2001. 应用建筑电气技术与设计. 北京:清华大学出版社.
胡士信. 1999. 阴极保护工程手册. 北京:化学工业出版社.
华莱士 J M，霍布斯 P V. 1991. 大气科学概观. 王鹏飞等译. 上海:上海科学技术出版社.
黄崇福. 2005. 自然灾害风险评估理论与实践. 北京:科学出版社.
解广润. 1991. 电力系统接地技术. 北京:中国电力工业出版社.
瞿彩萍. 2007. 电气安全事故分析及其防范. 北京:机械工业出版社.
匡永泰,高维民. 2005. 石油化工安全评价技术. 北京:中国石化出版社.
李家启,李良福. 2007. 雷电灾害典型案例分析. 北京:气象出版社.
李家启. 2006. 防雷减灾管理及其法律制度研究. 北京:气象出版社.
李家启. 2008. 青年文明号探索与实践. 北京:气象出版社.

李良福,杨利敏. 1999. 计算机网络防雷技术. 北京:气象出版社.
李良福. 2007. 易燃易爆场所防雷抗静电安全检测技术. 北京:气象出版社.
李美庆. 2007. 安全评价员实用手册. 北京:化学工业出版社.
林维勇. 2001. 建筑物防雷设计规范(GB 50057—94),北京:中国计划出版社.
刘景良. 2003. 化工安全技术. 北京:化学工业出版社.
刘铁民,钟茂华,王金安等. 2005. 地下工程安全评价. 北京:科学出版社.
刘欣生. 2001. 雷电监测和防护研究的某些新进展. 北戴河第三届全国雷电物理、监测和防护科学讨论会论文集:1-3.
马鹤年. 2000. 气象服务学基础. 北京:气象出版社.
马良,杨守生. 2005. 石油化工生产防火防爆. 北京:中国石化出版社.
埋地钢质管道牺牲阳极阴极保护设计规范(SY/T 0019—97). 1998. 北京:石油工业出版社.
美国防火协会雷电防护技术委员会. 1992. 雷电防护规程.
彭世尼. 2005. 燃气安全技术. 重庆:重庆大学出版社.
强十渤,程协瑞. 1993. 电气工程. 北京:中国计划出版社.
日本建筑部会避雷针专门委员会. 1992. 建筑物等的避雷设备(JISA 4201—1992).
盛裴轩等. 2003. 大气物理学. 北京:北京大学出版社.
时传礼. 2003. 地下工程爆破百问. 北京:中国铁道出版社.
宋建池,范秀山,王训遒. 2004. 化工厂系统安全工程. 北京:化学工业出版社.
苏邦礼等. 1997. 雷电与避雷工程. 广州:中山大学出版社.
苏建中,林述书. 2005. 烟花爆竹生产工人安全技术. 北京:化学工业出版社.
孙新宇,李晓明,彭仁海. 2005. 油罐安全运行与管理. 北京:中国石化出版社.
汪旭光,于亚伦,刘殿中. 2004. 爆破安全规程实施手册. 北京:人民交通出版社.
王道洪等. 2000. 雷电与人工引雷. 上海:上海交通大学出版社.
王洪德. 2008. 工程项目管理安全评价管理实务. 北京:中国水利水电出版社.
王凯全,邵辉等. 2005. 危险化学品安全经营、储运与使用. 北京:中国石化出版社.
王凯全. 2007. 烟花爆竹经营安全必读. 北京:中国石化出版社.
王克. 1991. 雷暴路径与雷击闪络. 雷电与静电 **3**:10-14.
王时熙等. 1985. 建筑防雷设计. 北京:中国建筑工业出版社.
翁开庆. 1981. 低压湿式贮气罐设计与施工. 北京:中国建筑工业出版社.
吴兑,邓雪娇. 2001. 环境气象学与特种气象预报. 北京:气象出版社.
武汉厚博安全技术研究所. 2004. 爆破安全法规标准选编. 北京:中国标准出版社.
谢全安,薛利平. 2005. 煤化工安全与环保. 北京:化学工业出版社.
星野几平. 1979. 管道及其设备的腐蚀与防蚀. 张宴译. 北京:石油工业出版社.
行业标准 QX 30—2004,自动气象站场室防雷技术规范.
行业标准 QX/T 103—2009,雷电灾害调查技术规范.
行业标准 QX/T 104—2009,接地降阻剂.
行业标准 QX/T 109—2009,城镇燃气防雷技术规范.
行业标准 QX/T 85—2007,雷电灾害风险评估技术规范.
徐耀标,许以平. 1992. 城市火灾浅析. 北京:气象出版社.

许成绩. 2003. 现代项目管理教程. 北京:中国宇航出版社.

许小峰等. 2003. 国外雷电监测和预报研究. 北京:气象出版社.

杨槐青,郭建新. 2005. 加油(气)站安全技术与管理. 北京:中国石化出版社.

杨利敏,李良福. 2006. 气象信息与安全生产. 北京:气象出版社.

杨培成.2002. 事故树分析法在汽车加油站火险评估中的应用. 武警学院学报,**18**(3).

杨莜蘅. 2005. 油气管道安全工程 .北京:中国石化出版社.

湛卢炳. 1986. 大型贮气罐设计. 上海:上海科学技术出版社.

张国顺. 2003. 燃烧爆炸危险与安全技术. 北京:中国电力工业出版社.

张建军,孟亚平. 2005. 信息安全风险评估探索与实践. 北京:中国标准出版社.

张景忠等. 1995. 国外先进的预报防治雷击火技术. 林业科技 **1**:29-31.

张明升. 1986. 对雷击选择性问题的探讨. 雷电与静电,**3**:26-27.

张乃禄,刘灿. 2007. 安全评价技术. 西安:西安电子科技大学出版社.

张荣. 2005. 危险化学品安全技术. 北京:化学工业出版社.

张小青. 2003. 建筑防雷与接地技术. 北京:中国电力工业出版社.

张义军,陶善昌,马明,等. 2009. 雷电灾害. 北京:气象出版社.

张元芳,王建华,刘颖,等. 1998. 磁带式雷电流记录仪的研制. 高压电器. **34**(5):25-28.

中国石油化工集团公司安全环保局. 2005. 石油化工安全技术. 北京:中国石化出版社.

中南电力设计院,能源部武汉高压研究所. 1989. 输电线路杆塔接地装置冲击接地阻抗的研究.

周家红,许开立. 2005. 加油站爆炸事故的危险性评价. 工业安全与环保,**31**(9).

周志敏,周纪海,纪爱华. 2005. 电气电子系统防雷接地实用技术. 北京:电子工业出版社.

祖因希,祖建国. 2005. 汽车加油加气站安全技术与管理. 北京:化学工业出版社.